KB090583

이벤트에 대한 기초
지식과 소양에 역점을 둔

이벤트론

김흥렬 저

머리말

오늘날 우리는 이벤트의 홍수 속에서 이벤트를 위해, 이벤트와 함께 살고 있다고 해도 과언이 아니다. 이벤트는 국가적 행사뿐만 아니라 지역 행사로 그 사회에 크나큰 영향력을 미치기도 하고 경제, 사회 · 문화, 정치, 환경 등 전반적인 현상으로 나타나고 있다. 이러한 이유에서 각 단체, 지역이나 국가마다 이벤트 개최를 위한 많은 시도와 열정을 보이고 있으며 경쟁적 우위를 선점하기 위해 치열한 경쟁을 벌이고 있다.

특히나 육체적 피로보다는 정신적 고통 속에서 살아가는 현대인의 삶은 이를 극복하기 위해 많은 노력을 하고 있으며 그 돌파구로 다양한 유형의 이벤트가 커다란 도움이 되는 실정이다. 이처럼 이벤트는 우리 삶의 중요한 부분 중 하나임은 분명한 사실이다.

주제도, 형식도, 규모도, 주최하는 기관도 모두 다르지만 이벤트는 긍정적이고 비일상적이며 계획적인 특성으로 인해 살아 있고 변화하며 진보하고 있다는 것이다. 이는 작은 개인 이벤트부터 큰 국제적 이벤트에 이르기까지 보이는 공통된 경향으로, 이벤트를 살아 있는 생명체를 대하듯 최선을 다하고 정성을 다해야 하는 것이다.

지금까지 이벤트를 직접 수행하고 연구, 수업하면서 다양한 형태의 이벤트에 대한 학문적 틀을 만들고자 하는 욕심에서 시작하여 이벤트의 의미와 현상들을 체계적인 접근으로 담을 수 있을지 무거운 마음이지만 조금이라도 도움이 되었으면 하는 바람으로 마무리하게 되어 감사할 따름이다.

본 교재가 위와 같은 기대에 부응하면서 이벤트를 배우는 학생들이 기초적인 지식과 소양을 갖출 수 있도록 하는 데 역점을 두고 집필하였으며, 그럼으로써 이벤트의 질적 수준을 끌어올리는 데 또 하나의 효과를 도모하고자 노력을 기울였다. 그런데도 시간의 촉박함과 준비 부족으로 인해 미흡한 점은 앞으로 관심 있는 분들의 질책과 배려를 통해 수정 · 보완해 나갈 것임을 약속드린다.

보잘것없는 이 책은 결코 저자의 독창물이 아니고 여러 저명한 학자들의 저서, 논문 및 정부 간행물 등을 참조하여 만들었음을 밝혀두고자 한다. 또한 이 책이 완성되기까지 많은 분들의 도움과 충고가 있었음에 감사드리며, 전반적 구성 등에 있어 도움 주신 서울시립대 장윤정(마리아) 교수님과 김한솔 율리안나, 김태균 대건 안드레아에게 특히 감사한 마음을 전한다. 여러모로 어려운 여건에서도 원고를 정성스럽게 교정하고 출판에 힘써주신 백산출판사 임직원 여러분에게 진심으로 감사드린다.

2023년 7월

김흥렬

차례

제1편 이벤트의 이해 / 11

CHAPTER 1
이벤트의 개요 13

제1절 이벤트의 개념 15

1. 이벤트의 정의 | 15
2. 이벤트 개념 정립의 의의 | 20
3. 이벤트의 접근 | 22

제2절 이벤트 성격 23

1. 이벤트의 구성요소 | 23
2. 이벤트의 특성 | 28

제3절 이벤트 관련 개념 33

1. 놀이 | 33
2. 레크리에이션 | 35
3. 여가 | 37
4. 난장 | 41

제4절 이벤트의 분류 42

1. 목적에 의한 분류 | 43
2. 이벤트 수행을 위한 프로그램 분류 | 48
3. 기타 분류 | 49

CHAPTER 2

이벤트의 역사 55

제1절 **서양의 발달사** 57

1. 고대 | 57
2. 중세 | 58
3. 근대 | 59
4. 현대 | 61

제2절 **우리나라의 발달사** 62

1. 고대~고려시대 | 62
2. 조선시대~일제강점기 | 63
3. 해방~1970년대 | 64
4. 1980년대 | 65
5. 1990년대 | 66
6. 2000년대 | 66
7. 2020년대 이후 | 67

제3절 **이벤트의 발전배경** 68

1. 경제적 영향요인 | 70
2. 문화적 영향요인 | 71
3. 사회적 영향요인 | 73
4. 인구통계적 영향요인 | 76

CHAPTER 3

이벤트의 효과 77

제1절 **이벤트의 파급효과** 80

1. 경제적 효과 | 80
2. 사회 · 문화적 효과 | 84
3. 정치적 효과 | 89
4. 관광적 효과 | 90
5. 부정적 효과 | 94

제2절 **이벤트 효과 측정방법** 95

1. 이벤트 효과 측정 개요 | 95
2. 경제적 효과의 측정방법 | 101

제2편 이벤트 주요 분야 / 107

CHAPTER 4
축제이벤트 109

제1절 **축제이벤트의 개요** ········ 111

1. 축제이벤트의 정의 | 111
2. 축제이벤트의 특성과 기능 | 113

제2절 **축제이벤트의 유형과 효과** ········ 119

1. 축제이벤트의 유형 | 119
2. 축제이벤트의 효과 | 120

제3절 **국내외 축제이벤트** ········ 124

1. 국내 축제이벤트 | 124
2. 세계의 축제이벤트 | 127

CHAPTER 5
회의이벤트 137

제1절 **회의이벤트의 정의** ········ 139

1. 회의이벤트의 정의 | 139
2. 국제회의 종류 | 142
3. 회의이벤트의 구성요소 | 154

제2절 **회의이벤트의 발전배경** ········ 160

1. 회의이벤트의 발전배경 | 160
2. 회의이벤트의 효과 | 162

CHAPTER 6
전시회 이벤트 165

제1절 **전시회 이벤트의 정의** ········ 167

1. 전시회 이벤트의 정의 | 167
2. 전시회의 분류 | 169
3. 전시회의 특성 | 172

제2절 **전시회의 구성요소** ········ 174

1. 전시회 주최자 | 175
2. 전시회 참가기업 | 176
3. 전시회 참관객 | 177
4. 전시회 개최시설 또는 개최장소 | 178
5. 전시회 서비스공급업체 | 179

제3절 전시회 파급효과 ········ 182

1. 경제적 측면의 효과 | 182
2. 정치적 측면의 효과 | 184
3. 사회 · 문화적 측면의 효과 | 184
4. 관광적 측면의 효과 | 185

제4절 전시회 발전방안 ········ 186

1. 국내 전시산업의 현황 및 문제점 | 186
2. 전시산업의 진흥방안 | 187

CHAPTER 7
스포츠 이벤트 193

제1절 스포츠 이벤트의 개요 ········ 195

1. 스포츠 이벤트의 정의 | 195
2. 스포츠 이벤트의 역사 | 196
3. 스포츠 이벤트의 특성 | 199

제2절 스포츠 이벤트의 유형 ········ 202

1. 스포츠 이벤트의 스폰서십 | 202
2. 스포츠 마케팅 | 203
3. 스포츠 이벤트의 분류 | 204

제3절 스포츠 이벤트의 발전방향 ········ 205

1. 지역주민 참여 활성화 | 206
2. 사전 · 사후 영향평가 시스템의 도입 | 206
3. 지속적인 스포츠 관광상품 개발 강화 | 207
4. 지역 스포츠 이벤트 활성화 | 207
5. 사후시설 운영관리 강화 | 208
6. 추후 정책연구 | 208

CHAPTER 8
문화공연 이벤트 209

제1절 문화공연 이벤트의 이해 ········ 211

1. 문화산업의 성장배경 | 211
2. 예술과 엔터테인먼트 | 214

제2절 문화공연 이벤트의 개요 ········ 216

1. 문화공연 이벤트의 정의 | 216
2. 문화공연 이벤트의 구성요소 | 217

제3절 **문화공연 이벤트의 발전방안** ······ 220

1. 문제점 | 220 2. 미래 발전방안 | 220

제3편 이벤트 운영 및 관리 / 223

CHAPTER 9

이벤트 기획 225

제1절 **이벤트 기획** ······ 227

1. 이벤트 기획과정 | 229 2. 이벤트 개최목적 | 231

제2절 **이벤트 환경분석** ······ 232

1. 이벤트 개최 환경분석 | 233 2. 목표설정 | 239

CHAPTER 10

이벤트 운영 245

제1절 **이벤트 운영 개요** ······ 247

1. 이벤트 운영 | 247 2. 프로그램 운영 | 248

제2절 **이벤트 프로그램 기획** ······ 251

1. 프로그램 기획 | 251 2. 프로그램 구성 | 255

제3절 **이벤트 행사장 운영** ······ 257

1. 이벤트 행사장 위치 운영 | 257 2. 행사장 서비스 운영 | 260

3. 행사장 운영관리 | 261

제4절 **이벤트 서비스 운영** ······ 263

1. 이벤트 서비스관리 | 263 2. 인력 운영 | 264

3. 인력 교육 | 265

CHAPTER 11
이벤트 마케팅 269

제1절 이벤트 마케팅 개요 ··· 271
1. 이벤트 마케팅의 정의 | 271
2. 이벤트 마케팅의 특성 | 278

제2절 시장세분화, 표적시장 및 포지셔닝 ··· 284
1. 시장세분화 | 285
2. 표적시장 선정 | 294
3. 포지셔닝 | 299

CHAPTER 12
이벤트 평가 307

제1절 이벤트 평가 개요 ··· 309
1. 이벤트 평가의 개념 | 309
2. 이벤트 평가의 유형 | 311

제2절 이벤트 평가방법 ··· 314
1. 이벤트 평가방법 | 314
2. 경제적 효과의 측정방법 | 314
3. 평가자료 및 측정방법 | 317

〈부록〉

〈부록 1〉 관광기본법 | 323
〈부록 2〉 국제회의산업 육성에 관한 법률 | 326
〈부록 3〉 전시산업발전법 | 335

참고문헌 | 345

제1편

이벤트의 이해

제1장 이벤트의 개요
제2장 이벤트의 역사
제3장 이벤트의 효과

CHAPTER

1

이벤트의 개요

CHAPTER

이벤트의 개요

제1절 이벤트의 개념

1. 이벤트의 정의

이벤트(event)라는 단어는 라틴어 'e-'(out, 밖으로)와 'venire'(to come, 오다)의 의미를 가진 'evenire'의 파생어인 'eventus'에 어원을 두고 있다. Event를 영어사전에서 찾아보면 사건, 대사건, 사변이라 할 수 있는데, 이처럼 이벤트는 '발생(occurrence)이나 우발적 사건(happening)'과 같이 일상적인 상황의 흐름 중에서 특별하게 발생하는 일을 가리키는 용어이다.

이벤트의 정의는 학자들의 관점에 따라 다소 차이가 있다. 서양에서는 마케팅의 관점에서 '판매촉진을 위한 특별한 행사'라는 의미로 이벤트를 이해하고 있으며, 동양에서는 '많은 사람들이 모여서 행하는 행사'를 주로 이벤트로 표현하고 있다.

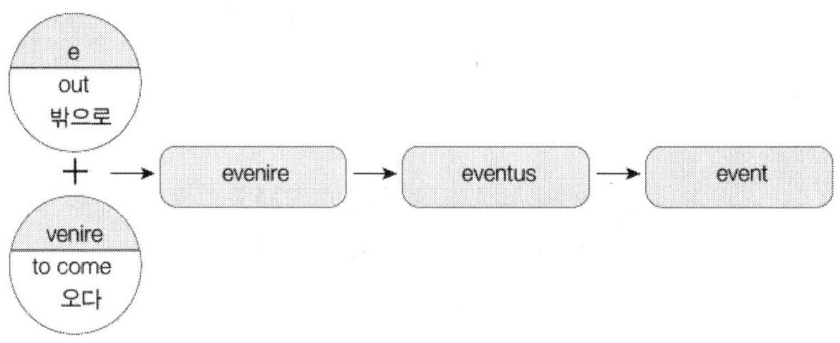

▸▸ 그림 1-1 이벤트의 어원

이벤트란 용어에 대하여 영어사전에서는 "현존하는 것과는 다르게 무언가 발생하는 일"(anything that happens, distinguished from anything that exists; Simpson, 1998) 또는 "발생된 중요한 일"(a noteworthy occurrence, especially one of great important; Philip, 1986)이라는 의미를 지녔으며, 국어사전에서는 "사건 · 사변, 결과 · 성과, 운동경기의 종목이나 경기순서 중의 한 게임 또는 한 시합"으로 정의하였다. 이처럼 사전적 의미의 이벤트는 각종 행사, 사건, 일상생활에서 일어나는 일 등으로, 어느 정도 자연적으로 발생하는 일도 포함하고 있다.

▸▸ 표 1-1 이벤트와 일상생활의 차이

구분	이벤트(event)		일상생활(daily life)	
시간적 범위 (time frame)	• 비지속성	• 단기적 자극	• 지속적	• 반복적
사회성 (social aspect)	• 집결 • 집합 • 대규모 접촉	• 결속 • 유인력	• 개별적 삶 영위 • 분산	• 독립 • 고독
주제 (theme)	• 일탈 • 다양성의 표현 • 자유	• 흥미 • 선택의 즐거움 • 지역성의 강조	• 규범, 도덕 • 의무 • 생존	• 강요된 주제 • 주제의 실종
자극의 정도 (level of stimulation)	• 고자극	• 강한 에너지의 발산	• 저자극 • 절제	• 회피
주체 (subject)	• 조직화된 사고 • 기획의 중요성	• 명확한 개최목표	• 각 개인 • 임의적 판단	• 불확실성
대상 (object)	• 공간초월 다양함 • 불특정 다수, 대규모	• 흥미집단의 형성	• 공간적 한계 (직장, 가족) • 소규모	• 무의미 및 계산적 만남

자료: 이태희, 2003을 토대로 재구성

그러나 산업적 측면에서 사용하는 이벤트는 “사람들이 모이도록 개최하여 정해진 목적을 실현시키기 위해 행해지는 행사”라는 뜻을 내포하고 있다. 일상생활과 이벤트의 차이는 시간성, 지속성, 사회성, 주제, 자극의 정도, 주체, 대상에서 비교될 수 있다.

1) 국외의 이벤트 정의

이벤트에 대한 통일된 정의는 존재하지 않으나, 이벤트에 대한 전문가들의 정의를 살펴보면 다음과 같다. 서구의 이벤트 정의는 주로 축제와 스페셜 이벤트를 중심 개념으로 내려지고 있다. 그중 미국과 캐나다 학자인 게츠(Donald Getz, 1997)를 중심으로 골드블렛(Joe Goldblatt, 1990), 위잘 등(Uysal, Gahan, & Martin, 1993) 및 윌킨슨(Wilkinson, 1988)의 정의 등이 있다.

윌킨슨(Wilkinson, 1988)은 “주어진 시간 동안 특정 욕구를 충족시키기 위하여 계획된 일회성 행사”라고 하였으며, 골드블렛(Joe Goldblatt, 1990)은 “특정한 필요를 충족시키는 의식과 절차가 일어나는 순간이며, 항상 계획에 따라 기대감을 유발시키며, 특정 동기와 함께 발생한다”고 하였다.

위잘 등(Uysal et al., 1993)은 “방문객을 성공적으로 맞이할 수 있도록 해주는 한 지역의 문화자원”이라고 하였으며, 게츠(Donald Getz, 1997)는 “이벤트는 평범한 일상생활에서는 경험할 수 없는 레저, 사교, 문화적 경험을 가질 수 있는 기회로, 일시적으로 발생하며, 기간 · 세팅 · 관리 및 사람의 독특한 혼합”이라고 하였다. 프레들린 등(Fredline et al., 2003)은 이벤트를 “일상 체험의 이면에서 레저와 사회적 기회를 가진 소비자에게 제공하는 제한된 기간에 일회 또는 비정기적으로 발생하는 것”이라 정의하고 있다.

동양에서의 이벤트와 관련한 연구는 일본을 중심으로 많은 연구가 이루어졌다. 일본에서의 이벤트에 대한 정의는 제례로서의 접근, 미디어로서의 접근 및 판매촉진 측면의 접근 등 매우 다양한 형태로 내려져 있다. 이렇게 다양한 측면의 접근 중에서도 이벤트 세일즈 프로모션의 성향이 강한 일본에서는 이벤트의 정의를 다음과 같이 내리고 있다. “무엇인가 목적을 달성하기 위한 수단으로서의 행사"(일본통상산업성(日本通商産業省) 이벤트연구회, 1987), "어떤 목적을 위해서 어떤 조직이 대중동원을 꾀하는 것"(도비오카 겐(飛岡健), 1994), "뚜렷한 목적을 가지고 일정한 기간 동안 특정한 장소에서 대상이 되는 사람들에게 각각 개별적이고 직접적으로 자극을 체험시키는 미디어"(고사카 센지로(小坂善治郎), 1996), "무엇인가 이변을 일으키는 의도된 것, 즉 기업이나 단체가 그 목적을 달성하기 위해서 하는 비일상적인 특별한 활동"(구마노(熊野卓司), 1988) 등이 대표적이다.

▸▸ 표 1-2 **국외의 이벤트 정의**

학자	정의
윌킨슨 (Wilkinson)	주어진 시간 동안 특정 욕구를 충족시키기 위하여 계획된 일회성 행사
골드블렛 (Goldblatt)	특정한 욕구를 충족시키는 의식과 절차가 일어나는 순간이고, 항상 계획에 따라 기대감을 유발시키며 특정 동기와 함께 발생
위잘 외 (Uysal, Gahan, & Martin)	방문객을 성공적으로 맞이할 수 있도록 해주는 한 지역의 문화자원
게츠(Donald Getz)	일시적으로 발생하며, 기간 · 세팅 · 관리 및 사람의 독특한 혼합
프레들린 외 (Fredline et al.)	일상체험의 이면에 레저와 사회적 기회를 가진 소비자에게 제공하는 제한된 기간에 1회 또는 비정기적으로 발생하는 것
일본통상산업성 이벤트연구회 (日本通商産業省)	무엇인가 목적을 달성하기 위한 수단으로서의 행사
도비오카 겐 (飛岡健)	어떤 목적을 위해서 어떤 조직이 대중동원을 꾀하는 것
고사카 센지로 (小坂善治郎)	뚜렷한 목적을 가지고 일정한 기간 동안 특정한 장소에서 대상이 되는 사람들에게 개별적이고 직접적으로 자극을 체험시키는 미디어
구마노 (熊野卓司)	무엇인가 이변을 일으키는 의도된 것. 즉 기업이나 단체가 그 목적을 달성하기 위해서 행하는 비일상적인 특별한 활동

2) 국내의 이벤트 정의

초창기 국내의 이벤트와 관련한 개념은 대부분 무대 및 방송 분야의 관점에서 이루어졌다. 그러나 이벤트가 축제 및 국제회의 등 관광과 밀접한 관계를 이루게 되면서 국내의 관광학자를 중심으로 이벤트의 개념이 관광 중심으로 옮겨지게 된다.

국내 학자들의 정의를 살펴보면, 우선 이봉훈(1997)은 "이벤트란 인위적으로 기획된 좋은 일로 참여자 간에 현장을 통해 직접 체험을 나누고 상호 의사소통의 통로가 있으며, 다양한 형태의 표현양식을 가진 매체로서 많은 사람들이 관심을 갖는 유익하고 공익적인 일"이라고 하였다.

김용상 외(2001)는 "일과성 또는 정기적인 범주를 넘어선 레저, 사회·문화적 경험의 기회"로 보았으며, 조현호 외(2001)는 "이벤트는 기획성과 연출력 및 사회적 의미를 가진 행사로서 자연과 사람을 대상으로 한 비일상적 변화요소인 계절적 조건과 사회·문화적 조건에 맞추어 일정한 기간에 사람과 현장·정보·문화·자연이 동시에 만날 수 있는 무대에서 펼치는 일방적 전달이 아닌 쌍방향적·융합적 커뮤니케이션의 장"이라고 하였다.

이경모(2003)는 "주어진 기간 동안 정해진 장소에 사람을 모이게 하여 사회문화적 경험을 제공하는 행사 또는 의식으로서 긍정적 참여를 위해 비일상적으로 특별히 계획된 활동"이라 정의하였고, 손선미(2008)는 "인위적으로 발생시키는 일로, 이벤트는 경우에 따라 스페셜 이벤트(special event)라는 용어로 사용되기도 한다"라고 하였다.

▸▸ 표 1-3 국내의 이벤트 정의

학자	정의
한국관광공사	사회적·시대적으로 의의를 부여할 수 있는 행사
경기개발연구원	특정 목적을 갖고 특정 기간에 특정한 장소에서 대상이 되는 사람에게 각각 개별적·직접적으로 자극을 체감시키는 미디어
한국이벤트연구회	공익, 기업이윤 등 특정 목적을 가지고 치밀하게 사전 계획되고 대상을 참여시켜 실행하는 사건 또는 행사를 총칭
이봉훈	인위적으로 기획된 좋은 일로, 참여자 간에 체험을 나누고 의사소통을 이루는 유익하고 공익적인 일
김용상 외	일과성 또는 정기적인 범주를 넘어선 레저, 사회·문화적 경험의 기회
조현호 외	기획성과 연출력 및 사회적 의미를 가진 행사로서, 자연과 사람을 대상으로 한 쌍방향적·융합적 커뮤니케이션의 장
이경모	주어진 기간 동안 정해진 장소에서 사람을 모이게 하여 사회·문화적 경험을 제공하는 행사 또는 의식으로서 긍정적 참여를 위해 비일상적으로 특별히 계획된 활동
유동근·김성혁	인간의 참가와 공감 창조를 전제로 한 모든 행사
조달호	공익이나 기업이익 등 뚜렷한 목적을 가지고 치밀하게 사전 계획되어 대상을 참여시켜 실행하는 사건 또는 행사를 총칭하는 말
손선미	인위적으로 발생시키는 일

이처럼 이벤트는 사전적인 의미가 자연발생적이라는 개념을 포함하고 있으나, 이벤트는 "특정 기간 동안 특정한 목적과 의도를 가지고 특정 장소에서 특정한 욕구를 충족시키기 위하여 대상이 되는 사람들에게 개별적이고 직접적으로 일으키는 일체의 특별한 활동"이라고 정의할 수 있다.

일반적으로 이벤트의 성향이 서구에서는 주로 프로모션에 가깝고, 일본은 공공성에 가까우며, 우리나라는 PR 성향이 강하게 나타나는 특징을 보인다. 우리나라에서 이벤트는 일반기업의 광고나 홍보 및 판촉 차원에서는 물론, 축제 차원에서 이벤트에 대한 관심이 고조되고 있다.

따라서 본서에서는 인위적 통제가 불가능한 자연발생적 이벤트를 제외한 인위적으로 특정한 기간 동안 특정한 목적으로 특정한 장소에서 특정한 대상들의 욕구를 충족시키기 위해 계획된 특별한 활동을 이벤트로 규정하고자 한다.

2. 이벤트 개념 정립의 의의

이벤트는 인간이 살아가는 데 있어 생존의 문제에 해당하는 것이 아니라 '삶의 질'에 관련된 부분이다. 이는 인간의 욕구 중에서 가장 상위의 욕구인 자아실현의 욕구에 해당되는 것으로 전통적인 사회에서 공동체의 일원으로서 누렸던 안도감이나 편안함, 그리고 일체감을 회복하는 도구로써 선택된 매체이다.

그동안 이벤트가 '이벤트'라는 통일된 용어로 사용되지 못하고 '행사,' '의례,' 또는 다른 무엇으로 불렸다고 해도 소외되고 단절된 인간관계와 개인의 가치가 몰락해 버린 사회에서 개개인의 가치와 존엄을 회복시켜 주는 도구로써 존재해 온 것은 분명하다.

특히 이벤트는 종합과정예술이라고 말할 수 있기 때문에 이벤트를 기획하는 사람, 참여하는 사람, 단순히 즐기는 사람 모두가 중요하다. 우리는 자신을 보다 가치 있고 특별하게 만들기 위해 이벤트를 기획하고, 이벤트에 참가하며, 이벤트를 즐기게 되는 것이다.

이벤트는 다양한 매체 가운데서 가장 감성적으로 인간의 주위에 자리하게 된다. 가장 감성적이라 함은 사람들이 다른 매체에서 삭막함과 고독감을 느꼈다고 한다면, 이벤트라는 매체를 통해서는 감동을 느끼게 되고, 이를 통해 삶이 더욱 풍성해진다는 의미를 담고 있다. 이벤트의 의의는 개인적인 일이든, 이윤을 추구하는 기업이든, 국가적인 목적을 목표로 하든지 간에 결국 인간성을 존중하게 된다는 점과 이벤트를 통해 인간의 가치에 대해 생각하게 한다는 데 있다.

이벤트가 마케팅에서는 판매촉진을 위한 특별행사의 개념으로 판촉 또는 프로모션, 견본제공(sampling), 쿠폰(coupon), 프리미엄(premium) 등 다양한 의미로 사용되고 있다. 특히 마케팅의 전략적인 측면에서 보면 광고활동의 일부로써 또는 독립된 판촉활동이나 홍보적인 성격의 수단으로써 이벤트를 실시하고 있다.

서구사회에서는 이벤트라는 용어를 개별단위로서 이벤트라는 명칭보다는 오히려 콘서트(concert), 쇼(show), 전시회(exhibition), 축제(festival), 빅 이벤트(big event), 파티(party), 시상(award), 경연(competition) 등으로 사용한다. 이는 사물을 세분화해서 생각하는 그들의 분화적 사고방식에 기인한 것으로 보인다.

히라노 아키오미(平野章臣, 2003)는 이벤트는 꾸미는 사람이 있고 미션이 있다(목적과 의지), 이벤트에는 타깃이 있고 메시지가 있다, 이념이 있고 전략이 있다(콘셉트), 시작이 있고 끝이 있다(임시성), 이벤트에는 평상시와 다른 특별한 행위가 내포되어 있다(비일상성) 등의 다섯 가지가 이벤트로서 갖추어야 할 기본적인 조건이라고 하였다.

그동안 이벤트의 명확한 개념이 정립되지 않은 상태에서 분야별로 분열되어 '우리의 것만이 이벤트이다'라고 고집하던 견해는 서서히 사라지고 있다. 현재 우리나라의 일반적인 경향은 축제 · 전시회 · 회의 · 공연 · 스포츠 · 박람회 등과 관계없이 일정 기간 특별히 기획된 모든 행사와 전달수단을 포괄하는 개념으로 이벤트라는 용어를 사용하고 있다.

와트(Watt, 2001)는 이벤트 정의의 범위가 너무 넓다 하더라도 여가와 관광 분야에서 고유한 보편성을 수용하여 모든 기회를 포착해야 한다고 주장한다. 이벤트의 개념을 정확히 정의하려는 노력은 이벤트에 대한 정체성을 확보한다는 것을 뜻한다. 정체성을 확보한다는 것은 그 일에 종사하는 사람들에게 존재가치를 부여받게 하는 일이기 때문에 매우 중요하다 할 것이다.

3. 이벤트의 접근

이경모(2003)는 이벤트에 관한 개념적 접근도 다양한 형태로 이루어지고 있다고 주장하면서 다음과 같이 구분하였다.

첫째, 제례론적 접근의 이벤트는 인간의 능력으로 통제할 수 없는 초자연적 현상을 인간의 생활 속으로 끌어들여 제례나 전통행사 등으로 발전했으며, 이러한 전통행사가 현대 이벤트의 근원이 된다는 개념이다. 이는 이벤트를 사학(史學)·문학·민속학 측면에서 접근하는 개념이라고 할 수 있다.

둘째, 미디어론적 접근은 이벤트가 주최자와 참여자 간의 쌍방향 의사전달이 가능한 미디어로서 성장하였고, 사회의 변화에 따라 커뮤니케이션 미디어로서 발전할 것이라는 개념이다. 이는 이벤트를 심리학·마케팅·매체론으로 접근하는 것을 포함하고 있다.

셋째, 문화예술론적 접근은 이벤트가 그 자체로서 문화성을 지니고 있고, 이를 수행하기 위해서는 연출, 기술, 엔지니어링 등이 필요하다는 개념으로 이는 이벤트를 예술·문화·기술론적으로 접근하는 것이라고 할 수 있다.

끝으로 산업론적 접근은 이벤트가 복합적 성격을 지닌 업종으로서 여러 종류의 산업과 연계되어 융합되고 네트워크화되어 새로운 산업의 형태로 형성된다는 개념의 접근이다(小坂善治郎, 1996). 이는 경제학·경영학·관광학으로 접근하는 형태라고 할 수 있다.

▸▸ 표 1-4 **산업분야별 이벤트에 대한 접근방식**

분야별	접근방식
관광산업	이벤트를 관광상품으로 생각하는 분야로, 관광산업의 활성화를 위하여 개발된 소프트웨어로서 관광 이벤트를 접근함
문화산업	이벤트를 문화상품이라고 생각하는 분야로, 소득수준이 높아지고 삶의 질을 중시할 때 대중들은 문화나 스포츠에 대한 니즈가 높아지기 때문에 이벤트에 참여한다고 보는 접근방식
광고산업	이벤트를 설득적 커뮤니케이션 기법으로 활용하는 분야로, 광고·판매촉진·PR의 수단으로 이벤트에 접근함
정보산업	이벤트를 정보교류의 수단이자 장으로 생각하는 분야, 정보의 습득과 공유가 국제적 범위로 확대되면서 정보교류를 위해 이벤트가 발전했다는 견해

자료: 이태희, 2003을 토대로 재구성.

제2절 이벤트 성격

1. 이벤트의 구성요소

이벤트는 유형도 다양하고 내용도 복잡하기 때문에 구성요소가 매우 다양할 수 있다. 그중에서도 이벤트의 개최와 운영을 위해 반드시 필요한 몇 가지 요소가 있다. 이러한 구성요소들은 각종 이벤트를 기획할 때 고려되어야 할 중요한 요인으로 작용되고 있다[1]. 이벤트의 성패를 좌우하는 기본요소로 인식되고 있는 구성요소는 다음과 같다.

1) 이경모(2003)의 구성요소

(1) 이벤트의 기간(When)

이벤트가 언제(when) 개최되느냐 하는 것은 매우 중요한 사항이라고 할 수 있다. 이는 참가자의 관심과 접근성을 조절할 수 있는 개최 시기는 이벤트에서 매우 중요한 사항이다. 따라서 이벤트 개최 기간을 설정하기 위해서는 계절별 특성, 시간대별 특성, 개최횟수 등이 고려되어야 한다.

모든 이벤트는 시작일(또는 시간)이 정해져 있고, 또한 끝나는 날(또는 시간)이 정해져 있어 대부분 이벤트가 개최되기 전에 해당 이벤트의 개최 기간을 알 수 있다.

(2) 이벤트의 장소(Where)

이벤트의 개최장소는 이벤트 참가자의 접근성에 직접적인 영향을 주는 요소

---

1) 일본 이벤트산업진흥협회의 고사카 센지로(小坂善治郎)는 6W2H를 이벤트 기획의 기본요소, 즉 Who(이벤트의 주최), What(이벤트의 내용), Why(이벤트의 목적 또는 목표), When(이벤트의 개최시기), Where(이벤트 개최장소), Whom(이벤트 참가자), How(이벤트의 연출방법) 및 How Much(이벤트의 예산)를 중요한 기획요소라고 주장하고 있다.

이다. 모든 이벤트는 개최장소가 정해져 있으며, 이 장소에 참가자들이 모이는 것이다. 따라서 이벤트 개최장소에 따라 참가자의 구성과 분포가 달라질 수 있다.

이벤트의 개최장소는 크게는 이벤트 자체가 개최되는 지역(area)이 있고, 작게는 이벤트 내의 프로그램이 운영되는 특정 장소(또는 회장, zone)로 나뉠 수 있다. 전자는 이벤트의 접근성을 결정하며, 후자는 이벤트 운영에 필요한 주위 환경을 결정하는 요소라고 할 수 있다.

(3) 이벤트 참가대상

누가(who), 누구를(whom) 위하여 개최하는 이벤트인가 하는 것은 이벤트 기획과 운영에서 기본이 되는 요소이다. 특히 이벤트의 참가 대상에 따라 이벤트 프로그램 자체가 달라질 수 있고, 누구를 모이게 할 것인가에 따라 이벤트의 성격과 개최목적이 좌우될 수 있기 때문이다.

따라서 참가자의 인구통계적 특성, 지리적 특성, 사회심리학적 특성 등을 고려하여 이를 바탕으로 표적화된 참가대상자는 이벤트의 중요한 구성요소이다.

(4) 이벤트 개최목적(Why)

이벤트를 왜(why) 개최하느냐 하는 것은 모든 이벤트의 개최목적 또는 개최목표와 관련되는 것으로, 이벤트 개최의 개념(concept)을 설정하는 요소라고 할 수 있다. 이벤트 개최목적은 지역주민 화합, 개최지 이미지 향상 등 지역사회와 관련된 목적과 판매촉진, 기업의 인지도 제고 등 기업의 촉진(promotion) 목적, 메가 이벤트 개최를 통한 국가이미지 제고, 경제적 효과, 관광자원개발 등 매우 다양한 목적이 있다. 따라서 이벤트의 개최목적에 따라 이벤트의 나머지 구성요소의 결정수준이 달라질 수 있으므로 이벤트 개최목적을 명확하게 하는 것은 이벤트를 성공적으로 만드는 데 중요한 요소라고 할 수 있다.

(5) 이벤트의 내용(What, How)

이벤트의 내용은 일반 참가자가 가장 오랫동안 기억하는 구성요소이다. 이벤트에 참가하여 무엇을 어떻게 체험했는가에 따라 이벤트에 대한 추억이 결정되기 때문에 이벤트에 생명력을 불어넣는 역할을 하는 매우 중요한 요소이다. 이벤트의 내용에 포함되어야 할 것은 이벤트의 주제, 주제를 뒷받침하는 각종 프로그램과 운영·연출 방법, 참가자를 위한 서비스요인 등이다. 각 단계별로 독특한 아이디어와 체계적인 준비에 따라 이벤트의 수준이 결정되는 구성요소이다.

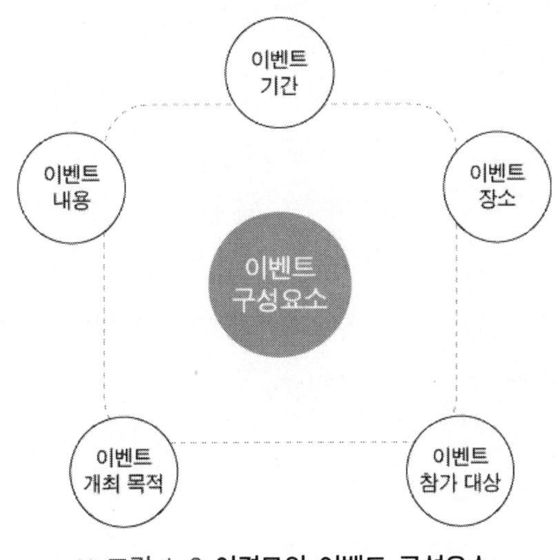

▸▸ 그림 1-2 이경모의 이벤트 구성요소

2) 고승익(2007)의 구성요소

많은 사회조직들이 이벤트를 이용하여 다양한 사회적 활동을 전개하거나, 어떠한 목적 달성을 위한 수단으로 이용하고 있다. 이와 같이 이벤트를 활용하게 되는 이유는 이벤트가 가지고 있는 아래의 요소들이 사회조직들이 원하는 것을 제공해 주기 때문일 것이다.

(1) 현장성

이벤트가 가지고 있는 특성 중에 가장 주요한 것은 현장성이다. 이벤트는 직접 현장에서 느끼고 경험하는 직접적 경험을 기초로 하기 때문에 현장성은 이벤트에서 가장 중요한 요소 중 하나이다. 따라서 이벤트 참여자들은 이벤트에서 현장감을 느끼기를 원한다.

많은 문화공연 중 매스 미디어인 TV를 통해 관람함으로써 얻어지는 경험과 이벤트 현장에서의 직접적인 참여를 통하여 이루어지는 경험과의 질을 비교해 보면 당연히 현장의 직접 참여를 통하여 얻어지는 경험의 질이 훨씬 높을 것이다. 이벤트의 다양한 현장성, 이것이 바로 사람들을 이벤트로 끌어들이는 매력인 것이다.

(2) 체험성

이벤트는 현장에서의 다양한 직접 체험을 기본으로 하고 있다. 이벤트는 인간이 느낄 수 있는 모든 감각기능에 자극을 주고, 이를 통한 총체적 경험을 만족의 척도로 삼고 있다. 즉 보고, 듣고, 만지고, 냄새 맡고, 느끼는 인간의 모든 감각을 통한 자극과 특별한 체험이 함께 영향을 주는 것이다.

체험을 통한 직접 경험으로 사회조직들은 그들이 원하는 것을 참가자들에게 강한 감동으로 전달할 수 있는 것이다.

(3) 상호 교류성

이벤트를 하나의 정보교류라는 측면에서 살펴볼 때, 이벤트가 활용되기 이전까지의 모든 사회적 커뮤니케이션의 도구들은 주로 정보발신자 중심의 일방적인 방향이었다. 따라서 정보의 소비자들은 수동적인 입장에서 때로는 왜곡된 정보를 받아들일 수밖에 없는 나약한 상태에 놓여 있었다. 그러나 이벤트는 현장에서의 직접 체험을 통한 정보의 상호 교류가 가능한 쌍방향성을 지니고 있다.

이벤트를 통해 주최조직들은 그들의 정보를 솔직하게 전달해 주고 참가자와의 상호 교류를 통하여 이를 수정 · 보완해 줄 수 있는 장점을 가지고 있으며, 이를 통해 쌍방이 상호 신뢰를 바탕으로 교류할 수 있도록 하는 것이 이벤트의 중요한 특성 중 하나가 될 수 있다.

(4) 인간성

많은 기계적 사회매체들이 정보나 이미지의 전달 혹은 목적달성을 위한 수단으로 활용될 경우 인간적인 감성은 배제되어 버린다. 따라서 인간적인 신뢰보다는 과학적이고 합리적인 기계적 전달매체로서의 역할만을 수행한다.

하지만 이벤트는 많은 사람들의 인간적 감성에 호소함으로써 목적하는 바를 이루려고 한다. 다양한 이벤트의 연출요소를 통하여 인간의 감성에 호소하고 그를 통해 감동을 이끌어내고자 하는 것이다. 이벤트에 참가한 많은 사람들은 이러한 이벤트의 환경 속에서 따뜻한 인간적 감동을 느끼며, 그것을 삶의 에너지로 삼고자 하는 것이다.

(5) 통합성

이벤트가 가지고 있는 마지막 특성 중 하나는 통합성에 있다. 많은 이벤트는 수많은 분야의 작업이 어우러져 함께 이루어진다. 인류가 만들어낸 많은 문화적 유산과 과학적 기술세계들이 각 영역을 넘어 하나의 주제로 통합되면서 인류가 살아온 역사와 미래에 대한 방향을 제시해 주는 역할을 수행하는 것이다. 미래의 사회가 전문성에 기초한 통합적인 삶의 패턴으로 발전해 나간다고 전제할 때 이벤트는 바로 이러한 미래를 가장 훌륭하게 이끌어나갈 수 있는 사회발전 요소인 것이다.

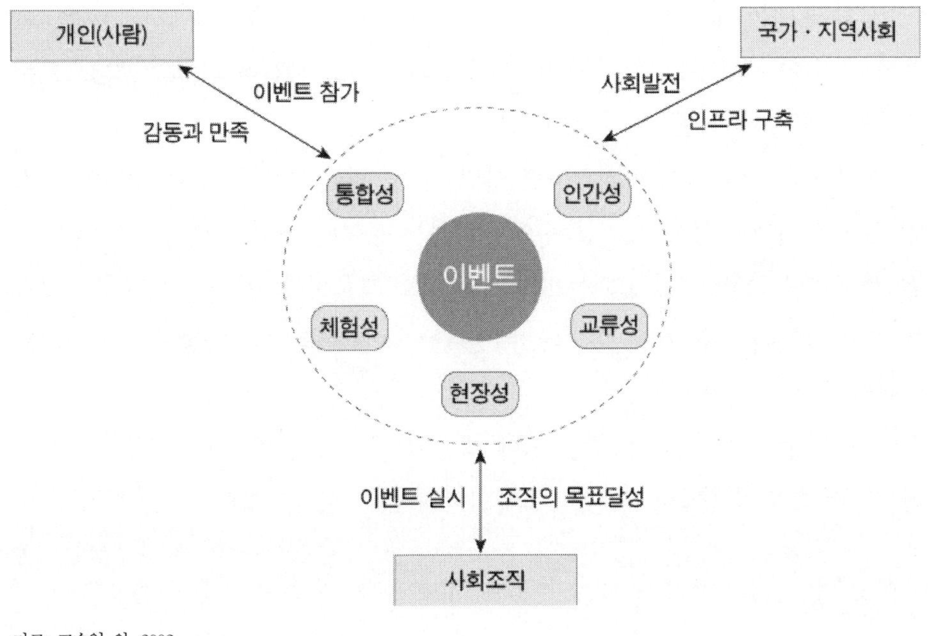

자료: 고승익 외, 2002.

▸▸ 그림 1-3 **고승익의 이벤트 특성**

2. 이벤트의 특성

1) 본원적 특성

(1) 계획성

우리가 흔히 사용하는 이벤트라는 용어는 서구사회에서 '특별한 이벤트'(special event)라는 말로 가장 많이 통용되고 있다. 즉 이벤트란 "주어진 시간에 특정 목적을 달성하기 위하여 인위적으로 행해지는 계획된 행사"라는 개념을 지니고 있다. 이는 자연적으로 발생하는 일을 이벤트라고 부를 수 없는 이유이기도 하다. 따라서 홍수, 지진 등과 같이 자연적으로 발생하는 사건을 이벤트라고 칭할 수 없으며, 운동경기나 축제 등과 같이 인위적으로 특별히 계획된 활동만을 이벤트라고 부를 수 있는 것이다.

(2) 긍정성

이벤트의 사전적 의미가 중시된다면 '일상적으로 발생되지 않는 무언가 중요한 일'의 범위는 매우 다양하다. 예를 들면 회사의 부도, 술자리에서의 싸움, 화재 등과 같이 부정적인 의미를 지니고 발생되는 일도 사전적 의미의 개념으로는 이벤트의 범주에 속할 수도 있다.

이벤트(event)란 영어를 직역하면 사건, 행사, 시합, 발생한 일을 뜻하고 있지만 실제 사회에서 통용되고 있는 '이벤트'라는 용어의 개념은 부정적 의미의 사건(affair)이나 사고(accident)와는 다른 개념으로 사용된다. 이는 사건이나 사고가 부정적인 의미를 내포하고 있으나, 이벤트는 긍정적 의미를 바탕으로 발생되는 일이라고 할 수 있다.

따라서 이벤트는 즐거움, 좋은 일에 대한 축원 또는 발전지향 등의 긍정적 개념을 바탕으로 발생되는 의미가 함축되어 있다고 할 수 있다.

(3) 비일상성

긍정적인 개념과 인위적으로 계획된 개념을 지니고 있다 하더라도 일상적으로 행해지는 활동이거나 일상생활 주변에서 늘 접할 수 있는 것이라면 이는 일반적으로 통용되는 이벤트의 범주에서 벗어난다고 할 수 있다.

이러한 개념은 우리가 '출퇴근'이나 매일 접하게 되는 일상적인 아침식사 또는 일상적인 과정의 업무처리 등을 이벤트라고 부를 수 없는 이유이다. 따라서 이벤트는 일상생활과 구별되어 빈번히 발생되지 않는 개념의 일 또는 행사라고 할 수 있으며, 매일 부딪히게 되는 일상적인 활동은 이벤트로 간주될 수 없는 것이다.

2) 내용적 특성

(1) 체험성

이벤트는 참가자에게 일상생활 또는 관광지에서 맛볼 수 없는 특별한 체험과 감동을 제공한다. 즉 '놓여 있는 것을 보는' 형식의 기존 일상형태가 아니고 '특정 장소에서 계획된 행사에 참여하는' 형식으로 참가자 자신의 직접적인 체험을 자극하는 활동형태라고 할 수 있다.

(2) 교류성

해당 이벤트에 참여하는 참가자에게 동일한 관심을 갖고 있다는 특정 관심분야에 관한 소속감과 참여자로서의 유대감 및 동질성을 형성케 하는 특성을 지니고 있다. 이는 이벤트에 참여하는 참가자에게 동일한 문화적 연대의식을 갖게 함으로써 관심분야에 더욱 적극적으로 유입될 수 있는 기회를 마련해 준다.

(3) 이동성

다시 돌아올 목적을 가지고 떠나는 행위가 관광인 것처럼 이벤트는 다시 돌아올 것을 목적으로 이벤트가 개최되는 일정한 장소에 일정 기간 방문하여 참여하는 것이다.

(4) 교육성

이벤트는 체험을 통한 교육적 효과를 제고하는 특성이 있다. 대부분의 이벤트는 문화적 체험 또는 정보 · 지식의 전달을 제공하는 미디어로서의 역할을 수행하고 있다. 따라서 이벤트 참가자는 이벤트 참여를 통해 교육적 체험을 얻는 기회를 갖게 되는 것이다.

3) 재무적 특성

첫째, 이벤트가 창출하는 주된 수요는 대개 이벤트 그 자체에 대한 수요가 아니라 일련의 관련 서비스 분야이다. 국내의 경우 이벤트를 통한 직접적 수요, 즉 이벤트 현장에서 집객을 통해 얻어지는 입장권 판매라든지, 임대사업 등의 수익을 강조하는 경향이 있는데, 이는 이벤트 속성을 제대로 파악하지 못한 결과라고 할 수 있다.

둘째, 이벤트가 창출해 내는 주된 수요는 미리 준비되어 저장된 것이 아니라 단기일 안에 응축되어 나타나는 것이다. 그러므로 서비스산업에서 이루어지는 전형적인 성수기 · 비수기의 문제와 연결된다.

셋째, 이벤트의 경우 국비와 지방비의 지원으로 개최되는데, 투입에 따른 실질적 효과는 비교적 적으며, 주된 이득은 주변 관광지의 자산과 서비스의 판매에 대한 외부로부터의 자금유입에서 생길 수 있다.

4) 기능적 특성

(1) 정체성 확립 도모

이벤트는 정체성 확립을 도모한다. 오늘날에는 무엇보다도 경제적으로 풍요한 시대가 도래하여 사회 각계각층에서 개성이 강조되고 각자의 정체성(혹은 주제성, identity)이 중요시되면서 이벤트가 붐을 이루게 되었다. 스스로의 이미지를 찾아서 형성하고 그것을 내보임으로써 자신의 존재를 사회에 알리는 시대가 도래한 것이다. 정체성의 추구는 개인이나 가족을 초월하여 널리 퍼져 가고 있다.

기업은 상품의 특성화와 아울러 기업의 이미지 제고 및 기업문화의 활성화를 위해 노력하고 있다. 기업정체성(corporate identity)을 고려한 기업 이벤트가 스포츠와 문화 이벤트를 중심으로 급증하고 있는데, 이러한 기업주최 이벤트가 바로 그러한 예라고 할 수 있다.

(2) 대중동원성

기업은 다품종 소량 생산 시스템 시대가 도래하자 판매전략으로 이벤트를 이용하고 있으며, 기존의 판매거점에서는 이벤트를 통한 판촉을 더욱 본격화하여 '일을 통해 물건을 판다'는 스타일을 대폭 확산시키고 있다. 즉 현대기업이 겪고 있는 판매 장애를 제거할 수 있는 기능을 이벤트가 가지고 있는 것이다.

(3) 지역경제 활성화

지방화 시대가 도래하면서 지역 경제의 활성화를 도모하기 위해 이벤트를 많이 개최하고 있다. 특히 지역사회에서 적은 예산으로 쉽게 행할 수 있는 이벤트가 예로부터 내려오는 지역의 특징적인 축제나 민속놀이이다.

개성화 시대가 등장하면서 소비자라는 획일적인 존재가 이제는 다양한 생활을 바라는 라이프 디자이너로 변신하기 시작했다. 각 개인은 자신의 개성을 표현하며, 자기 능력을 개발하기 위해 노력한다. 그 결과 참여와 체험을 즐기게 되고 퍼포먼스를 동반한 이벤트가 필연적으로 늘어나게 되었다. 따라서 이벤트는 일상적인 것이 되어서 사회구조 속에서 구조화될 것이다.

(4) 쌍방향성

이벤트는 우리의 모든 감각기관을 통해 느낌과 감동을 주고, 그 느낌을 상호 교류하여 공유하며, 기획과 진행 또는 현장의 모든 과정을 통해 참가자 상호 간에 직접적 체험의 공감대를 나눌 수 있는 독특한 매체로서, 이벤트에 참여하는 사람들은 직접적으로 그 체험을 공유함으로써 참가자 간에 상호 의사소통을 한다. 기업의 경우 현장에서 고객의 반응을 바로 파악할 수 있다는 장점이 있다.

(5) 정신적 풍요로움 형성

경제수준이 높아지면서 사람들의 욕구가 획일적인 생리적 차원에서 이제 각기 다른 심리적 차원과 정신적 차원으로 전환되고 있다. 즉 물질적인 것에서 정신적인 것으로 사람의 욕구가 변화해 가는데, 이를 충족시켜 줄 수 있는 것이 이벤트이다. 이벤트는 사람들을 물질에서부터 점점 사건(일)이나 마음(정신)에 관심을 두게 하기 때문이다.

현대사회는 물질적으로 풍요로운 만큼 정신적인 빈곤을 느끼게 하며, 이러한 빈곤을 해소시켜 줄 공간과 기회는 상대적으로 부족하다. 이벤트는 일상생활에서 벗어나 특정 목적과 의도를 가지고 어떤 것을 행사화하는 것으로, 그 과정에서 인간에게 정신적인 풍요로움을 줄 수 있다.

이상과 같은 이벤트의 특성 때문에 많은 사회조직체는 자신들이 설정한 각자의 목적들을 달성하기 위한 수단이나 배경으로 이벤트를 선택한다고 할 수 있을 것이다. 이벤트에 참가한 사람들은 그것이 어떠한 분야이든지 관계없이 위와 같은 이벤트의 특성에서 얻어지는 종합적 요소들을 통하여 마음으로부터 나오는 감동을 체험하게 되고, 그것을 삶의 에너지로 삼아 자신들의 미래를 개척해 나가는 하나의 분기점으로 삼게 되는 것이다.

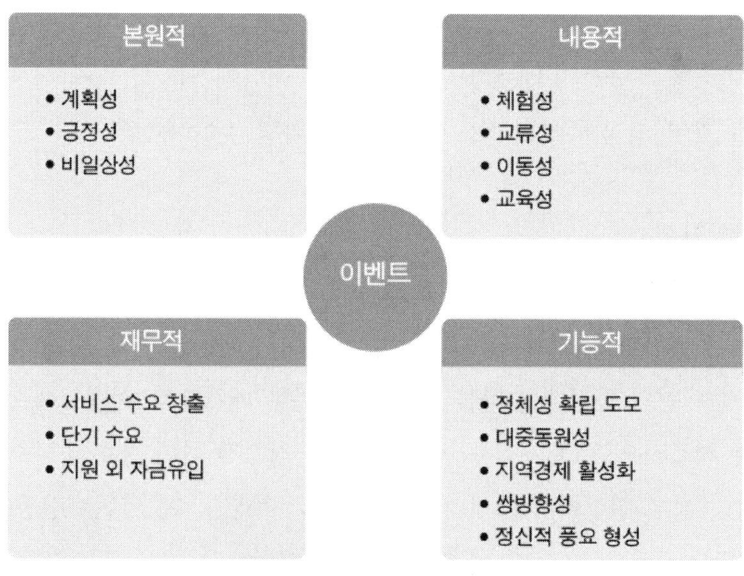

▸▸ 그림 1-4 **이벤트의 특성**

제3절 이벤트 관련 개념

이벤트와 관련된 개념으로 놀이 · 레크리에이션 · 여가 · 난장 등의 개념이 있다. 이에 이벤트의 유사 개념을 포함한 이벤트의 특성과 효과 등에 대해 살펴보고자 한다.

1. 놀이

놀이(play)라는 개념도 여가 및 레크리에이션과 더불어 이벤트와 밀접한 관련성을 가진다고 하겠다. 물론 놀이가 레크리에이션의 근본개념이기는 하지만, 양자 간에는 구별이 있다. 놀이는 '갈증'을 의미하는 라틴어 'Plaga'와 독일어 'Spiel'에서 유래된 단어로, 본능에 의해 자유롭고 자발적으로 이루어지며 비예측적인 성격을 지닌 그 자체에 목적을 가진 무조건적이고 무의식적인 활동을 가리킨다. 즉 놀이는 관광과 레크리에이션과 같이 여가활동의 한 부분으로서 현대사회에 들어서면서 놀이문화도 점차 개인적이고 소비지향적으로 변모하고 있다.

놀이는 일정한 육체적 · 정신적인 활동을 전제로 하며, 정서적 공감력과 정신적 만족감을 바탕으로 이루어지는 활동이다. 그러므로 놀이는 재미가 있어야 하고, 다른 사람들을 끌어들이는 공감력이 있어야 하며, 모든 제약으로부터 해방시켜 주는 자유스러움과 놀이 주체의 자발적인 참여가 보장되어야 한다. 현대인의 경우에는 놀이가 이루어지는 장소가 현실에서 점차 가상으로 바뀌고 있다.

네덜란드의 역사학자인 하위징아(John Huizinga, 1955)는 인간을 놀이하는 존재, 즉 '유희하는 인간'으로 보고 호모 루덴스(Homo Ludens)[2]로 인식하는 것이

---

2) 호모 루덴스란 표현은 1938년 네덜란드의 라이덴 대학에서 역사학을 강의하던 하위징아가 자신이 저술한 책 제목으로 사용해서 유명해졌다. 그는 인간을 근원적으로 이해하는 관점은 다양할 수 있으나 일반적으로 인정되는 호모 사피엔스(Homo Sapiens; 생각하는 존재)나 호모 파베르(Homo Faber; 만드는 존재)로 인식하기보다는 놀이하는 존재, 즉 호모 루덴스로 인식하는 것이 합당하다고 보았다(곽한병 · 이미혜, 2005).

합당하다고 주장하였다. 따라서 인류의 문화는 놀이의 연속이며, 놀이는 문화보다 우선한다고 보았다(서태양 · 부숙진, 2009). 이의 견해에 따르면, 문화가 놀이의 성격을 상실하면 마침내 문화는 붕괴의 길을 걷게 된다고 한다. 특히 하위징아는 놀이를 인간의 본질, 나아가 문화의 근원으로 파악하고, 놀이의 본질과 그 표현 형태를 인류역사의 전 과정 속에서 파악한 후 놀이가 문화를 만들어내며, 또한 그것을 지속시킨다고 결론짓고 있다. 하위징아는 놀이의 특성으로서 다음 네 가지를 들고 있다.

① 인간의 자발적 자유의사에 의해 행해진다.
② 일상생활의 막간에 이용되며 탈일상적이고 사심이 없다.
③ 전통화 · 반복화라는 지속성을 가지며, 놀이공간으로 미리 구획된 공간에서 행해진다.
④ 게임이 끝나면 놀이집단은 영구히 내집단화된다.

놀이의 성격을 구성하는 요소는 연구자의 관점에 따라 다양하게 구분되는데, 그중 그의 비판적 계승자라고 할 수 있는 프랑스의 사회학자 로저 카이와(Roger Caillois, 1994)는 놀이를 인간의 본질이며, 동시에 문화의 근원으로 파악하고 있다. 카이와는 놀이의 성격에 따라 놀이의 형태를 아곤(agon, 경쟁), 알레아(alea, 운수), 미미크리(minicry, 모의), 일링크스(ilinx, 현기)의 4가지 요소로 구분하였으며, 이는 다시 놀이의 표현 형태에 따라 파이디아(paidia, 오락적 놀이)적 놀이와 루두스(ludus, 경기 · 시합)적 놀이로 세분화할 수 있다.

여기서 아곤은 그리스어로 경쟁 또는 관계를 의미하며, 아곤적 놀이에는 원초적인 힘과 능력을 기반으로 하는 육상경기나 레슬링 등의 파이디아적 목적의 놀이와 복싱 · 당구 · 배구 · 펜싱 · 체조 등의 조직적 스포츠인 루두스적 놀이가 해당된다.

알레아는 주사위란 뜻으로 운수를 의미하며, 파이디아적 놀이에는 노래 부르기 · 낱말맞추기 등이 있고, 루두스적 놀이에는 룰렛과 같은 카지노 게임이 있다.

미미크리는 라틴어의 어원으로는 게임의 시작이라는 뜻을 갖고 영어적 의미로는 환상을 가리키는데, 파이디아적 놀이로 탈춤 · 가장행렬 등이 있고, 루두스적 놀이로 가면무도회 등이 있다.

일링크스는 현기증 · 어지러움의 뜻으로, 파이디아적 놀이에 회전목마나 그네타기 등이 있고, 루두스적 놀이에는 카니발, 스키 등이 있다.

한편 카이와는 놀이의 기준 또는 특성으로서 ① 참가의 자유, ② 일상생활로부터의 격리, ③ 과정과 결과의 불확실성, ④ 생산성을 목적으로 하지 않음, ⑤ 규칙의 지배, ⑥ 가상성 등의 6가지를 들고 있다.

이와 같은 놀이의 특성을 볼 때 그것이 곧 여가의 한 형태로서 자유의사에 근거한 활동인 것은 틀림없지만, 질서 · 규칙 · 전통화 등의 관점에서 보면 레크리에이션 또는 이벤트와 개념적으로 다름을 알 수 있다.

그러나 놀이는 관광과 여러 가지 공통적인 측면도 없지 않다. 그레번(Graburn, 1983: 15)은 그 공통속성을 다음과 같이 지적한다.

> "인간의 놀이는 관광에서 말하는 여행이라는 요소를 갖고 있지는 않지만, 관광이 지닌 여러 속성을 공유한다. 즉 놀이가 지닌 정상규칙으로부터 이탈, 제한된 지속성, 독특한 사회관계, 그리고 터너(Turner)가 유동(flow)이라고 이름한 몰입과 열중성을 지닌다. 관광과 마찬가지로 놀이로서의 게임은 일상생활의 구조 및 가치관과는 다르면서도 그것을 강화시켜 주는 의례(rituals)인 것이다."

2. 레크리에이션

레크리에이션(recreation)은 "여가 내에서 자신의 몸 · 마음의 휴식과 수양, 또는 즐거움을 추구하기 위해 자발적으로 이루어지는 활동이나 경험"을 의미하며, 특히 활동의 개념이 강하다고 볼 수 있다. 즉 레크리에이션은 그것이 개인이나 집단에 의해 여가 중에 영위되는 활동이고 그 활동으로 인하여 얻어지는 직 · 간접적 이득 때문에 강제되는 것은 아니며, 그 활동 자체에 의하여 직접적으로 동기가 주어진 자유롭고 즐거운 활동이다.

레크리에이션[3])이란 단어의 어원을 살펴보면 원래의 의미를 이해하는 데 도움이 될 것이다. 레크리에이션은 라틴어의 '레크레아티오'(recreatio)란 단어와 '레크레아테'(recreate)란 단어에서 그 어원을 찾을 수 있다. 'Recreatio'란 '기분을 전환하다 또는 새롭게 하다'(to refresh)의 의미가 있으며, 'Recreate'는 '저장하다 또는 다시 찾다'(to restore)는 의미를 가진 것으로, 인간을 재(re)생(creation)시키고, 인생에 활력을 회복시키며, 또한 이것은 노동과 더 많은 관련이 있는 사회기능적이고 교육적인 것이다.

그라지아(Grazia)는 이를 "노동으로부터 인간이 휴식을 취하고 기분전환을 하고 노동 재생산을 위한 활동"으로 정의하고 있으며, "각 개인이 자발적으로 행하여 그 행위로부터 직접 만족감을 얻어 즐길 수 있는 모든 여가의 경험"으로 인식하고 있다.

따라서 레크리에이션을 시간적 개념보다는 활동적 개념으로 보려는 견해가 지배적인데, 레크리에이션은 사회적 편익을 증진하고자 조직되는 자발적 활동으로서 다음과 같은 특징을 지닌다.

① 레크리에이션은 육체, 정신 및 감정의 활동을 표현하기 때문에 단순한 휴식과 구별된다.

② 레크리에이션의 동기는 개인적 향락과 만족의 추구이므로 노동의 동기와 구별된다.

③ 레크리에이션은 선택의 범위가 무한정하기 때문에 수많은 형태로 나타난다.

④ 레크리에이션은 자발적 의사에 의해 참여한다.

⑤ 레크리에이션은 여가시간에 행해지는 활동이다.

⑥ 레크리에이션은 시간, 공간, 인원 등의 제한이 없고, 실행과 탐색이라는 보편성을 지닌다.

⑦ 레크리에이션은 진지하며 목적을 가지고 행하여진다.

---

3) 사전적 의미로는 '레크리에이션'으로 발음할 경우 위락 · 휴양 · 보양 · 기분전환 · 오락이라는 뜻이 되며, '리크리에이션'으로 발음할 경우에는 개선 · 재건 · 재창조 등을 나타낸다. 오늘날에는 양쪽의 의미를 포함시켜서 레크리에이션을 많이 사용하고 있으며, 현재 휴양(休養) · 행락(行樂) · 위락(慰樂) 등의 용어가 혼용되고 있으며, 일본의 경우 휴양 혹은 외래어 자체로, 대만의 경우 유게(遊憩) · 유락(遊樂) 등으로 사용되고 있다.

이러한 점에서 레크리에이션은 여가시간에 영위되는 자발적 활동의 총체로서 여가의 하위개념이라고 하겠다.

여가와 레크리에이션의 차이점을 좀 더 상세히 살펴보면, 여가는 포괄적이고 덜 조직적이며 개인적인 동시에 내적 만족을 추구하는 데 반하여, 레크리에이션은 범위상 한정적이고 비교적 조직적이며 동시에 사회적 편익을 강조하고 있다.

또한 여가가 보통 시간의 기간이나 마음의 상태를 말하는 데 비해 레크리에이션은 공간에서의 활동을 가리킨다. 나아가 여가가 쾌락과 자기표현을 위한 것이라면, 레크리에이션은 활동과 경험의 직접적 결과로서 발생한다.

레크리에이션과 관광의 차이점은 시간과 활동공간의 차이에 있다고 하겠다. 관광도 넓은 의미에서는 레크리에이션 활동의 하나이지만, 관광은 일상 거주지를 멀리 떠나는 활동이라는 데에 차이점이 있다. 관광은 비교적 이동의 거리가 멀고 시간적으로도 길지만, 레크리에이션은 일상 공간의 주변에서도 일어난다. 물론 관광은 일상 거주지를 떠나 다시 일상 생활권으로 돌아오기까지의 전 과정에서 일어나는 수많은 복합적인 현상이며 그 영향이 크다는 특징을 가지고 있기도 하다.

3. 여가

1) 여가의 개념

우리가 정의하고자 하는 용어 중 가장 포괄적이고 다의적 의미를 지닌 것이 바로 여가(leisure, 레저)란 개념이며, 개념 규정에 가장 어려움이 뒤따르는 것이 바로 이 개념이다.

레저(leisure)의 어원은 고대 그리스어의 '스콜레'(scole)란 말에서 유래되었다고 한다. 스콜레란 두 가지 의미가 있다고 전해지는데, 첫째는 여분의 시간, 둘째는 영어 스쿨(school)의 어원으로서 연구, 연습, 놀이 등을 뜻한다고 한다.

레저의 어원이 '스콜레'라고 하는 것은 레저가 본래 문화를 창조하는 활동을 뜻하기 때문이다.

또한 레저는 프랑스어의 '리세레'(licere)란 말에서 유래되었다고 한다. 이 말의 뜻은 '허락받는다', '자유로운' 등의 의미다. 리세레로부터는 다시 프랑스어로 로와지르, 영어로는 라이선스(license)라는 말이 파생되었다고 한다. 이는 원래 '노역의 면제', '공적 의무의 면제'를 의미하기 때문이다. 말하자면 '작업이나 업무 등과 같은 일로부터 면제되어 자유로이 할 수 있는 휴양이나 레크리에이션과 같은 활동을 할 수 있는 시간을 의미한다.

▸▸ 표 1-5 **여가의 개념 분류와 내용**

분류	내용
시간적 개념	인간에게 주어진 하루 24시간 속에서 생명유지와 노동에 필요한 시간을 제외한 나머지 시간, 즉 잉여시간 혹은 자유재량적 시간의 관점에서 여가를 이해하고자 하는 것
활동적 개념	시간적 토대 위에서 여가를 이해하고자 하는 관점으로, 개인의 생활만족과 삶의 질을 추구하고자 선택하는 활동으로 규정되며, 여기에는 수면, 식사, 노동과 같은 정례화된 활동이 아닌 것을 의미
상태적 개념	정신 · 영적 상태를 의미하며, 자유정신, 자유의지로서의 여가를 강조한 개념으로 이는 매우 주관적인 개념
제도적 개념	여가의 본질을 노동, 결혼, 교육, 정치, 경제 등의 사회제도의 상태나 가치관의 맥락에서 규명하고자 하는 개념
통합적 개념	여가는 복합적이어서 다양한 면을 가지고 있으며, 어느 한쪽 측면으로는 여가의 본질을 충분히 설명할 수가 없다. 즉 여가는 시간적 · 활동적 · 상태적 · 제도적 요소가 적절히 배합된 통합적인 속성을 갖는다. 여가란 개인이 노동이나 그 밖의 의무로부터 자유로운 상태에서 휴식, 기분전환, 사회적 성취, 자기발전을 위해 자발적으로 참여 · 수행하는 활동시간을 뜻함

자료: 김광근 외, 2013.

일반적으로 여가라고 하면 그 개념 속에는 '시간' 개념과 '활동' 개념이 함께 포함되어 있다. 먼저 시간 개념으로서의 여가에는 하루 24시간이라는 전체 생활시간 가운데서 식사 · 수면 등의 생리적 필수시간과 노동 · 가사 등의 구속시간을 빼고 남은 시간, 즉 잉여시간이라는 소극적인 의미와 의무나 구속으로부터 해방되어 자신의 자유재량에 맡겨진 자유로운 시간, 즉 좀 더 적극적인 의미의 두 가지 정의가 포함되어 있는 것이다.

여기서 자유시간은 사람이 자신의 자유로운 선택에 의해서 쓸 수 있는 구속받지 않는 시간이므로 사람이 그와 같은 시간을 어떻게 쓸 것인가에 따라 그 시간의 의미는 여러 가지로 달라질 수 있다. 그와 같은 의미에서 볼 때 활동 개념으로서의 여가의 의미는 시간 개념으로서의 여가의 내용이 어떠한 활동이냐라는 활동내용의 질에 따라 분류될 수 있다.

따라서 활동 개념으로서의 여가에는 자유시간에 행해지는 자유로운 활동이라는 형태로서 '자유'를 강조하는 뜻과 자유시간에 행해지는 창조적인 활동이라는 형태로서 '창조성'을 강조하는 두 가지의 의미가 포함되어 있는 것이다. 전자에는 가끔 활동의 내용이나 기능 등이 열거되어 휴식, 기분전환 그리고 자기실현을 위해 임의로 행하는 활동의 총체라고 정의할 수 있겠고, 후자는 은연중에 뭔가 규범적인 가치를 부여한 정의라고 말할 수 있겠다.

이상에서 살펴본 바와 같이 여가는 여분의 시간이지만, 있어도 없어도 좋다는 잉여시간을 말하는 것이 아니라 노동을 위하여 혹은 노동을 포함한 인간생존에 불가결한 의미를 갖는 것으로, 자기재량으로서 자유로이 처분하고 자기향상을 도모하는 기회라는 보다 적극적이고 전진적인 의미를 내포하고 있다.

2) 여가의 기능

활동 개념으로서의 여가에는 자유시간에 행해지는 자유로운 활동이라는 형태로 '자유'를 강조하는 뜻과 자유시간에 행해지는 창조적인 활동이라는 형태로서 '창조성'을 강조하는 뜻의 두 가지 정의가 포함되어 있다고 함은 앞에서 설명한 바 있다. 그렇지만 일반적으로 활동 개념으로서의 여가는 자유시간에 행해지는 자유로운 활동이라는 형태로서 '자유'를 강조하는 뜻에서 사용되는 경우가 많은데, 이럴 경우 여가의 기능으로서 휴식, 기분전환, 그리고 자기계발 등이 열거된다. 그러므로 여기서는 이와 같은 여가의 기능에 관하여 살펴보기로 한다.

(1) 휴식 기능

휴식은 피로를 회복시킨다. 이런 면에서 여가는 일상생활, 특히 근로생활에서 기인한 압력에 의해 가해진 육체적 · 정신적 마멸(磨滅)을 회복시킨다. 오늘날 노무는 상당히 경감되었을지 모르나 노동밀도의 증대, 생산공정의 복잡화, 대도시지역에 있어서 통근거리의 장거리화 때문에 근로자는 아무 일도 하지 않은 채 있다든지 또는 조용히 여유 있게 쉬는 것이 점점 긴요해지고 있다.

(2) 기분전환 기능

기분전환은 인간을 권태로부터 구출한다. 세분화된 단조로운 작업은 노동자의 인격에 나쁜 영향을 가져온다. 그리고 현대인의 소외감은 일종의 자기상실의 결과에서 오는 것이기 때문에 일상적인 세계로부터 탈출의 필요성이 생기게 된다. 이와 같은 탈출은 지역사회의 법률적 · 도덕적 규율을 범하는 형태를 취하는 경우도 있고, 다른 한편에서는 사회병리적 요소를 포함하게 되기도 한다.

그러나 반대의 입장에서 보면, 그것은 평행유지적 요인이 되고, 사회적으로 필요한 수련이나 규율을 지켜나가는 하나의 수단이 되기도 한다. 그곳에서 기분전환을 시켜 보상적 경험을 추구한다든가, 일상적 세계와 격리된 세계로 도피한다든가 하는 행동이기도 하다. 현실의 세계에서 탈출하면 장소나 리듬이나 스타일의 변화 추구(여행, 유희, 스포츠)가 된다. 탈출이 가공의 세계(영화, 연극, 소설)로 향하면 등장인물에 자기를 투사하고, 주인공과 자기를 동일시하여 그 기분을 즐기는 등의 행동이 나타난다. 이는 공상적 세계에 의존하여 공상적 자아를 만족시키려고 하는 행동이다.

(3) 자기계발 기능

자기계발은 자기의 능력을 발전시키는 것이다. 여가는 일상적 사고나 행동으로부터 개인을 해방시키고 보다 폭넓고 자유로운 사회적 활동에의 참가나 실무적이고 기술적인 훈련 이상의 순수한 의미를 가진 육체 · 감정 · 이성의 도야(陶冶)를 가능케 한다. 유희단체 · 문화단체 · 사회단체에 자발적으로 가입하여 활동하는 데 여가의 계발적 기능이 나타난다. 학교교육에서 채워졌다고는 하지만 사회가 끊임없이 진보하고 복잡해져 감에 따라 시대에 뒤떨어지기 쉬운 지식능력은 여가를 통하여 다시 한번 자유로이 뻗어나갈 기회가 주어진다. 또한 옛것이나 새로운 것을 불문하고 여러 정보원(신문 · 잡지 · 라디오 · TV)을 적극적으로 이용하는 태도도 키워나간다.

여가는 평생 계속하는 자발적인 학습의 형태를 낳게 하고 새로운 창조적인 태도의 형성을 돕는다. 의무적 노동으로부터 해방되어 개인은 스스로 선택한 자유로운 훈련을 통하여 개인적 · 사회적인 생활형태 가운데서 자아실현의 길을 펼쳐 나가는 것이다. 이러한 여가 이용은 기분전환적인 이용만큼 일반적인 것은 아니지만 대중문화 일반에서 본다면 대단한 중요성을 가진다.

이상의 세 가지 기능은 흡사 대립하고 있는 것처럼 보이기도 하지만 상호 간에는 밀접한 관련을 가지고 있다. 실제로 이들은 각 개인이 처한 상황에 따라 정도의 차이는 있어도 모든 사람들의 일상생활에서 거의 인정되고 있다.

또한 이 세 가지 기능은 계기적 관계에 설 때가 있는가 하면 공존하고 있는 때도 있다. 순차적으로 기능하는 때도 있고 동시적으로 작용할 때도 있으며, 또한 중층적으로 작용할 때도 있어서 각각 분리하기가 어렵다. 각 기능은 보통 하나의 우월적 요소로 존재함에 지나지 않는다.

프랑스의 사회학자 듀마즈디에(J. Dumazedier)는 여가를 '휴식', '기분전환', '자기계발'과 같은 세 가지 기능을 가진 활동의 총칭으로 파악하면서 "여가란 개인이 직장이나 가정 그리고 사회로부터 부과된 의무에서 벗어났을 때 휴식을 위하여, 기분전환을 위하여, 혹은 소득과는 관계없는 지식이나 능력의 배양 및 자발적인 사회참여와 자유로운 창조력의 발휘를 위하여, 오로지 임의적으로 행하는 활동의 총체"라고 정의했는데, 이 정의는 이해하기 쉬운 설명이어서 오늘날 널리 이용되고 있다.

4. 난장

난장은 인류학에서는 오지(orgy), 즉 제의적 광란이라고 부를 정도로 요란스러웠다. 이 난장에는 사회적인 계층제도가 지닌 장벽이 일시에 무너지고 성적인 금제가 풀리는 등 사회는 일시적인 아노미[4]현상을 보이게 된다. 난장에서는 마

---

4) 아노미(anomie)란 언어적 의미는 법 또는 규범의 부재를 나타내지만 사회학적으로 인간의 열망에 대한 문화적 규제의 결핍 및 한 사회 내의 신념체계의 갈등을 의미하기도 하고, 사회적 또는 개인적 수준에서

음대로 말하고 마음대로 행동하여도 흠이 되지 않는다.

한편 이러한 무질서와 혼란의 난장은 사회적인 정화기능을 한다. 즉 이 난장이 지나가면 공동체는 정화되고 쇄신되며 전통적인 본래의 질서와 규범으로 되돌아간다는 것으로, 이는 매우 중요한 기능이라고 할 수 있다.

진정한 난장에서는 모든 참여자가 창조 이전의 카오스[5]적 감정상태로 진입하게 됨으로써 사회적 계층이나 빈부 및 지식의 차이는 의미를 갖지 못한다. 이런 난장 이후의 생활은 기존의 사회적 관계나 개인적 상황에서 발생되었던 모든 갈등을 완전히 해소하고 새로이 창조된 새 삶이다. 놀이와 그 연장선상의 난장은 이렇게 중요한 사회적 의의를 갖고 우리 놀이문화에서 핵심적 위치를 점유하고 있다.

제4절 이벤트의 분류

이벤트의 종류와 분류는 학자에 따라 또는 주최하는 기관에 따라 매우 다양하게 나타난다. 따라서 각각의 특성에 따라 분류되기 때문에 어느 분류가 옳다고 특정 지을 수는 없다. 또 이벤트에는 인간 활동의 다양한 현상을 범주에 포함시키게 되므로 그 종류를 명확히 구분하기 어렵다. 그렇다 할지라도 이벤트의 종류를 분류할 필요는 있다. 왜냐하면 이를 통해 이벤트의 영역을 유추할 수 있으며, 업무체계를 계통화하고 조직의 효율성을 추구할 수 있기 때문이다.

의 문화적 목표와 제도적 수단 간의 불균형을 나타내기도 하는 등 다양한 의미를 포함하고 있다.

5) 카오스(chaos)는 혼돈이라는 우리 말이 있으나 이 말이 사회적 · 정치적 혼란의 무질서라는 뜻으로 쓰이는 예가 많아 혼선을 막기 위하여 신화학(神話學)에서 사용하는 용어인 카오스를 그냥 사용하였다. 카오스는 천지가 개벽할 때 하늘과 땅이 아직 나누어지지 않은, 즉 시간과 공간의 질서가 생기기 이전의 상태를 가리키는 말이다.

1. 목적에 의한 분류

이벤트의 분류방법은 이벤트를 바라보는 학자들의 관점에 따라 다음과 같이 다양하게 구분될 수 있다.

1) 게츠의 이벤트 분류

게츠의 경우 이벤트의 유형을 문화 이벤트, 공연예술 이벤트, 비즈니스·교역 이벤트, 스포츠 이벤트, 교육·과학 이벤트, 오락 이벤트, 정치 이벤트, 개인 이벤트 등의 8가지로 분류하였다.

문화 이벤트는 페스티벌, 카니발, 종교행사, 퍼레이드, 역사적 축하행사를 포함한다. 공연예술 이벤트나 오락 이벤트는 경제적 목적을 겸한 기념 이벤트의 성격을 가지며, 비즈니스 및 교역 이벤트는 회의, 콘퍼런스, 박람회, 소비자전시회, 엑스포, 기금마련행사, 홍보 이벤트 등을 포함한다. 이러한 이벤트는 주로 기업이나 협회 차원에서 개최된다. 스포츠 이벤트는 프로페셔널 이벤트와 아마추어 이벤트로 구분된다.

교육·과학 이벤트는 학습이나 정보의 교환을 목적으로 세미나·워크숍·학술대회 등의 형태로 개최된다. 정치 이벤트의 경우, 작은 범주임에도 불구하고 큰 영향력을 보이곤 한다.

▸▸ 표 1-6 Getz의 이벤트 분류

유형	내용
문화 이벤트	축제, 카니발, 종교 이벤트, 퍼레이드, 문화유산행사
예술·엔터테인먼트 이벤트	콘서트, 공연 이벤트, 전시회, 시상식
상업 이벤트	박람회, 트레이드 쇼, 컨벤션, 홍보 이벤트, 기금조성 이벤트
스포츠 이벤트	프로 및 아마추어 경기
교육·과학 이벤트	세미나, 워크숍, 학술대회, 통역이 필요한 이벤트
레크리에이션 이벤트	재미를 위한 게임 또는 운동경기, 오락 이벤트
정치 이벤트	취임식, VIP 방문, 정치적 참여, 임명식
개인 이벤트	기념일, 가족휴가, 파티, 잔치, 동창회 등

자료: Getz, Event Management & Event Tourism(New York: Cognizant Communication Corporation, 1997).

2) 이봉훈의 이벤트 분류

이봉훈(1997)은 공연, 전시, 회의, 축제, 시상, 경연, 집회 및 대회, 스포츠, 레저와 레포츠 등으로 구분하여 설명하고 있다.

▶▶ 표 1-7 이봉훈의 이벤트 분류

유형	내용
공연	무대(장소)가 있고 출연자와 관객이 있으며, 출연자가 매개체를 통해서 특별한 방법으로 관객에게 보여주는 행위의 모든 것
전시	물품이나 이미지를 펼쳐놓아 보여주는 형태를 말하는데, 크게 전문전시회와 종합전시회로 나눌 수 있음
회의	각종 회의 · 강연회 · 심포지엄 등을 포함하는 형태로, 국내 · 국제회의를 막론하고 참여자들이 단순히 토론이나 발표의 장으로만 생각하지 않으며, 주최자도 다양한 프로그램을 준비하여 이벤트적인 요소를 많이 가미
축제	참여자 간의 동질감 형성과 감동을 공유하고 독특한 기획으로 볼거리를 제공
시상 (award)	상을 주고받는 행사로, 최근 추세는 전문적 기획과 연출력 가미 예 아카데미상, 대종상, 각종 음반상, 부산영화제 등이 대표적
경연 (competition)	여러 참가자들이 가지고 있는 기량을 선보이고 등위를 정하여 상을 주는 것으로, 많은 경연대회에서 축제나 쇼 형태를 띠고 각기 독특한 기획을 가미하여 독창적인 형태를 창출하고 있음
집회 및 대회	특히 이 분야는 사람 모으기가 중요하며, 그 모은 사람들이 단순참여자가 아닌 참여자 자체가 이벤트의 주요 대상이 됨
스포츠	경기 시합, 축구나 프로야구의 개막식에도 여러 가지 프로그램이 가미되며 메가 이벤트로서 월드컵축구와 올림픽이 있음
레저 · 레포츠	레포츠는 레저와 스포츠의 합성어로 참가형 이벤트의 한 전형 예 수상스키, 윈드서핑, 스킨스쿠버 다이빙, 스키, 실내 암벽등반, 산악자전거, 오리엔티어링 등의 스포츠를 레저화하여 참가회원을 모집하고 실시하는 이벤트

자료: 이봉훈, 1997을 토대로 재구성.

3) 일본 이벤트산업진흥협회의 분류

일본의 (사)이벤트산업진흥협회(1990)에서는 이벤트를 〈표 1-8〉과 같이 7가지 유형으로 구분하고, 각 이벤트별로 이벤트 통계 작성에 활용하고 있다.

▶▶ 표 1-8 **일본 이벤트산업진흥협회의이벤트 분류**

유형	내용
박람회	엑스포 및 그에 준하는 지방박람회
페스티벌	지방자체단체 · 공공단체가 기획하는 복합형 이벤트로서 박람회에 포함되지 않는 지방의 소형 박람회, 축제, 퍼레이드, 경관에 관련되어 개최되는 벚꽃축제 등의 행사 또는 다양한 형태의 이벤트
견본시 · 전시회	일반 민간기업 및 단체가 전시하는 견본시 · 전시회
회의이벤트	2개국 이상의 참가자가 있는 국제회의, 업계 · 학회 등의 각종 단체가 개최하는 여러 단체에서 개최하는 국내회의, 지방자치단체가 개최하는 지자체 개최의 국내회의
문화 이벤트	민간단체 또는 기업을 스폰서로 하는 음악 · 연극 이벤트 및 특별 미술전, 지자체 주도의 일반적인 문화 이벤트
스포츠 이벤트	민간단체 또는 기업을 스폰서로 하는 일반적인 스포츠 이벤트, 국가 또는 체육관련 조직이 주최하는 경기대회, 지자체 주도의 스포츠 이벤트 등
판촉이벤트	기업판촉활동의 일환으로 행해지는 이벤트, 신제품 발표회, 단독전시회, 판매점 행사 등

자료: (社)日本イベント産業振興協會, 1999.

4) 관광학사전의 이벤트 분류

『관광학사전』((사)한국국제관광개발연구원, 2000)에서는 이벤트의 유형을 〈표 1-9〉와 같이 관광 이벤트, 종교적 이벤트, 문화적 이벤트, 상업적 이벤트, 스포츠 이벤트, 정치적 이벤트 등으로 분류해 제시하였다.

▶▶ 표 1-9 **관광학사전의 이벤트 분류**

유형	내용
관광 이벤트	• 관광지향의 이벤트를 말함. 관광 어트랙션의 일종이지만 관광객이 적은 비수기에 개최하여 관광 시즌의 연장을 도모하는 등 계절성이 없는 일과성의 어트랙션으로 꾸밀 수도 있다는 것이 특징. 월드컵 · 올림픽 · 세계박람회 등 대형 국제관광 이벤트의 경우 집중적인 공공투자에 의한 대형 인프라 건설이나 도시재개발을 유발하기 때문에 전 세계적으로 치열한 유치경쟁을 하게 됨
종교적 이벤트	• 종교적인 동기나 목적으로 개최되는 이벤트를 의미하며, 성스러운 테마나 요소가 포함되어 있음. 이벤트로서는 그 기원이 가장 오래된 것이며, 사찰의 대제(大祭) 등의 신사(神事) · 제례의 참예자(參詣者) 및 성지로 향하는 순례의 흐름이 종교적 이벤트의 집객력을 전형적으로 보여주고 있음. 민족의 정신생활과 깊이 관련되어 있기 때문에 전통적인 연중행사 형태가 많으며, 종교적 관광지에서는 중요한 집객수단이 되고 있음

문화적 이벤트	• 문화적 동기나 목적으로 개최되는 이벤트를 의미하며, 민속예능 · 전통예술 · 문화유산의 보존 · 진흥을 토대로 한 이벤트가 해당됨. 넓은 의미에서는 축제 · 예능적 요소가 짙은 종교적 이벤트도 포함됨. 특정 문화에 관한 지식과 체험을 부여하는 기회가 되기 때문에 참가자와 관객에게 문화적 전통을 이해시켜 개최지에 대한 문화적 친숙성을 도모할 뿐만 아니라 개최지 주민들의 문화적 자긍심과 일체감을 부여하는 데도 기여함
상업적 이벤트	• 좁은 의미에서는 지방의 장날, 젯날(祭日), 특산품전시회를 가리키며, 넓은 의미에서는 국제견본시 · 무역쇼 · 만국박람회 등의 이벤트를 포함함. 고대의 종교적 이벤트를 기원으로 하는 오랜 역사를 지닌 것도 적지 않지만 지역과 국가의 산업진흥을 위해 새로이 기획되는 사례가 증가하고 있음. 만국박람회와 같이 오락 · 교육 및 정보발신의 기능을 가지며, 관광객과 투자유치 및 도시재개발에 긍정적인 효과를 도모하기 때문에 국제사회에서 활발한 유치경쟁이 전개되고 있음
스포츠 이벤트	• 스포츠를 테마로 하는 이벤트를 의미하며, 이미지 제고와 매스컴 보도의 효과가 수반되고 관광객에게 인기 있는 유형의 이벤트라고 할 수 있음. 지역활성화의 수단으로 개최되는 사례가 증가하고 있으며, 올림픽이나 월드컵 등 대형 스포츠 이벤트는 거액의 공공투자와 경제 · 사회 · 정치적 효과를 창출하기 때문에 국가나 지방자치단체의 장에 의해 추진되고 있음
정치적 이벤트	• 정치적인 동기나 목적으로 개최되는 이벤트를 의미하며, 정당 · 노동조합 및 각종 단체의 국내 정치집회, 선거나 정치과제에 관련되는 컨벤션 등으로서 국제적으로는 정치 서밋, 국제연합 주최의 회의, 세계은행 · IMF의 총회 등이 해당됨. 규모가 큰 정치 이벤트에는 사회적 관심과 매스컴 보도가 집중되기 때문에 개최지의 이미지를 제고할 수 있으며, 관광적 측면에서도 큰 편익을 기대할 수 있는 긍정적 기회가 됨

자료: (사)한국국제관광개발연구원, 2000을 토대로 재구성.

5) 이경모의 이벤트 분류

이경모(2003)는 이벤트의 유형을 〈표 1-10〉과 같이 제시하고 있다. 크게 여덟 가지로 분류할 수 있으며, 각 이벤트 유형의 성격에 따라 다시 소분류와 세분류를 하고 있다. 이러한 유형은 주로 이벤트가 개최되는 현상적 측면에 기초하였으며, 주요 이벤트만을 분류대상으로 하였다.

▶▶ 표 1-10 **이경모의 이벤트 분류**

대분류	소분류	세분류
축제 이벤트	개최기관별	지역자치단체주최 축제, 민간단체주최 축제
	프로그램별	전통문화축제, 예술축제, 종합축제
	개최목적별	주민화합축제, 문화관광축제, 산업축제, 특수목적축제
	자원유형별	자연, 조형구조물, 생활용품, 역사적 사건, 역사적 인물, 음식, 전통문화
	실시형태별	축제, 지역축제, 카니발, 축연, 퍼레이드, 가장행렬

<table>
<tr><td rowspan="7">전시
박람회
이벤트</td><td rowspan="4">전시회</td><td rowspan="2">전시목적별</td><td>교역전시</td><td>교역전, 견본시, 산업전시회</td></tr>
<tr><td>감상전시</td><td>예술품전시회, 문화유산전시회</td></tr>
<tr><td>개최주기별</td><td colspan="2">비엔날레, 트리엔날레, 카토리엔날레</td></tr>
<tr><td>전시주제별</td><td colspan="2">정치, 경제, 사회, 문화 · 예술, 기술, 과학, 의학, 산업, 교육, 관광, 친선, 스포츠, 종교, 무역</td></tr>
<tr><td rowspan="3">박람회</td><td rowspan="2">BIE인준별</td><td>BIE인준</td><td>인정(전문)박람회, 등록(종합)전시회</td></tr>
<tr><td>BIE비인준</td><td>국제박람회, 전국규모박람회, 지방박람회</td></tr>
<tr><td>행사주제별</td><td colspan="2">인간, 자연, 과학, 환경, 평화, 생활, 기술</td></tr>
<tr><td rowspan="5">회의
이벤트</td><td colspan="2" rowspan="2">규모별</td><td>대규모</td><td>컨벤션, 콘퍼런스, 콩그레스</td></tr>
<tr><td>소규모</td><td>포럼, 심포지엄, 패널, 디스커션, 워크숍, 강연, 세미나, 미팅</td></tr>
<tr><td colspan="2">개최조직별</td><td colspan="2">협회, 기업, 교육 · 연구기관, 정부기관, 지자체, 정당, 종교단체, 사회봉사단체, 노동조합</td></tr>
<tr><td colspan="2">회의주제별</td><td colspan="2">정치, 경제, 사회, 문화 · 예술, 기술, 과학, 의학, 산업, 교육, 관광, 친선, 스포츠, 종교, 무역</td></tr>
<tr><td colspan="2">개최지역별</td><td colspan="2">지역회의, 국내회의, 국제회의</td></tr>
<tr><td rowspan="2">문화
이벤트</td><td colspan="2">문화주제별</td><td colspan="2">방송 · 연예, 음악, 예능, 연극, 영화, 예술</td></tr>
<tr><td colspan="2">경쟁유무별</td><td colspan="2">경연대회, 발표회, 콘서트</td></tr>
<tr><td rowspan="2">스포츠
이벤트</td><td colspan="2">상업성 유무별</td><td colspan="2">프로스포츠 경기, 아마추어스포츠 경기</td></tr>
<tr><td colspan="2">참여형태별</td><td colspan="2">관전하는 스포츠, 선수로 참여하는 스포츠, 교육에 참여하는 스포츠</td></tr>
<tr><td rowspan="2">기업
이벤트</td><td colspan="2">개최목적별</td><td colspan="2">PR, 판매촉진, 사내단합, 고객 서비스, 구성원 인센티브</td></tr>
<tr><td colspan="2">실시형태별</td><td colspan="2">신상품설명회, 판촉 캠페인, 사내체육대회, 사은 서비스</td></tr>
<tr><td>정치
이벤트</td><td colspan="2">개최목적별</td><td colspan="2">전당대회, 정치연설 군중집회, 후원회</td></tr>
<tr><td rowspan="2">개인
이벤트</td><td colspan="2">규칙적 반복</td><td colspan="2">생일, 결혼기념</td></tr>
<tr><td colspan="2">불규칙적</td><td colspan="2">파티, 축하연, 특정 모임</td></tr>
</table>

주: BIE: Bureau Internationale des Expositions(박람회국제사무국).
자료: 이경모, 2003.

6) 숀과 패리의 이벤트 분류

숀과 패리(Shone & Parry, 2004)는 〈그림 1-5〉와 같이 이벤트를 4개의 큰 범주 안에서 세부적으로 구분하고 있다.

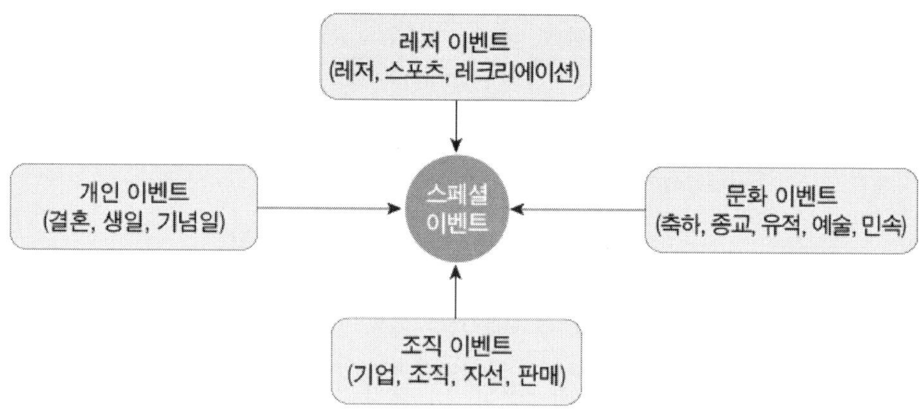

자료: Shone & Parry, 2004.

▸▸ 그림 1-5 숀과 패리의 이벤트 분류

2. 이벤트 수행을 위한 프로그램 분류

흔히 우리는 이벤트 유형과 이벤트 프로그램의 분류를 혼동하는 경우가 많다. 이벤트란 앞에서 언급된 것처럼 매우 다양한 분야에서 인위적으로 계획된 행사로 어느 분야에서 어떠한 목적으로 개최하느냐에 따라 분류되지만, 이벤트 프로그램은 앞에서 정의된 각 분야의 이벤트를 수행하기 위하여 설정된 내용물이라고 할 수 있다.

따라서 축제, 전시회, 박람회, 회의, 문화 이벤트, 스포츠 이벤트, 기업 이벤트, 정치 이벤트, 개인 이벤트 등은 이벤트의 분류라고 할 수 있다. 그러나 공연 · 퍼레이드 · 연회 · 파티 · 게임 등은 그 자체가 이벤트가 될 수도 있으나 이러한 이벤트 프로그램은 엄밀히 보면 이벤트를 수행하기 위해 설정된 내용물로서, 다시 말해 이벤트 실행의 구성요소 또는 도구라고 할 수 있다. 즉 이벤트의 유형에 따라 프로그램 믹스가 달라질 수 있으며, 균형 있는 프로그램 믹스의 구성에 따라 이벤트의 내용이 결정되는 것이다.

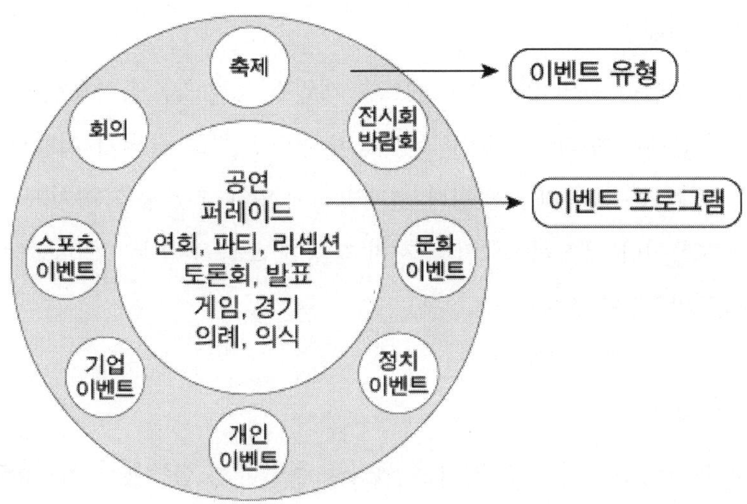

자료: 이경모, 2003.

▶▶ 그림 1-6 **이벤트 유형과 이벤트 프로그램**

3. 기타 분류

1) 주최와 목적에 따른 분류

이벤트의 주최자와 개최목적에 따라 공적(公的) 이벤트와 사적(私的) 이벤트로 구분할 수 있다.

공적 이벤트는 정부 또는 공공기관에서 일반국민을 대상으로 실시하는 이벤트로 공공(公共) 이벤트(public event)라고도 할 수 있다. 공적 이벤트는 지역의 진흥과 활성화, 지역의 이미지 고양, 지역주민의 단결, 커뮤니티 의식의 고취, 산업·기술의 진흥과 교류 등을 목적으로 하는 경우가 많다.

사적 이벤트는 기업이나 단체가 개최하는 이벤트로서 주로 기업이나 단체의 이미지 고양과 PR, 기업이익의 사회환원과 고객 서비스, 고객의 조직화, 상품·서비스의 판매와 촉진, 조직의 활성화와 인센티브 등의 목적으로 실시되고 있다. 주최자에 따른 이벤트는 다음과 같다.

(1) 국가 이벤트

박람회나 올림픽 등의 대규모 이벤트는 개인적 능력으로 불가능해져 국가 또는 지방지치단체가 주최자가 되어 실시하며 이런 이벤트를 국가 이벤트라고 한다. 국가 이벤트는 국가의 산업이나 경제발전에 막대한 영향을 미치게 되고, 국가경쟁력 향상이나 국가적 · 국민적 지위 향상에 도움을 주는, 말하자면 행정주도형 이벤트라 할 수 있다.

(2) 공공 이벤트

직접적 이익이든 간접적 이익이든 이익을 추구하는 집단에서 실시하기 힘든 이벤트, 또는 위험 부담이 많아 그 충격을 이익집단이 흡수하기 힘든 이벤트를 말한다. 국가나 지방정부가 실시하는 이벤트가 아니고 사회단체 공공기관들이 주관하는 이벤트로, 공익성 · 공공성이 강하고 그 사회가 추구하는 전통이나 가치 지향적인 이벤트가 많다.

(3) 기업 이벤트

기업이 주최하는 이벤트로서 주로 이익추구를 목적으로 한다. 직접적 이익추구가 되는 신제품 시음회 등의 판촉판매 이벤트와 간접적 이익추구 형태인 기업에 대한 호의 형성에 목적을 두고 기업이 주최하는 문화 · 체육 이벤트인 소시오프로모션(socio promotion) 이벤트가 있다. 최근에는 기업이 활발하게 이벤트를 기획함으로써 판촉활동뿐만 아니라 기업의 이미지 개선을 도모하고 있다.

(4) 개인 이벤트

개인 또는 이벤트 전문 개인회사들이 주최하는 이벤트로서, 주로 관혼상제에 관련하거나 오락(entertainment)적인 성격을 띠어 재미나 흥미 위주의 이벤트가 많다. 개인 이벤트는 독창적이고 풍부한 아이디어를 바로 현장에 반영하기 좋으며, 변화에 민감하게 적응할 수 있는 이점이 있다. 그리고 개인 이벤트가 발전해야만 이벤트가 성장할 수 있다.

▶▶ 표 1-11 **주최자에 따른 이벤트 분류**

성격별	내용
국가 이벤트	국가 또는 지방자치단체가 주최자가 되어 실시하는 이벤트
공공 이벤트	사회단체 · 공공기관 등이 주관하는 이벤트로, 공공성 · 공익성이 강하고 그 사회가 추구하는 전통이나 이벤트
기업 이벤트	기업의 이익추구를 목적으로 개최하는 이벤트로, 공공성 · 이익성이 강하고 그 사회가 추구하는 전통이나 이벤트
개인 이벤트	소규모로 실시하며, 사교적이고 친목적인 성격이 강함

2) 규모와 참가대상에 의한 분류

이벤트의 규모와 참가대상에 따른 분류는 매리스(Marris, 1987)의 정의에 따라 메가 이벤트, 참가자가 다수의 국가로부터 참여하는 국제 이벤트, 국내 참가자들을 대상으로 하는 전국 규모 이벤트, 특정 지역에서 지역적으로 한정된 참가자를 대상으로 실시하는 지역 이벤트, 소속된 회원 또는 구성원만을 대상으로 실시하는 특정 단체 이벤트 등으로 구분할 수 있다.

3) 이벤트 개방성에 의한 분류

참가 개방성에 따른 이벤트의 유형으로는 일반 대중이 아무런 제한 없이 참가할 수 있는 개방형 이벤트, 특정 자격을 갖춘 참가자와 특정 단체의 구성원 · 회원 또는 초청된 경우에만 참여할 수 있도록 참가의 범위를 한정하는 폐쇄형 이벤트, 개방형 · 폐쇄형을 함께 적용하는 중립형 이벤트 등이 있다.

4) 참가자 입장에서의 분류

참가자 입장에서의 이벤트 분류는 주로 이벤트 참가동기와 관련되는 것이 많다고 할 수 있다. 일반적인 즐거움(fun) 및 단순 감상 등을 목적으로 참여하는 감상형 이벤트, 이벤트에 직접 참여하여 체험을 얻고자 하는 체험형 이벤트, 특정 단체나 소속기관에 대한 소속감을 고취시키기 위한 귀속형 이벤트, 이벤트에 참여하여 자아실현을 구현하고자 하는 자아실현형 이벤트, 이벤트에 참여함으로써 경품 등의 경제적 이익을 얻기 위한 편익형 이벤트, 정보공유나 지식을 얻고자 하는 정보취득형 이벤트, 회의참가를 통한 이득이나 정보를 얻고자 하는 회의형 이벤트 등이 있을 수 있으며, 이는 〈표 1-12〉와 같이 분류할 수 있다.

▸▸ 표 1-12 **참가자 입장의 이벤트 분류**

성격별	내용	유형
감상형 이벤트	보고 즐기는 이벤트	연극, 영화, 콘서트, 전시회 등
체험형 이벤트	행동하고 창조하는 이벤트	지역축제, 참가형 스포츠, 극기훈련, 게임, 카지노 쇼, 영상 이벤트 등
귀속형 이벤트	소속감을 고취시키는 이벤트	회원감사제, 신입생환영회, 사은회, 회갑연 등
자아실현형 이벤트	자아실현을 성취하기 위한 이벤트	미인 콘테스트, 작품공모전, 작품발표회, 결혼 이벤트 등
편익형 이벤트	경제적 편익 외에 기타 편익을 얻기 위한 이벤트	장터, 바자회, 경품대회 참가 등
정보공유형 이벤트	정보를 통하여 이익을 얻으려는 이벤트	산업전시회, 박람회, 학회, 연수회 등
회의형 이벤트	회의 참가로 고부가가치를 창출하기 위한 이벤트	국제회의, 심포지엄, 패널토의, 미팅 등

자료: 이경모, 2003; 채용식 외, 2001 등을 토대로 재구성.

5) 스페셜 이벤트의 분류

게츠(1989, 1991)는 이벤트 중 관광매력물의 성격을 지닌 것을 다른 것과 구분하여 '스페셜 이벤트(special event)라 명명한 후 연간 1회 혹은 그 이하로 행해지는 등의 특성을 가지고 있다고 보았다. 스페셜 이벤트는 대개 이벤트의 규모에 따라 분류된다.

▸▸ 표 1-13 **스페셜 이벤트의 분류 및 정의**

분류	정의
메가 이벤트 (mega event)	세계박람회, 월드컵 결승전, 올림픽게임과 같은 행사를 일컬으며, 국제관광시장을 목표로 함. 여기서 '메가'(mega)란 단어는 참관객 수, 목표시장, 공공재정 지원수준, 정치적 영향, 방송매체의 취재, 시설건립, 개최지에 미치는 경제적·사회적 효과의 규모 등을 고려하여 붙여짐

홀마크 이벤트 (hallmark event)	제한된 기간 동안 1회 또는 지속적으로 개최되는 이벤트로, 주로 단기 또는 장기적 관점에서 관광지의 인지도, 매력, 경제적 이익 등을 높이기 위해 개발됨. 이러한 행사의 성패는 독특성과 관심을 유발할 수 있는 적정한 시기에 개최되는 것에 좌우됨
메이저 이벤트 (major event)	규모와 방송매체의 관심도 측면에서 보았을 때 상당한 수의 참관객을 유치할 수 있으며, 방송매체의 관심을 끌 수 있을 뿐만 아니라 경제적 이유를 기대할 수 있음. 예를 들어 국제적인 메이저 이벤트로는 국제스모토너먼트, 뮤지컬 '오페라의 유령' 등이 있음

자료: Allen, O'Toole, McDonnell, & Harris, 2001; 이봉희 · 박근수, 2004.

▸▸ 표 1-14 **스페셜 이벤트의 예**

구분	내용
메가 이벤트(mega event)	월드컵, 올림픽, 세계육상선수권대회, 박람회 등
홀마크 이벤트(hallmark event)	브라질의 리우 카니발, 독일의 옥토버 페스트, 스코틀랜드의 에든버러 페스티벌 등
메이저 이벤트(major event)	각종 스포츠 이벤트, 문화 이벤트, 컨벤션 등

자료: 류인평, 2010.

게츠(Getz, 1997)는 메가 이벤트(mega event)의 특성을 방문객 수가 백만 명 이상이고 비용이 최소 5억 달러 이상 소요되는 매우 지명도가 높은 이벤트로 규정하였다. 특히 규모나 중요도 측면에서 볼 때 개최지에 미치는 관광 및 경제적 파급효과가 매우 높으며, 방송매체의 관심이 집중된다고 하였다. 예를 들어, 올림픽게임이나 세계박람회 등과 같이 규모가 매우 커서 국가경제 전체에 영향을 미치며 세계적으로 미디어의 주목을 받는 것들이다.

홀(Hall, 1992)은 메가 이벤트는 세계박람회, 월드컵 결승전, 올림픽게임과 같은 행사를 일컬으며, 국제관광시장을 목표로 하는 이벤트라고 보았다. 여기서 '메가'란 단어는 참관객 수, 목표시장, 공공재정 지원수준, 정치적 영향, 방송매체의 취재, 시설건립, 개최지에 미치는 경제적 · 사회적 효과의 규모 등을 고려해서 붙여진다.

▶▶ 표 1-15 **메가 이벤트에 대한 학자들의 정의**

학자	내용
Getz	• 참관객 : 100만 명 • 비용 : 5억 달러 이상 • 지명도 : '반드시' 보아야 하는 이벤트 • 영향 : 관광 · 경제 분야의 파급효과가 매우 크며, 각종 매체의 관심 집중
Hall	• 개최목적 : 경제뿐 아니라 국제 관광시장을 겨냥 • 영향 : 참관객 수, 목표시장, 공공재정 지원수준, 정치적 영향, 방송매체의 관심, 시설 건립, 경제적 · 사회적 효과의 규모 등

자료: 류인평, 2010.

반면 홀마크 이벤트(hallmark event)는 마을과 도시 또는 지역을 나타내는 이벤트로서 일반적으로 지역명칭을 따는 경우가 많다. 홀마크 이벤트는 국제적 인지도를 가지고 있으며, 개최지의 정신을 대변하고 있다. 대표적인 사례로는 브라질의 리우 카니발, 독일 뮌헨의 옥토버 페스트, 영국 스코틀랜드의 에든버러 페스티벌 등을 들 수 있다.

리트치(Ritchie, 1984)는 홀마크 이벤트에 대해 제한된 기간 1회 또는 지속적으로 개최되는 이벤트로, 주로 단기 또는 장기적 관점에서 관광지의 인지도와 매력 및 경제적 이익을 높이기 위해 개발되는 이벤트라고 설명하였다.

▶▶ 표 1-16 **홀마크 이벤트에 대한 학자들의 정의**

학자	내용
Getz	지속적으로 개최되는 이벤트로서 전통, 매력도, 이미지, 홍보적 측면에서 큰 영향을 미치며 개최지에 경쟁력을 부여하는 이벤트
Ritchie	제한된 기간 동안 개최되며, 관광지의 인지도, 매력, 경제적 이익을 위해 개발된 이벤트

자료: 류인평, 2010.

CHAPTER

2

이벤트의 역사

CHAPTER

2 이벤트의 역사

이벤트의 역사는 원시시대 인간이 생존을 위하여 사냥꾼으로 활동하면서부터 시작되었다. 인간은 생존을 위한 수렵활동 등을 통해 더 많은 획득물을 얻고자 그들만의 의식을 행하게 되었다. 이후 신석기혁명을 통해 곡식을 재배하면서 정착생활을 하게 되었고, 농경사회에서는 그들만의 가면이나 무용, 음악을 사용하는 제의로, 비가 내리고 수확이 증대되기를 기원하는 의식이 행해지는데, 이것이 바로 이벤트의 기원이다.

제1절 서양의 발달사

1. 고대

고대 사회에서의 이벤트 역사와 유래는 자연의 예기치 않은 현상과 초자연적인 현상들을 일상 속에 끌어들인 행위로, 원시시대의 수렵활동에서 얻은 포획물을 획득했을 때 벌어지는 잔치와 함께 치러졌을 제례의식에서 기원한다. 이때에는 전통적 제례의식과 분화되지 않은 종합예술 및 원시적 총체예술로 발현되었을 것이다.

원시사회에서부터 이미 존재했을 것으로 추정되는 이벤트에 대한 사료는 국가가 형성된 이후에서나 찾아볼 수 있다. 서구문명의 발상지이자 여행량이 많았던 지중해 인근 국가에서는 BC 2000년경부터 교역을 위한 모임이나 종교적 행사 또는 축제 등에 참석하기 위하여 여행을 했다. 고대 이집트에서는 축제력을 장례용 태양신전의 문간 양쪽에 새기기도 하였다.

BC 776년 그리스는 올림픽경기를 통해 약 1200년 동안 그리스를 하나로 묶는 역할을 했을 뿐만 아니라 외국인 방문객을 받아들였고, 참가자들은 당시 메가 이벤트에 참여한다는 기쁨과 축제적인 분위기를 만끽한 것으로 알려지고 있다. 고대 유럽 지역의 이벤트는 주로 교역이나 종교에 관련된 것이 대부분이었다.

2. 중세

일부 학자들은 이벤트의 기원을 중세로 보는 견해도 있다. 로마제국 멸망 후 마비된 교회를 중심으로 새로운 형태가 전개되면서 물물교환의 장이 마련된 7세기 이후의 유럽에서 그 기원을 찾는 경우이다.

유럽에서는 로마제국이 5세기 후반에 멸망하기 시작하면서 7세기경까지 상업 활동이 일시적으로 중단되었다. 그 후 아랍인 · 유대인 · 앵글로색슨인 등에 의한 상업 지배가 있었고, 주로 교회를 중심으로 물물교환의 장이 발전되어 지방에 시장이 형성됨으로써 사람이 모이고 축제 분위기가 조성되어 규모 · 시기 · 장소 등이 하나의 약속에 의해 통일적으로 개최된 것을 이벤트의 기원으로 보고 있다.

또한 중세 이벤트사에 중요하게 등장하는 것이 바로 카니발(carnival)이다. 우리말로는 카니발을 사육제라고 번역하는데, 라틴어의 카르네 발레(carne vale: 고기여 그만) 또는 카르넴 레바레(carnem levare: 고기를 먹지 않는다)가 어원이다. 기원은 로마시대로서 그리스도교의 초기에 해당하며, 새로운 종교인 그리스도교를 믿는 로마 사람을 회유하기 위하여 그들의 농신제(12월 17일~1월 1일)를 인정한 것으로, 그리스도교로서는 이교(異教)적인 제전이었다.

이것이 그리스도교에 의해 계승되어 매년 부활절 40일 전에 시작하는 사순절 동안은 그리스도가 황야에서 단식한 것을 생각하고 고기를 끊는 풍습이 있으므로 그전에 고기를 먹고 즐겁게 노는 행사가 되었다. 12월 25일부터 시작하는 신년 축제와 주현제(主顯祭, 12월제: 1월 6일)를 합하여 유럽의 북쪽 지방에서는 종교적 의의를 가지는 크리스마스가 되고, 남국에서는 야외축제인 카니발이 되었다.

카니발 행사는 기원적으로는 옥외의 가면 · 가장행렬을 하고 종이 인형으로 된 우상을 장식으로 이용했는데, 시대와 나라에 따라 다르다. 농촌에서는 카니발이 봄을 맞아 풍작과 복을 비는 축제가 되어 가면 · 가장도 악령에 대한 위협이라는 뜻을 가졌으나 도시에는 옥외의 놀이가 되어 종이 인형의 우상 따위를 함께 끌어내며 즐기는 행사가 되었다.

옛날에는 로마가 중심이었으나 현재는 이태리(이탈리아)의 프로렌스(피렌체)와 베니스(베네치아), 독일의 쾰른, 스위스의 바젤 등 로마 가톨릭을 신봉하는 여러 나라에서 성행한다. 이 밖에 미국의 뉴올리언스, 브라질의 리우데자네이루 등에서도 성행하지만 프로테스탄트 국가에서는 별로 행하지 않는다.

3. 근대

고대 사회에서 이웃과 동료들 사이에서 벌어지던 각종 행사는 아직 분화되지 않았던 축제와 종교의식이 혼재된 상태에서 근대 사회로 넘어오면서 여러 나라가 참여하는 글로벌 축제로 발전하게 되었다. 이는 이벤트 형성기의 가장 큰 모델로 인간의 흥미를 유발시켜 인류의 화합과 산업발전에 이바지해야 하는 이벤트산업의 목적과도 부합되는 이벤트 역사상 가장 큰 이벤트 모델이라 하겠다.

또한 근대 산업발전단계로 넘어오면서 소규모 축제와 의식들은 분화되어가고, 부족국가들이 완성된 하나의 나라로 변모되면서 이벤트와 박람회로 발전되어 왔다.

전시회는 17세기 로마에서 개최된 미술전시회가 최초로 Exhibition이라는 단어를 사용하면서 전문전시회의 성격을 띠었다. 그리고 산업사회가 발전함에 따라 이벤트도 분화 발전과정을 거치면서 독일의 메세, 일본의 견본시, 프랑스의 바자, 미국의 스테이트 페어 등 신생산업으로 발전되어 왔다.

1699년 파리에서 왕실회화 · 조각 아카데미가 미술전을 열었으며, 파리의 루브르에서 일반미술전이 거행되었다. 런던에서도 1761년 왕립예술협회가 예술장려책으로서 미술전람회를 개최하는 등 붐을 이루었다.

1851년 런던 하이드파크에서 개최된 세계 최초의 만국박람회는 약 7만 4천 평방미터의 장소에 1만 3천 개의 회사와 6백만 명의 방문자가 모여 성황을 이루었다. 프랑스에서는 영국 만국박람회의 영향을 받아 1878년 파리 중심지에 약 66에이커의 회장에 당시 최대 규모의 전시회를 개최하여 1,600만 명의 방문객을 유치하였다.

박람회의 형태는 자연발생적으로 형성된 시장에서 물물교환이나 특산물 거래 등의 상행위로 출발하였으나, 아이디어나 기술을 제시하고 평가하는 시장으로 점차 발전하게 된 것이다.

또한 경제가 발전하고 교통이 발달함에 따라 대규모 상품전시회로 발전하여 그 후로는 기술과 발명품이 축적되면서 비로소 엑스포의 성격을 갖춘 전시회가 가능해졌다. 그리고 서구에서는 축제가 혁명을 기념하여 정치적으로 이용되기도 하였는데, 이러한 현상은 프랑스혁명과 러시아혁명에서 뚜렷하게 나타났다. 프랑스혁명의 과정에서 최초의 축제는 1789년 9월 27일 노트르담에서 파리 국민국 깃발의 축복을 위한 축제로부터 시작하여 10월 5~6일의 파리와 베르사유 사이의 인간행렬 축제로 이어졌다.

10월 혁명 이후의 러시아에서도 축제가 정치적 · 예술적 삶에서 중요한 역할을 하기 시작했다. 혁명 후 최초의 축제는 1918년의 메이데이 축제였고, 이어 혁명 1주년 기념제가 11월 7일에 전국적으로 열렸다. 이 두 기념제는 이후 소련의 핵심적인 축제가 되었을 뿐만 아니라 세계 사회주의 국가나 식민지 등에 많은 영향을 미쳤다. 혁명 러시아에서 축제는 소비에트 권력을 위한 가장 강력한 선동수단이었을 뿐만 아니라 밝고 흥분된 형식들 속에서 미래의 꿈을 구체화하는 것이었다.

이렇게 혁명과 축제가 연결되는 것은 축제적 열정이 혁명을 수행해 가는 데 있어 매우 중요한 요소이기 때문이다. 혁명을 수행하는 권력자들은 축제가 대중들의 혁명적 열기를 불러일으키거나 지속시킨다는 것을 알았기 때문에 의도적으로 축제를 기획하고 장려하였다.

서구에서 근대 올림픽운동이 시작된 것은 프랑스의 피엘 드 쿠베르탱(1863~1937)에 의해 제안되면서부터이다. 쿠베르탱이 1894년 파리 스포츠회의 때 근대올림픽을 제창하여 국제올림픽위원회(IOC)가 설립되었으며, 1896년 아테네에서 제1회 근대올림픽이 개최되었고, 그 후로 4년에 1회 간격으로 근대올림픽이 개최었다.

4. 현대

현대사회로 넘어오면서 이벤트는 기존의 제의적 관점과 함께 기업 마케팅적 관점으로 확대되었다. 이벤트는 기존 미디어에서 얻을 수 없는 쌍방향성으로 참가자와 함께 시간과 공간을 공유하는 직접 체험 외에 미디어에 의해 비참가자에게도 체험의 기회를 전달할 수 있다.

이는 직접 참가자에게는 강한 충격을 주고, 동시에 정보의 발신원이 되어 미디어에 파급시키는 간접효과가 있다. 그러므로 전통적 제례행사로는 도저히 얻을 수 없는 광범위한 힘을 대중에게 발신할 수 있다. 사회가 다양해지고 정보화될수록 이벤트의 종류가 늘어나고 이벤트의 범위도 더욱 넓어질 것이다.

이벤트는 오락적 요소와 함께 지적 만족감 획득, 창조성 추구, 새로운 만남의 창출 등의 기능을 가지고 있다. 그렇기 때문에 성숙시장의 소비자가 요구하는 것을 이벤트가 제공할 수 있다. 현대사회에서 이벤트가 중요시되는 이유도 바로 이 점에 있다.

이벤트는 정보화시대가 진전됨에 따라 더욱 중요시되는 경향을 보이고 있다. 이 같은 이벤트는 현대의 소프트 중시 사회에 대응한 매체로서 그 역할이 더욱 증대될 것이다.

제2절 우리나라의 발달사

1. 고대~고려시대

문헌 고찰을 통해 우리나라 이벤트의 기원을 찾아볼 수 있는 것은 국가적인 행사로 제례의 의미를 지닌 제천의식이라고 할 수 있다.

부여(BC 3세기)에서는 영고라고 하여 섣달에 하늘에 제사를 지냈는데, 이때에는 사람들이 많이 모여 여러 날을 두고 술 마시며 노래 부르고 춤추며 놀았다. 영고는 다른 말로 '맛두드리'라 하고, 후에 일본말 '마쯔리'의 어원이 되었다.

예(BC 3세기)에서는 해마다 10월이면 하늘에 제사를 올렸는데, 이것을 무천이라 하였다. 이때에는 밤낮으로 술을 마셨고 노래와 춤을 즐기면서 놀았다.

고구려(BC 1세기)에서는 그 나라 백성들이 노래하고 춤추기를 좋아했다. 나라 안 모든 촌락에서는 밤만 되면 남녀가 여럿이 모여 서로 노래하며 놀았다. 10월이 되면 동맹이라 하여 하늘에 제사를 올리는데, 이때가 되면 나라 안의 사람들이 모두 모였다.

마한(BC 1세기)에서는 5월에 씨를 뿌리고 나면 귀신에게 제사를 올렸다. 이때는 모든 사람이 모여서 노래하고 춤추며 술 마시면서 낮과 밤을 헤아리지 않았고, 춤출 때는 수십 명이 한꺼번에 일어나서 서로 뒤를 따르면서 땅을 디디며 손발을 함께 낮췄다 높였다 하여 서로 장단을 맞췄는데, 이는 택무와 비슷했다.

이렇듯 우리 민족은 축제의 민족이었다. 부여의 영고(迎鼓), 고구려의 동맹(同盟), 예의 무천(舞天), 마한의 춘추제(春秋祭) 등을 그 대표적인 고대 제의(祭儀)로 들 수 있는데, 그것은 연일 음주가무 또는 주야 음주가무하는 축제였으나 아직 의례에서 분화되지 않은 단계였다. 이러한 제천의례의 전통은 국가적 행사인 공의로서와 민간의 마을굿(도당굿 · 별신굿 · 단오굿 · 동제 등)의 두 갈래로 전승되어 오면서 우리나라 축제의 맥을 이어왔다.

삼국시대와 고려시대에는 불교의 성행에 따라 개최된 신라의 팔관회와 고려의 연등회와 같은 종교적인 행사가 국가적인 이벤트였다. 불교에서는 얼마나 많은 등을 달았는지에 따라 종교의 성쇠 기준으로 삼았다. 신라시대에는 황룡사에서, 고려시대에는 봉은사에서 주로 가졌던 연등회에서 가장 많은 등을 켰던 때는 문종 27년으로, 3만 등으로 알려졌다. 고려시대의 연등회는 봄을 여는 축제로 긴 겨울 동안 움츠렸던 사람들을 거리로 나오게 하고 화려한 장식으로 눈과 귀를 즐겁게 하였다.

2. 조선시대~일제강점기

조선시대의 유교문화는 가난한 근엄의 도덕윤리로 축제를 난장판으로 규제하려 하였다. 그럼에도 불구하고 소집단을 위주로 한 민속놀이와 민속굿 등이 면면히 이어져 왔다. 또한 조선시대 친경례(親耕禮)는 국왕을 중심으로 축제의 장을 마련해 주는 계기였다. 당시 친경례는 대중들 속에서 놓치기 아까운 구경거리로 인식되었기 때문에 국왕의 친경행차를 보기 위해 음식을 장만하고 길가에 천막을 치고 수많은 사람이 모였을 것으로 추정된다. 또한 임금의 거가행렬을 보려고 운집한 백성 중에는 억울함을 호소하기 위해 가마 앞에서 상소하는 사례가 발생하기도 하였다.

조선 후기의 이벤트는 양반계층의 경우 풍류를 즐기는 연회를, 서민은 노동을 중심으로 한 공동체의 놀이 중심으로 발달하였다. 또한 양반과 서민이 공히 참여한 형태로는 마당놀이가 있었다.

국가적인 공식의례의 쇠퇴는 일본 제국주의라는 이민족의 민족문화 말살정책으로 인하여 극대화되었다. 일제강점기에는 축제의 공동체의식을 통한 민족정신의 계승을 억압하고자 우리의 축제를 미신행위로 탄압하였다. 민간행사로 전승된 세시풍습의 민속·향토축제 또한 극도의 소외로 사라질 위기를 맞이하였다.

일제강점기에는 공진회나 박람회가 개최되었는데, 1929년 9월 12일에서 10월 31일까지 '시정 20주년'을 기념하기 위해 경복궁에서 개최된 조선박람회는 식민지적 상황에서 한국박람회 역사상 처음으로 추진되었다. 하지만 이는 식민통치의 실적을 기념하고 과시하려는 의도적인 행위였다.

3. 해방~1970년대

축제의 전통은 삼국통일을 거쳐 고려·조선시대를 지나 개화기, 일제의 침탈기, 그리고 해방 이후의 이념적 대립과 6·25전쟁을 거쳐 오늘날 근대화·산업화의 격동기를 겪으면서도 면면히 살아 있으며, 민족문화·전통문화의 수맥으로서 그 정신은 시들 줄 모른다. 해방 이후의 경제적 핍박과 6·25전쟁의 참화는 민족문화와 전통의 축제에 대한 기반을 거의 허물어버린 것이 사실이다. 그리고 근대화와 산업화 과정에서 드러나는 기계화·도시화·획일화는 축제의 천적이었다.

우리 민속축제의 위축은 이른바 미신타파라는 이름의 계몽주의와 1960년대식 근대화 과정에 있어서의 서구식 합리주의, 그리고 과학만능사상에 의한 것이다. 모진 역사의 시련을 겪고 간신히 명맥을 유지한 한국의 향토·민속축제 가운데서 1970년대 공식적으로 정부의 지원을 받은 축제는 스물일곱 개였다. 이민족 지배하의 20세기 초반, 그리고 근대화·산업화가 급격히 휘몰아치던 1960년대와 1970년대에 전승된 향토·문화축제는 위축될 수밖에 없었고, 그런 상황 속에서 민족문화의 핵심으로서 그 축제정신은 가장 치열하게 불씨를 지켜낸 셈이다.

국가의 최우선 정책이 경제부흥에 초점을 맞추었던 1960년대와 1970년대는 정부 주도로 경제부흥을 실현하기 위해 총력을 기울이는 시기였다. 이 시기에는 공업화와 수출에 의존한 수출·경제부흥이 중심 개념이었으므로 스포츠·문화 이벤트를 시행할 환경이 조성되지 못하였고, 공산품 중심의 산업전시회 정도의 이벤트가 행해졌다. 1962년에는 국가재건과 경제부흥을 도모하기 위한 산업박람회가 개최되었고, 공산품 제조업 중심의 전문전시회 또는 산업박람회 형태의 행사가 개최되었다. 1968년에는 한국무역박람회가 개최되었다.

산업전시회를 전문적으로 개최할 수 있는 시설을 갖추지 못했던 우리나라에 1979년 3월 한국종합전시장이 개관되어 국제규모의 전시회를 수용할 수 있는 능력을 갖추게 되었으며, 이를 바탕으로 우리나라에서도 각 산업부문의 국제전시회가 한국종합전시장을 중심으로 개최되기 시작했다.

4. 1980년대

해방 이후 1970년대까지 세계를 놀라게 한 우리나라의 경제성장에 의해 발생한 경제적 풍요와 여가시간의 확대는 1980년대에 획기적으로 이벤트의 성장을 가져왔다.

1980년대 초반에는 정치적으로 불안정한 상태에서 정부는 일반국민을 대상으로 우리나라 최초의 정부주도형 정치문화 이벤트인 '국풍(國風) 81'을 개최하였다. 정치적 목적하에서 개최된 이벤트로써 비판의 대상이 되기도 했지만 이벤트사에서는 국민을 대상으로 실시된 전국 규모의 첫 번째 문화 이벤트로서의 의미를 갖기도 한다.

프로야구는 1981년 12월에 창단식을 갖고 1982년에 개막함으로써 스포츠 대중문화를 조성하기 시작하였다. 특히 프로야구의 중계로 인한 우리나라의 생방송 중계기술 발전은 이후 '88서울올림픽을 성공적으로 중계하는 원동력이 되기도 하였다.

1980년대 후반은 '86아시안게임과 '88서울올림픽게임이 개최됨으로써 우리나라 이벤트사에서 가장 중요한 시기로 분류된다. 이 시기에는 메가 이벤트를 개최했다는 자신감과 개최경험을 바탕으로 이벤트산업 전반에서 발전계기가 되었다. 특히 메가 이벤트를 통한 국가이미지 향상과 성공적 수행에 따라 우리나라도 대규모의 국제 이벤트를 개최할 수 있다는 자신감과 개최 기반이 조성되어 이후 급격한 이벤트 성장을 가져오게 한다.

이 시기 이후 우리나라에서는 스포츠·문화 이벤트, 기업의 각종 이벤트, 정부·지방자치단체 주도의 공공 이벤트 등이 뚜렷이 증가하고, 이벤트의 내용도 다양하게 발전한다. 1980년대 말은 문화예술축전 및 다양한 부대행사를 동반했던 메가 이벤트의 개최로 인하여 이벤트산업의 다양한 분야에 걸친 발전과 국제규모의 이벤트 개최에 대한 의욕을 마련한 시기라고 할 수 있다.

5. 1990년대

1980년대의 경험을 바탕으로 급속하게 발전하기 시작한 우리나라의 이벤트산업은 1990년대에 들어 스포츠 이벤트 이외의 분야에서도 국제적인 이벤트를 개최하게 되었다. 특히 정부주도형의 관광 이벤트가 급성장을 하였다. 1994년 서울정도 600년제와 한국방문의 해 기념 관광 이벤트, 1995년 광주 비엔날레, 1997년 무주 동계유니버시아드대회 등의 이벤트가 활발히 추진되었고, 국내관광 이벤트산업은 급성장의 길로 접어들게 되었다.

"새로운 도약에의 길"(The Challenge of a New Road to Development)이라는 주제로 1993년에 개최된 대전엑스포는 국민의 이벤트 참여를 촉진시켰고, 충남과 대전 지역의 경제발전 계기뿐만 아니라 국가적인 차원에서의 발전과정을 제시하였다. 또한 1994년 '한국방문의 해'의 각종 문화 이벤트와 함께 스포츠 이벤트 이외의 분야에서도 국제적인 이벤트를 개최할 수 있다는 자신감을 갖게 했다.

1995년 지방자치시대가 열리면서 지방지치단체들은 지역축제에 대한 전폭적인 지원을 하였다. 정부차원에서도 지역축제를 국제관광상품으로 육성하고자 하는 정책을 폈다. 1995년 '이천도자기축제'와 '한산대첩제'를 필두로 1996년에는 8대 축제, 1997년에는 10대 축제를 문화관광축제로 선정하여 지원함으로써 1996년 412건 개최되었던 축제가 2000년에 들어서면서 1,000건 이상으로 확대되었다.

그러나 지역축제의 급속한 양적 팽창은 '축제왕국'이라 지칭되며, 주민공동체의 삶과는 아무 관계도 없는 축제, 주민은 없고 오직 외지인들만 오는 축제, 돈만 쏟아부은 일회성 이벤트, 허영과 낭비만 존재하는 경박한 축제, 그리고 차별성 없는 축제라는 질적인 문제점을 비판받기도 하였다.

6. 2000년대

2000년대 우리나라는 '이벤트의 시대'라 해도 전혀 손색이 없을 정도로 이벤트가 질적으로 성장하게 되었다. 이러한 성장을 가속화시킨 결정적인 계기는 2002년 한·일 FIFA월드컵의 개최이다. 2002년 FIFA월드컵에서 등장한 '붉은 악마'는 그

동안 우리 민족에게 숨겨져 있던 축제에 대한 열정을 이끌어내는 기폭제가 되었으며, 이후 연간 1,500개 이상의 지역축제이벤트가 개최되는 현상을 발생시켰다.

특히 뉴밀레니엄 시대인 2000년대 문화 이벤트에 대한 관심이 높아졌다는 점에 주목할 필요가 있다. '한류'를 이끄는 대중문화는 K-pop의 세계적인 선풍을 일으켰고, 뮤지컬 공연은 그동안 순수 예술공연의 완고성으로 인해 대중으로부터 외면되었다가 공연 문화에 대한 대중과 예술과의 중간점을 찾게 하는 데 크게 기여하였다. 이러한 시각으로 인해 문화는 예술과 산업을 접목시키려는 다각적인 시도가 이루어지고 있으며, OSMU(One Source Multi Use)를 통한 문화산업의 고부가가치 창출과 문화대중의 빠른 확산을 이루어내고 있다.

양적 팽창에 의해 질적으로 비판받던 지역축제는 '문화관광축제' 선정제도의 정착으로 질적으로도 큰 성과를 이루었다. 1967년 중요무형문화재 제13호로 지정된 강릉단오제는 2001년 종묘제례에 이어 2005년 'UNESCO 인류구전 및 무형유산 걸작'(UNESCO Masterpieces of the Oral and Intangible Heritage of Humanity)으로 선정되었다.

또한 세계 BIE 인준박람회인 2012년 여수엑스포와 메가 이벤트인 2018년 평창동계올림픽의 개최는 우리나라를 이벤트 선진국으로 성숙시키는 계기가 되었다.

7. 2020년대 이후

코로나19(COVID-19) 팬데믹으로 인해 전 세계적으로 이벤트 시장은 심각한 침체기를 겪고 있다. 2019년 12월 중국 후베이(湖北)성 우한(武漢)에서 처음 발생한 코로나바이러스 감염증의 확산과 세계적 대유행은 사람의 이동과 여행 제한 조치로 이어져 2020년 이벤트 개최는 30년 전인 1990년대 수준으로 퇴보한 상태이다.

코로나19 발생 이후 급감한 이벤트 수요는 온라인 개최 등으로 전환하거나 대폭 축소하여 진행해 왔으나 코로나19 팬데믹이 장기화되면서 사실상 단절되었다고 해도 과언이 아니다. 코로나가 종식되는 시점인 2023년 이후에는 이벤트에 대한 억눌렸던 수요가 폭발하면서 이벤트 시장을 둘러싸고 수요 선점을 위해 국가 간, 지역 간 치열한 경쟁이 벌어질 것으로 예상된다. 특히 2030 엑스포의 경우 한국 최초의 등록 엑스포[6] 유치를 위해 사우디아라비아(리야드), 이탈리아(로마) 등과 경쟁하고 있다.

한편 코로나19 전후로 사회 · 기술 · 경제 · 환경 · 정치 등 전반에 걸쳐 변화가 나타남에 따라 이를 극복하고 이벤트산업의 구조 변화를 위해서는 혁신을 통해 시장 회복과 재도약의 발판을 마련해야 한다.

제3절 이벤트의 발전배경

고도로 발달한 물질문명 속에서 인간적 소외를 경험하고 살아가는 현대인들은 자신의 삶을 풍요롭게 하기 위해 다양화를 추구하고 타인과의 관계를 명확히 함으로써 자신만의 고유성을 잃지 않으려는 성향을 강하게 나타내고 있다. 이런 현상은 어떤 특정한 개인이나 계층의 욕구가 아니라 이미 보편화된 사회현상으로 이해되고 있으며, 이런 사회적 욕구는 일방통행적인 과거의 의사전달체계로는 충족시킬 수 없는 근원적인 한계를 보이고 있다.

6) 엑스포(EXPO, Exposition), Exposition internationale의 줄임말로, 우리나라의 경우, 과거에는 일본의 명칭을 그대로 들여온 만국박람회(萬國博覽會)라고 불렀으나, 중간에 세계박람회(世界博覽會)라고 고쳐서 부르다가, 대전엑스포를 계기로 엑스포라는 명칭이 일반적으로 더 널리 쓰이게 되었다. EXPO는 세계박람회기구(Bureau International des Expositions)에 의해 개최 주기 및 품격이 관리된다. 1996년 이후 시행된 현행 규약에 의하면 세계박람회는 사람과 관련된 모든 것을 주제로 하는 등록박람회와 특정 분야를 대상으로 하는 인정박람회, A1 박람회라 불리는 원예전문 박람회까지 3가지로 분류된다. 단, 원예전문 박람회는 BIE 주관이긴 하지만 자연을 소재로 하는 만큼 분야가 다르다. 원예박람회는 엑스포 특유의 상업성을 철저하게 제한받는다.
등록박람회(Registered Exhibition, World's Fair)는 1800년대부터 존재하던 만국박람회의 전통을 계승한 엑스포이다. 5년 간격으로 '0'과 '5'로 끝나는 해에만 개최되고 최대 6개월 동안 열릴 수 있으며, 전시 규모는 무제한이다. 주제가 있지만 일반적인 주제로 충분하며, 다양한 분야의 전시를 하게 된다. 또한 참가국이 각자의 비용과 설계로 전시관을 건립한다.
반면, 인정박람회(Recognized Exhibition, International Expo)는 등록박람회에 비해 규모가 작은 박람회이다. 즉, 등록박람회가 열리는 사이에 개최되며 최대 3개월만 개최가능하고, 전시규모는 25만m^2 이내로 제한된다. 명확한 주제가 있어야 하며, 모든 전시는 그와 관련된 것에 한정된다. 각국의 전시관은 개최국이 건설해서 제공한다.

이벤트의 본질적인 의미를 바탕으로 여가산업의 하나로 산업화가 진행되면서 과거 단순한 제품판매를 위한 활동의 좁은 개념에서 벗어나 현재와 같이 광범위한 영역을 확보할 수 있었던 것은 이런 사회적 욕구가 배경이 되었던 것이며, 이는 최초 이벤트를 하나의 의례로 보는 관점과 유사하다고 할 수 있다. 즉 제품광고와 같이 일방적 전달이 아니라 신과 인간의 교류와 같이 서로의 존재를 인정하고 공존하는 쌍방 간의 의사소통의 기능을 발휘하여 앞으로도 이벤트는 지속적으로 성장할 것이다.

이벤트시대의 배경에는 공존, 공유, 공감, 살아가고 있는 훌륭함, 함께 접촉하는 것에 대한 기쁨, 함께 느끼는 것의 아름다움을 찾아다니는 사람들의 소망이 잠재하고 있다. 이벤트는 현대를 비추는 거울이라 불리며, 그 배경에는 그 나라 사회현상의 변화가 반영되고 있다.

이벤트 개최가 증가하고 있는 요인은 〈그림 2-1〉과 같이 나누어볼 수 있다.

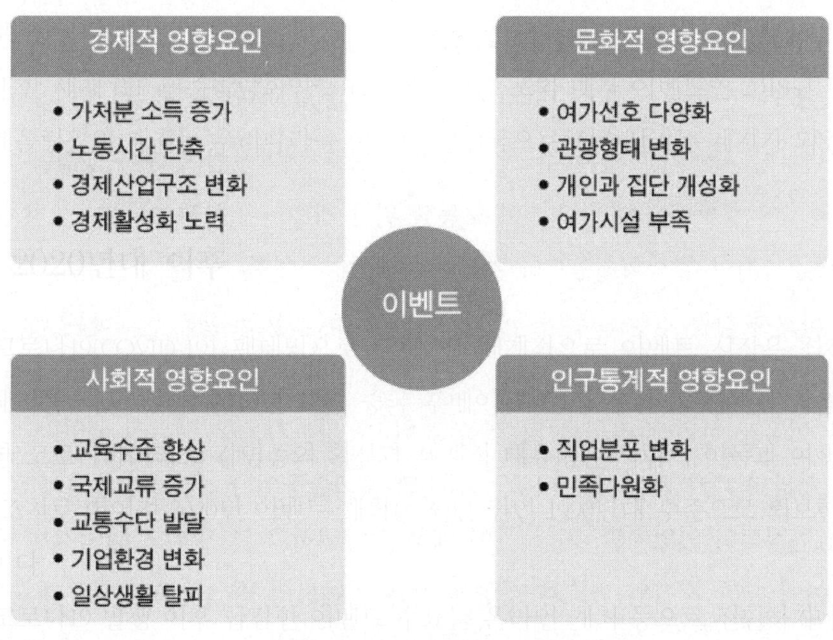

▸▸ 그림 2-1 **이벤트의 발전배경**

1. 경제적 영향요인

1) 가처분소득의 증가

인간은 생리적 욕구로써 의식주에 필요한 필수적인 경제력이 갖춰지게 되면, 이후 잉여소득에 대한 다양한 소비를 모색한다. 특히 가처분소득이 증가해 풍요로운 경제력을 누리게 될수록 인간은 정신적인 풍요를 찾게 된다. 경제적인 여유와 물질적인 충족은 심리적 안정을 꾀하게 되고, 이를 바탕으로 사람들은 각자의 다양한 관심분야에 시간을 할애할 수 있게 되어 여러 종류의 이벤트 참여가 가능하게 되는 것이다.

또한 가처분소득의 증가는 거주하고 있는 지역사회 내에서 개최되는 이벤트뿐만 아니라 소득수준이 높아질수록 이질성이 높은 타 지역 및 외국의 이벤트 참여를 높이게 된다. 즉 소득수준이 높아질수록 여행지에서 개최되는 각종 이벤트에 참여하는 것이 용이해지는 것이다.

2) 노동시간의 단축과 여가시간의 증가

선진국으로 갈수록 노동시간이 단축되면서 여가시간은 증가한다. 우리나라도 2007년부터 시행되고 있는 주 5일근무제를 통해 여가산업이 빠른 성장을 해왔다. 과거에는 여가에 대한 인식이 노동을 위한 재충전에 불과하여 TV 시청 등과 같은 소극적인 휴식형태였으나 사람들은 점차 주어진 여가시간을 적극적으로 활용하고자 하는 경향으로 바뀌었다. 이제 여가는 삶의 질을 결정하는 데 가장 중요한 요소로 자리 잡았고, 따라서 각 활동에 대한 시간할당과 활동내용의 구성을 어떻게 하면 각자의 삶의 질을 높일 수 있는가를 생각하게 되었다.

여가의 형태가 과거에는 비교적 단순한 문화활동이나 스포츠활동 등으로 범위가 한정되어 있었지만, 최근 들어 매우 다양해지고 그 범위도 넓어지게 되었다. 이에 따라 개인의 기호와 성향에 따른 이벤트의 범위가 확대되었다.

3) 경제산업구조의 변화

인간사회는 농경사회, 공업사회를 거쳐 서비스사회를 경유하고 있다. 따라서 산업구조는 갈수록 무형적인 상품에 경제적 가치를 부여하고 있다. 특히 현대 소비자는 대량생산에서 추구하던 획일적인 상품의 틀을 벗어나 독특하고 감성적인 경험에 대한 가치를 추구한다. 이러한 소비자의 경제적 가치에 대한 예는 스타벅스가 자주 인용된다. 즉 커피 한잔에 부여되는 주된 가치는 커피의 원료가 아니라 스타벅스가 제공하는 독특한 분위기에서 커피를 마시는 체험이라는 것이다. 체험을 극대화하는 산업분야가 바로 이벤트이며, 개인부터 국가에 이르기까지 광범위하게 확산되고 있다.

4) 국가 및 지방정부의 경제활성화 노력

1980년대 이후 많은 국가들이 외래관광객을 유치하여 경제활성화 또는 경제 전반에 걸친 긍정적 파급효과를 얻기 위해 경쟁적으로 대규모의 이벤트를 유치하거나 새로운 이벤트를 개발하고 있다.

또한 각 국가의 지역사회에서도 직 · 간접 소득증대, 고용창출, 세수확대, 지역이미지 고취를 통한 간접경제효과 등의 목적으로 경제적 상승효과를 기대하여 새로운 이벤트를 개발하거나 기존의 이벤트를 유치하여 관광객을 유인하고자 한다. 이와 같은 현상은 특히 지방자치제 이후 두드러지고 있다.

2. 문화적 영향요인

1) 여가선호의 다양화

가처분소득과 여가시간의 증가는 깊이 있는 여가활동을 행할 수 있도록 해주었을 뿐만 아니라 개인 기호에 따른 다양한 여가활동이 가능하도록 하였다. 과거에는 비교적 단순한 문화활동, 스포츠활동 등의 범위가 한정되어 있던 여가활동이 최근 들어 매우 다양해짐으로써 이러한 여가에 대한 욕구를 충족시키기 위한 방법도 다양해지고 그 범위도 넓어지게 되었다.

이에 따라 스포츠, 음악, 미술, 컴퓨터 및 그 외 다양한 분야의 개인 기호에 따라 이벤트 범위가 확대되고 이에 대한 정보나 동일한 기호를 갖는 사람끼리의 접촉과 모임이 빈번해져 각종 이벤트가 활성화되는 요인으로 작용하고 있다. 이는 각 분야의 이벤트 개최와 운영되는 이벤트 프로그램의 다양화를 촉진하여 이벤트산업이 더욱 발전하고 다른 산업과 복합적으로 발달하는 양상을 띠게 된다.

2) 관광형태의 변화

여행의 진정한 의미는 과거로부터 여행 일정 동안 경험하며 얻게 되는 자기성찰 또는 자기 재발견의 부분이 컸음을 부인할 수 없다. 그러나 개인의 여행이 산업화되면서 등장한 관광산업은 대중관광의 시대를 열어 누구나 자유롭게 여행할 수 있는 관광의 열린 시대를 만들었지만, 여행의 진정성을 누릴 수 없다는 여행의 본질을 잃게 했다. 기획여행(package tour)으로 대변되는 '보는 관광'의 시대를 경험한 많은 관광객들은 이제 여행의 본질로 회귀하고자 한다.

따라서 관광지의 문화를 직접 체험하고 느끼는 적극적인 관광형태로의 변화를 꾀하게 되었으며, 지역문화를 콘텐츠로 하여 개최되는 이벤트에 대한 관심이 높아지게 되었다.

3) 개인과 집단의 개성화

현대사회에 있어 정체성과 개성은 특정 지역에 국한되는 것이 아니고, 개인과 가족 · 기업 · 학교 그리고 국가에 이르기까지 모든 사회구성원과 조직이 지니고자 노력하는 것이 되었다. 또한 자신이 지닌 개성과 정체성을 어떻게 표현할 것인가를 생각하는 표현의 능력을 개발하고자 한다.

이에 따라 개인은 생일이나 결혼 등 생활 속의 각종 이벤트를 통해 자신의 독특한 개성을 표출하고, 기업은 상품설명회 또는 전시회를 통해 기업을 알리고자 하며, 지역이나 국가는 고유의 문화를 유지하고 외래방문객에게 이를 알리고자 지역문화 축제 또는 엑스포 등 다양한 이벤트 개최를 통해 개최지역의 개성과 정체성을 알리고자 노력하고 있다.

4) 여가시설의 부족

경제적으로 풍요로운 사회가 되어 가정의 생활용품이나 기업의 생산활동에 필요한 물품이 풍부해져도 개인적인 여가활동을 즐길 수 있는 시설이 주변에 충분히 있는 것은 아니다. 우리나라는 놀이문화의 부재라는 지적을 자주 하고 있으나 실제로 개인이 주위에 여가시간을 활용할 만한 공간이나 시설은 찾아보기 어려운 것이 현실이다.

이러한 상황에서 정신적 가치를 추구하고 여가시간을 활용할 수 있는 계층을 대상으로 여가활용을 목적으로 한 각종 모임의 공간을 제공하는 사업이 사람들에게 흥미를 끌게 되었다. 이에 따라 각종 이벤트는 이에 관심을 가진 사람뿐 아니라 여가시간을 활용할 수 있는 집단에게 부족한 여가시설의 대안으로 활용되고 있다.

3. 사회적 영향요인

1) 교육수준의 향상

교육수준의 향상과 함께 사람은 부(富)로부터 얻게 되는 만족에 그치지 않고, 지식으로 습득하여 간접적으로 인식하고 있던 역사와 문화 및 기술에 관한 지식과 정보를 현장에서 직접 재확인하고 체험해 보고자 하는 욕구가 강해지게 되었다.

이러한 욕구는 문화적 색채가 강한 타 지역의 이벤트에 직접 참여하여 자신이 지닌 문화 · 역사 · 관습에 관한 지식을 확인하려는 형태로 나타나기도 하고, 최신의 산업정보를 필요로 하여 외국의 산업전시회 또는 국제회의 등에 참여해 최근의 정보를 수집하고 자신의 지식을 넓혀 나가는 기회로 활용하려는 형태로 나타나기도 한다.

따라서 교육수준의 향상은 더 많은 지식과 정보수집에 대한 욕구를 자극하게 되고, 이러한 욕구를 충족시키기 위해 다양한 분야의 이벤트가 행해지고 있어 교육수준이 높아질수록 이벤트의 종류는 더욱 다양해지고, 개최빈도도 더욱 높아질 전망이다.

2) 국제교류의 증가

지역 간 이동에 필요한 교통수단의 발달, 세계화를 촉진하는 미디어의 발전, 신속한 정보전달 환경 등으로 인해 사람들은 타 지역의 문화 · 역사 · 관습 등을 쉽게 접할 수 있는 기회를 갖게 되었고, 지역 간의 경제 · 문화 · 사회 · 정치적 국제교류가 점점 많아지고 있다.

이로 인해 각 지역 또는 국가의 유사성을 갖는 단체들끼리 비정기적이거나 정기적인 모임을 통해 정보를 교환하거나 유대관계를 맺는 회의 및 전시회 등의 이벤트 개최가 증가하고 있다.

또한 개인 차원의 국제교류도 증가하여 메가 이벤트 개최 시 민박과 자원봉사의 중요성이 강조되고 있으며, 이에 관심을 갖는 사람도 늘어나고 있다. 이러한 전반적인 국제교류 증가현상은 이벤트의 개최를 용이하게 하고 참가자의 폭을 넓히는 데 기여하고 있다.

3) 교통수단의 발달

1950년대 이전 유럽과 미국을 중심으로 개최된 국제이벤트의 경우 주로 육상과 해상의 교통수단을 이용하여 이벤트에 참가할 수 있었다. 그러나 이러한 교통수단은 낙후된 기술로 인해 이동에 따른 노력과 시간을 요구하는 것이 대부분이었기 때문에 일반대중으로서는 이벤트의 참여가 용이한 일이 아니었다.

대형 항공기가 출현한 1970년대 이후 항공 교통수단의 고속성 · 쾌속성 · 안전성 · 경제성의 향상으로 대량 운송능력이 향상되었고, 고속운항에 따른 시간 절약과 운임의 저렴화가 가능하게 되었다. 아울러 고속열차 및 자가용 소유 증가 등의 육상교통수단과 여객운송선박 등의 해상 교통수단도 발달하여 항공교통과 함께 현대의 교통수단은 국제이벤트의 개최는 물론 이벤트 참가자의 범위를 넓히는 데 크게 기여하고 있다.

4) 기업환경과 커뮤니케이션 활동의 변화

매우 빠른 속도록 변화하는 기업의 환경은 이제 다국적 기업이 일반적인 형태가 되었고, 새로운 기술과 정보는 미디어와 정보망의 발달로 지구촌의 관련 산업 종사자들에게 대부분 실시간으로 전달되고 있다. 새로운 기술과 정보를 습득하고자 하는 사람들은 각종 교역전 · 전시회 · 상품 발표회 등에 참가하여 기업활동에 필요한 유 · 무형의 지식자산을 축적하고 있다.

또한 이벤트는 그 자체가 미디어 수단으로도 이용되어 새로운 기술과 신상품 또는 새로운 서비스를 소개하고 홍보하는 의사전달의 매체로 활용되기도 한다. 곧 세계의 수많은 기업들은 자사의 상품이나 서비스를 구매잠재력이 높은 고객을 대상으로 소개하고 판매할 수 있는 기회를 필요로 하고 있으며, 다른 한편에서는 새로운 기술과 새로운 상품을 찾고 있는 구매자가 있다. 이를 위해 각종 산업전시회나 교역전 및 국제회의 등은 참가자들끼리 새로운 정보를 나눌 수 있는 이벤트로서의 역할을 하고 있다.

5) 일상생활로부터의 탈피

문명의 이기를 이용한 산업사회가 급속히 진행되면서 대량생산과 대량소비 및 대량교육으로 인한 상품의 규격화와 획일적인 교육은 현대인을 동질화시켜 획일화된 대중사회를 만들고 있다. 이러한 현상으로 인해 건조한 일상생활로부터 벗어나 정신적 풍요를 느끼고자 하는 욕구가 발생하게 된다.

축제는 일상생활의 단절이라는 고전적 의미를 지닌 대표적인 전통이벤트로 일상적이지 않은 시간을 통해 일상생활에서 용납되기 어려운 과격한 행위나 무례한 행동 또는 파괴를 행함으로써 흥분과 희열을 경험하는 특성을 지니고 있다.

4. 인구통계적 영향요인

1) 직업분포의 변화

과학기술의 발달에 따라 기계화가 빠르게 확산되면서 직업분포에 있어서는 대량고용을 창출했던 반숙련노동자와 기술자의 비중이 줄어들고 서비스직 · 전문직 · 기술직 · 연구직의 비중이 높아지고 있다. 이러한 직업의 집단은 무형적인 상품을 생산해 내며, 창의적인 능력을 요구받고 있다. 따라서 이들 집단의 증가와 함께 이들이 선호하는 활동이나 관심분야에 따라 이벤트도 다양해지고 개최빈도도 높아지는 양상을 띠게 되는 것이다.

2) 민족다원화

과거에는 선진국에 국한되었던 다양한 민족의 다민족국가는 교통수단과 미디어의 발달로 지구촌의 시간적 · 물리적 · 문화적 거리감이 축소되면서 점점 그 수가 늘어나고 있다. 인종과 민족의 개념이 무너지고 서로의 문화를 인정하면서 서로 다른 민족끼리 하나의 국가를 형성해야 하는 것이다. 이러한 국가 내에서 서로 다른 민족의 문화를 경험할 수 있는 연중 정기적인 축제 · 퍼레이드 · 모임 등 다양한 형태가 전 세계에서 개최되고 있다. 이러한 이벤트는 각 민족의 정체성을 확인하는 계기가 된다.

또한 다민족국가, 다국적 기업, 세계화 경향 등에 따라 개인이나 단체가 국가 간 교류를 하는 기회가 점점 많아지고 있다. 이로 인해 각 지역이나 국가의 유사성이 있는 단체들끼리 비정기적이거나 정기적인 모임을 통해 정보를 교환하거나 유대관계를 맺는 회의 및 전시회 등의 이벤트 개최가 증가하고 있으며, 개인의 차원에서도 이벤트 개최 시 관람객 또는 자원봉사의 형태로 참가자의 폭을 넓히는 데 기여하고 있다.

CHAPTER

3

이벤트의 효과

CHAPTER

3 이벤트의 효과

이벤트는 개최 규모에 따라 또는 개최 성격에 따라 그 지역 및 단체에 수많은 긍정적 · 부정적 효과를 주고 있다. 이는 이벤트가 인간의 희로애락과 그 사회구성원들의 사회 · 문화적인 현상을 담고 있으며, 현대사회에서는 이것들이 경제적인 여러 지표로 나타나고 있다. 이벤트 주최자의 관점에서 보면, 이벤트 개최가 자신들의 의도에 맞게 진행되어야 하고, 이벤트 후에도 향후 발전적인 방향으로 이벤트가 지속적으로 이루어져야 한다.

또한 참가자의 관점에서도 이벤트의 참가가 자신들에게 더욱 긍정적이고 발전적인 영향을 미치기를 바란다. 이렇듯 성공적인 이벤트를 위해서는 주최자와 참가자들 사이에 쌍방향 커뮤니케이션이 원활히 이루어져야 하며, 서로에게 미치는 이벤트의 효과를 올바르게 인식하고 측정하는 것이 중요할 것이다.

일반적으로 지역사회가 개최하는 이벤트와 국가가 개최하는 국제규모의 대형 이벤트는 지역사회 발전에 파급효과가 큰 것으로 조사되고 있다. 지금까지 이벤트의 개최효과는 주로 경제적인 측면에서 다루어졌으나 사회 · 문화적 효과도 중요한 고려요소라고 할 수 있다. 또한 대부분의 이벤트는 관광산업과의 연계를 통해 개최지역의 관광산업 발전에 기여하고 있다.

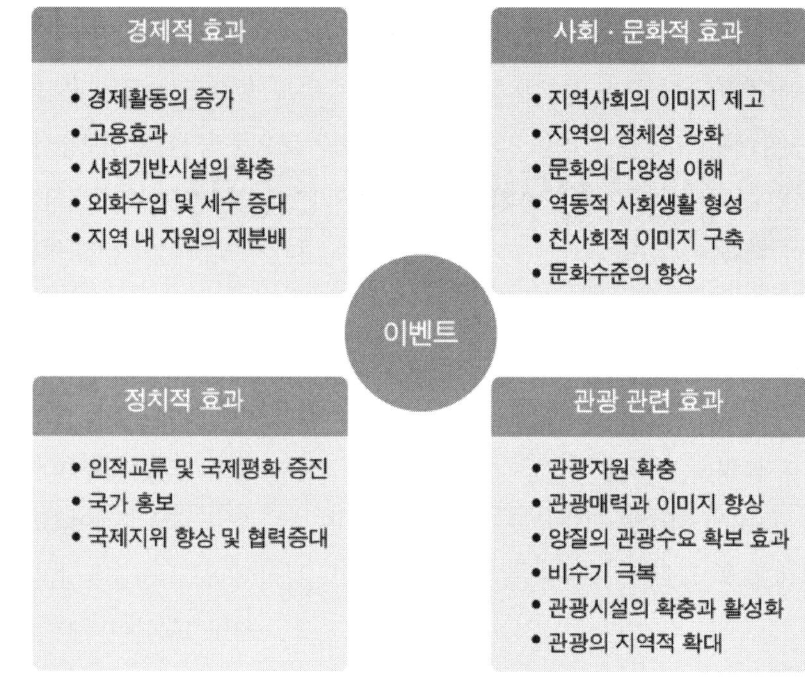

자료: 이경모, 2003 토대로 재구성.

▸▸ 그림 3-1 이벤트의 개최효과

제1절 이벤트의 파급효과

1. 경제적 효과

대다수의 많은 이벤트들이 지역경제의 활성화를 목표로 하여 개최되고 있다. 산업박람회나 지역축제이벤트의 경우 그로 인한 경제적 파급효과는 즉각적이고도 광범위하게 직·간접적으로 여러 곳에서 나타난다. 이벤트는 관광객을 유치할 뿐만 아니라 동시에 평균 소비액과 체재기간을 늘리는 데 있어 촉매제의 역할을 하는 것으로 조사되고 있다. 또한 관광지에 대한 이미지 제고 수단으로서 향후 관광지의 경쟁력 확보에 있어 많은 영향을 미치고 있다.

1) 경제활동의 증가

과거의 이벤트가 지역 홍보의 역할을 담당했던 반면, 오늘날 많은 수의 이벤트는 지역경제 활성화를 목적으로 개최되고 있다. 이벤트 개최를 통해 얻을 수 있는 가장 큰 효과는 무엇보다도 개최지역의 경제 활성화에 기여한다는 것이다. 특히 박람회 이벤트와 문화관광 이벤트 등은 경제적 파급효과가 즉각적이고 광범위하게 나타난다. 이벤트 개최를 통한 경제 활성화는 전 · 중 · 후 효과로 나뉠 수 있다.

이벤트 개최 전에 나타날 수 있는 경제활동의 증가는 이벤트 개최를 위해 투자하는 경제활동, 즉 대규모의 이벤트를 개최하기 위해서는 그에 따른 투자와 사회 하부구조시설의 개선을 필요로 하게 되고, 이로 인해 일반경제가 활성화되며 지역 내의 경제활동이 증가하게 되는 것이다.

이벤트 개최 중에는 이벤트방문객이 소비하는 직 · 간접 지출로 인해 발생하는데, 직접효과로는 이벤트의 입장수입 · 스폰서수입 등이 있을 수 있고, 간접효과로는 방문한 관광객이 소비하는 각종 관광지출에 의해 개최지역의 경제활동이 증가하게 된다. 이러한 이벤트 개최지역 내 경제활동의 증가는 전반적인 산업성장과 산업경제의 활성화로 연결될 수 있으며, 이벤트 장기계획 및 성과에 따라 지속적인 경제활동 증가의 효과를 얻을 수 있다.

이벤트 개최 후에 나타나는 효과로는 전반적인 산업의 성장을 들 수 있다. 이벤트의 개최로 경제활동이 증가하게 됨으로써 지역사회의 전반적인 산업의 성장을 가져오게 된다. 물론 개최되는 이벤트의 성격에 따라 그 영향이 큰 경우도 있고 작은 경우도 있겠으나 지금까지 연구된 결과를 보면, 이벤트 개최로 인해 서비스업을 포함한 대부분의 산업이 성장하는 것으로 발표되고 있다.

월드컵의 경우, 직접 투자수요에 의한 파급효과에서 광고와 기계 · 장비임대 등이 포함된 부동산 및 사업 서비스 부문이 가장 큰 생산 유발효과와 부가가치 유발효과가 있는 것으로 나타났고, 그다음으로 건설업, 음식점업, 숙박업, 오락 및 문화 서비스를 포함한 사회 및 개인 서비스 부문, 금융 및 보험의 순으로 생산 유발효과와 부가가치 유발효과가 큰 것으로 나타난다.

2) 고용효과

이벤트는 사람에 의해서 사람들이 참여하는 행사이다. 따라서 이벤트는 인적인 참여와 인적서비스가 매우 중요시되는 산업이다. 이것들은 바로 이벤트 개최를 통해서 사람들이 참여하고 운영하는 고용창출의 형태로 나타나는데, 이는 이벤트의 대표적인 긍정효과 중 하나이다. 이벤트 사업은 특히 서비스 부문의 고용창출효과가 매우 크다.

이벤트의 개최는 숙박업, 음식점업, 오락 및 문화 서비스업 등 주로 관광산업과 관련된 서비스부문의 고용창출효과가 높게 나타난다. 이벤트와 직접 관련되는 기업에서의 고용은 물론이지만 이런 기업과 연결되어 있는 기업이나 단체들은 업무를 효율적으로 추진하기 위해 고용을 늘리게 된다. 또 고용이 이루어진 노동자들에 의한 소비와 부가지출에 의해 유발된 생산활동은 또 다른 고용과 그에 의한 소득을 창출한다.

메가 이벤트의 경우는 지역의 경제구조 자체를 바꿀 수도 있는데, 이벤트 개최 준비나 개최 중의 사회 및 개인 서비스 부문의 고용창출효과가 높을 뿐만 아니라 개최 후에도 개최지의 경제활성화와 산업성장의 효과로 인해 고용기회가 확대되는 효과를 얻을 수 있다.

그러나 전반적으로 이벤트 자체로는 정해진 기간 동안 개최된다는 특성이 있기 때문에 장기적인 고용효과가 발생하는 경우는 소수의 인원이고 대부분은 단기적인 고용효과를 창출한다.

대표적으로 2002년 월드컵을 통해 창출된 고용효과는 24만 5천 명이며(KDI 분석), 여수엑스포 개최 시 유발되는 효과는 생산유발 10조 300억 원, 부가가치 창출 4조 100억 원, 고용유발효과가 9만여 명에 이른 것으로 추산하고 있다(산업연수원). 따라서 하나의 유망한 이벤트 개최를 통해 수많은 사람들이 일자리를 얻고 이를 통해 지역경제의 활성화에 기여할 수 있다.

3) 사회기반시설의 확충

올림픽 · 월드컵 · 세계박람회 등과 같은 메가 이벤트가 개최되는 경우에는 국가적인 인프라가 변화되는 것을 우리도 경험을 통해 알고 있다. 즉 도로시설의 정비, 숙박시설의 확충, 기타 관광시설의 개선 등을 포함하는 광범위한 도시개발의 효과를 가져온다. 이벤트가 개최된 후에도 다른 유형의 대규모 이벤트를 수용할 수 있는 시설로서의 역할을 수행하게 되어, 결국 사회기반시설을 확충하는 기회로 활용될 수 있는 것이다.

흔히 서구에 비해 지방의 사회기반시설이 취약한 우리나라의 경우 지방도시에서 개최되는 지역축제에 참여한 방문객 대부분은 축제 개최지의 관광시설 취약성을 문제로 지적하고 있는 경우가 많다. 따라서 최근처럼 각 지방자치단체가 이벤트를 통해 경쟁적으로 외래관광객을 유치함에 있어 경쟁력 있는 지역축제가 되기 위해서는 사회기반시설의 개선과 확충이 전제되어야 할 것이다.

메가 이벤트의 경우뿐만 아니라 개최되는 이벤트의 규모가 얼마인가에 따라 지역 및 지구의 사회기반시설이 확충될 수 있다.

4) 외화수입 및 세수 증대

이벤트에 참여하고자 하는 외래관광객 방문으로 인한 외화수입의 증대는 이벤트가 갖는 긍정적 효과의 대표적인 것이라 할 수 있다. 이벤트를 개최함으로써 참가기업들의 수입증대로 인한 세수의 증가도 크다. 이는 기업활동이 활발해짐에 따라 수입이 늘어나고 이에 따른 세수 또한 증가하게 됨은 당연한 이치이다.

또한 고용창출로 인한 개인의 소득이 증가하며, 그로 인한 파급효과가 발생함으로써 국가나 지방자치단체의 세수증가가 부수적으로 나타날 수 있다. 오늘날 세계적인 이벤트들은 외국인의 많은 관심을 끌고 있으며, 그 기간에 수많은 외국인들의 방문으로 인한 외화수입의 증대는 이벤트가 갖는 긍정적 효과의 대표적인 것이라 할 수 있다.

한국관광공사의 국내 국제회의 참가자의 지출규모에 대한 결과에 의하면 외국인 참가자의 1인당 지출비용은 미화 2,488달러로 조사된 반면, 내국인 참가자는 외국인 참가자의 4분의 1 정도(622달러)의 금액을 지출하는 것으로 나타났다. 이처럼 국제회의나 산업전시회 등과 같이 방문객의 소비지출이 높은 이벤트의 경우 일반 관광객에 비해 외화수입의 효과가 크기 때문에 세계 각국의 국제회의 유치기관(CVB; Convention & Visitor's Bureau)들은 이러한 수요를 확보하고자 노력을 기울이고 있는 것이다.

또한 이벤트 개최는 경제활성화의 계기가 될 수 있고, 이에 따라 지역사회 및 국가의 세수가 증대되는 효과를 가져오게 된다. 이벤트 개최를 통한 지방세입 증가는 우리나라뿐만 아니라 다른 국가에서도 지방자치단체가 관심을 갖는 부문이라고 할 수 있다.

5) 지역 내 자원의 재분배

이벤트는 개최지역과 이벤트가 개최되는 인근의 관광지역에 재개발 촉진의 계기를 제공한다. 예로써 꽃지해수욕장과 해송휴양림 등 일부 관광지역에 한정되었던 관광자원은 2002년 안면도 꽃박람회가 개최됨으로써 안면도 전역으로 확장되었다. 이처럼 관광 이벤트의 개최는 도시 중심 또는 특정 지역 중심의 자원안배에서 이벤트 개최와 그 인근 지역으로 자원을 분배하는 효과를 갖는다. 또한 특정 지역에 이벤트가 개최될 경우 이를 준비하고 운영하는 인력이 인근 지역으로부터도 공급되므로 인력자원의 분배에 있어서도 지역적 확산효과를 갖게 된다.

2. 사회 · 문화적 효과

이벤트 개최는 지역에 내재되어 있던 문화재 및 자원을 보존하고 육성하는 효과를 나타낸다. 대다수의 이벤트들이 문화 · 예술을 토대로 개최됨으로써 이벤트의 개최는 문화 · 예술의 발전뿐만 아니라 그 지역의 고유한 문화적 요소와 만나 그 지역의 고유한 문화자원을 계승 · 발전시키고 지역민에게는 지역의 문화를 교육하고 계승시키는 효과가 있다. 이벤트를 통해 기존의 무시당하고 묻혀왔던 전통문화가 재발견되어 전승 · 계승되는 계기를 마련하게 된다.

또한 이벤트의 영향력으로 인해 많은 곳에서 지역특산품의 홍보 및 이미지 개선을 위한 지역축제 등의 다양한 이벤트가 개최되고 있다. 이벤트는 개최지역 주민에게 단합의 기회를 제공하고, 지역주민들이 갖는 문화에 대한 일체감을 통해 연대의식을 강화시키는 효과가 있다.

1) 지역사회의 이미지 제고

이벤트는 이를 개최하는 지역사회의 이미지 제고와 관광지로서의 이미지를 부각시키는 효과가 있으며, 이벤트 개최를 통한 미디어 노출로 개최지의 관광이미지를 강하게 형성시키는 효과가 있다. 특히 성공한 이벤트는 관광지의 이미지만 고취시키는 것이 아니라 지역사회의 전체 이미지를 제고시키는 기회가 된다. 이러한 효과에 따라 최근 우리나라의 지방자치단체들은 경영 마인드를 도입하고 자체의 자원을 마련하기 위하여 지역 특유의 상품 이미지를 부각시키려 노력하고 있다.

이와 같이 지역사회의 이미지를 부각시키고 지역특산품의 홍보 등으로 이용하기 위하여 지역축제를 비롯한 다양한 이벤트가 개최되고 있다.

함평 나비축제의 사례를 보면, 관광의 불모지였던 함평의 축제로써 나비라는 환상적인 소재로 친환경 이미지를 창출하는 데 큰 성공을 거두었다. 수년간 형성된 이미지를 토대로 2008년 세계곤충엑스포라는 국제적인 이벤트를 개최하였으며, 당시 5월 5일 어린이날 엑스포장 방문객이 6만 700명으로 국내 최고 테마파크인 에버랜드 방문객 5만 5천 명을 앞질렀다(이재광 · 송준, 2009). 또한 축제를 통해 형성된 이미지를 강화하고 관광목적지로서의 이미지를 창출하는 것은 물론, 관광지 마케팅의 대표적인 수단이 되어 왔다.

이렇게 이벤트 개최를 통해 지역이미지를 강화하고 관광목적지로서의 이미지를 창출하는 것은 서구와 일본 등에서도 관광지 마케팅의 대표적인 수단이 되어 왔으며, 유명 관광지의 경우 관광매력을 향상시키는 수단으로써 활용되기도 한다.

지역이미지 제고를 위한 방법 중 하나가 퍼스낼리티(personality) 효과이다. 이는 이벤트 개최가 매스 미디어에 보도됨으로써 갖는 홍보효과이다. 이 효과는 단순한 주지효과뿐만 아니라 이벤트에 대한 언론의 평가나 해석이 더해져서 수용자의 의식과 행동을 촉발시키는 효과가 있다. 또한 이벤트에 대한 여론을 환기시키고 형성 · 촉발시키는 효과가 있다. 이런 여론 촉발효과로 이벤트를 주최한 기업이나 조직은 소비자나 수용자에게 좋은 이미지를 갖도록 하여 자신에게 유리한 환경을 조성하게 된다.

2) 지역의 정체성 강화와 주민의 일체감 조성

이벤트는 참가하는 사람들 사이에 깊은 공감대를 형성하게 된다. 이러한 공감대를 기초로 하는 단단한 공동체적 유대감의 형성은 국가나 지방자치단체의 발전을 가져올 수 있다. 아무리 좋은 사회적 운동이라 하더라도 사람들의 참여와 동참이 없을 때는 운동을 지속시킬 수가 없다. 이벤트를 통한 사람들의 참여와 뜨거운 공동체적 새로운 명성의 획득은 우리 사회를 변화 · 발전시킬 수 있는 아주 중요한 요소가 된다.

지역축제의 가장 중요한 핵심을 '지역성'으로 꼽는 학자들도 많다. 따라서 대부분의 이벤트에서는 개최지역의 독특한 고유문화의 정체성을 보여주려고 노력한다. 이 과정에서 지역주민의 지역정체성 확립과 단합된 준비 및 적극적인 참여가 이벤트의 성패를 좌우하는 경우가 많다. 따라서 이벤트 개최는 지역의 정체성을 강화시키고 지역민의 결집과 연대감을 조성하는 효과가 발생되는 것이다.

이벤트는 외래방문객의 반응에 따라 지역주민들의 지역에 대해 자긍심을 높여주기도 한다. 이벤트를 개최함으로써 지역문화의 우수성을 대외적으로 알리게 되고, 지역주민의 전반적인 문화수준이 높아지며 지역의 지명도 및 이미지가 향상된다. 또한 지역주민의 자원봉사활동에 의한 자아실현과 지역주민의 협조체제를 이루어 소속의식을 고양시킴으로써 지역민의 지역활동 참가를 촉진시키게 된다.

이처럼 이벤트는 개최지역 주민에게 단합의 기회를 제공하고 지역주민들이 갖고 있는 동일문화에 대한 일체감을 확인하는 기회를 제공하여 지역주민의 연대의식을 강화시키는 효과가 있다. 즉 이벤트를 통하여 외래방문자에게 개최지역의 전통문화를 알리고 개최지역 주민의 고유문화에 대한 자긍심을 고취시켜 주는 것이다.

기업 이벤트의 경우 판매점, 도매점, 하청업자, 협력기업, 금융기업, 감독관청 등 기업을 둘러싼 각 관련 조직체에서 발생되는 관계개선 및 관계촉진 효과를 유발한다. 이 중에는 사원 및 사원가족 등을 대상으로 하여 나타나는 내부적 효과도 포함되며, 이러한 기업 내의 각종 이벤트 행사는 사원결속을 통해 외부까지도 그 영향이 파급되기도 한다.

3) 국제교류의 증진과 문화의 다양성 이해

이벤트에는 많은 사람들이 참여하게 된다. 특히 컨벤션 이벤트나 박람회 이벤트 및 국제적인 스포츠 이벤트들은 많은 외국인들을 국내로 들어오게 하여 다양한 국제 간 교류를 촉진시킨다.

국제교류의 증진을 가장 잘 반영하는 이벤트는 국제회의가 되겠지만 일반적으로 국제규모 또는 외래방문객이 참여하는 이벤트는 세계 각국의 정치 · 사회 · 문화 · 체육 · 예술 · 산업분야 등 각계의 참여자들이 회합하는 장소이므로 국가 간 · 기업 간 또는 민간부문에서 개인 간의 활발한 국제교류를 촉진시키는 효과를 갖는다.

국제적인 이벤트를 통해 많은 외국인을 상대하고, 그들의 사고와 생활을 이해하는 폭이 넓어짐에 따라 막연한 불안에서 오는 적대감이나 편견을 해소하는 데 긍정적 영향을 미친다. 나아가 나와 다른 문화의 사람들을 적극적으로 이해하고 친선을 도모하여 열린 사고를 갖게 해준다.

또한 국내에서도 지역 간 활발한 교류를 활성화시키면서 우리 사회의 발전에 도움을 주고 있다. 이런 교류를 통하여 전국 또는 세계적으로 그 지역이나 국가의 지명도가 높아져 이미지가 개선되는 효과를 얻을 수 있을 뿐만 아니라 지역 주민이나 국민의 국제감각을 넓히고 생활의 폭을 넓히는 데도 기여하게 된다. 이벤트를 통한 국제 · 지역 간 교류는 관광사업 등을 통한 재정적 수입을 증대시키며, 다양한 정보교류를 통해 사회적 발전을 촉진시키는 등 다양한 이익을 우리에게 가져다준다.

4) 역동적 사회생활 형성

2002년 한 · 일 월드컵의 '붉은 악마'를 통해 우리는 하나의 이벤트가 인간의 삶을 어떻게 변화시킬 수 있는가를 충분히 경험하였다. 이벤트는 개최지의 주민에게는 개최에 따른 기대감과 개최준비로 인한 역동성으로 구성원으로서의 참여의식을 갖게 하고, 개최기간 중에는 참가자에게 예술 · 문화 · 스포츠 · 쇼핑 등의 활동을 자극하여 역동적인 삶의 체험기회를 제공하게 된다. 또한 이벤트에 직접 참여하지 않더라도 사회적인 분위기가 역동적으로 형성되는 활력소로써 사회구성원 모두가 이벤트에 관심을 갖게 하는 효과가 있다.

5) 친사회적 이미지 구축

어떠한 사회조직이든지 사람들에게 인정받지 못하는 단체는 그 존립 근거를 상실하고 만다. 경제단체들도 자기 제일주의나 강한 기업의 모습을 주요 기업운영의 이념으로 설정하였으나, 최근 들어서는 좋은 기업, 지역과 국가에 봉사하는 기업, 이웃과 친근한 기업 등으로 그 이미지를 변신하고 있는 형편이다.

이것은 비단 경제단체뿐만 아니라 정치 · 행정조직을 포함한 모든 사회조직들이 받아들여야만 할 사회적 변화이다. 따라서 각종 사회조직들이 자신들에게 긍정적인 이미지를 구축하기 위해 다양한 이벤트를 실시한다. 이것은 때로는 문화적 이벤트로, 혹은 사회복지 형태로 표출되는데, 후원 형태의 간접적 방식이나 직접 이벤트를 주관하는 직접 참여방식 등으로 나누어 생각할 수 있다.

다양한 이벤트를 통하여 각 조직체들은 끊임없이 사회적으로 우호적인 관계유지를 위해 노력하고 있으며, 이벤트를 통한 직접적인 감동으로 자신들이 원하는 친사회적 이미지를 구축하려는 것이다.

6) 문화수준의 향상

현대 산업사회에서는 많은 사람들이 다람쥐 쳇바퀴 돌듯이 일상생활을 반복하며 지내고 있다. 비록 문화수준이 높은 문명사회라고 할지라도 그것을 느끼지 못한 채 사회의 부속품처럼 지내는 실정이다. 그러나 이벤트는 그 지역이나 그 사회에 속한 사람들에게 문화를 느끼고 체험할 수 있도록 기회를 주고 많은 사람들이 이벤트를 통해 문화적으로 많은 공감을 이루고 있다. 이벤트에 의해서 그때까지 관계가 없었던 문화활동이 이루어지고 육성되며, 문화 수혜자의 증가 또는 문화수준의 향상이라는 형태에서 문화의 저변이 확대된다. 따라서 이벤트의 활성화는 그 지역의 문화정체성 향상과 문화의 질적 향상에 많은 기여를 하고 있다.

대다수의 이벤트들은 그 내용적 요소로서 문화·예술을 선택한다. 많은 이벤트는 그 내용의 일부 혹은 전체가 문화·예술적 요소로 구성된다. 따라서 다양한 이벤트의 활성화는 문화·예술을 발전시키는 역할을 수행하며, 특별히 관광자원요소로서 지역의 고유한 문화적 특성들을 기초로 한 지역문화관광 이벤트는 지역사회의 고유한 문화자원을 계승·발전시키는 데 중요한 역할을 한다. 그동안 소수의 문화적 엘리트계층만이 향유하던 다양한 문화 프로그램을 누구나 볼 수 있도록 하는 문화민주주의 정착에도 크게 공헌할 수 있다.

3. 정치적 효과

1) 인적교류 및 국제평화 증진

이벤트 개최는 국가 간의 인적교류와 참가자 상호 간의 정보교환으로 인하여 국가 간 협력을 증진하는 데 필수적이다. 특히 대부분의 국제회의나 산업전시회의 경우 대규모 인원이 참가한다는 점과 참가자들은 각 나라와 그들의 활동영역에서 어느 정도의 사회적 지위를 가진 사람들이라는 점에서 국가와 국가 사이의 관계를 증진시키는 효과를 기대할 수 있다.

이에 따라 이벤트는 인종·문화적 차이를 넘어 상호 간의 결합을 촉진시킬 수 있다는 정치사회화의 기능을 가지고 있으며, 참가하는 국가 간의 인적·문화적 커뮤니케이션을 통해 친선·우호 협력관계에서 상호 교류를 통해 국가이익을 실현할 수 있다.

2) 국가 홍보

이벤트는 개최국이 자국의 사회 · 문화적 특성을 홍보하는 계기가 되며, 참가자들 간의 증가된 상호 접촉은 장벽을 허물게 하고 불신을 감소시키며 상호 이해를 촉진시킨다. 아울러 수십 개국의 대표들이 이벤트에 참가하므로 국가홍보는 물론, 회원자격으로 미수교국 대표와의 교류기반 조성도 가능하게 함으로써 외교적 측면에서도 기여한다.

또한 관련 산업의 발달은 정치적으로 선진국 진입을 앞당기거나 국제적 지위의 향상, 문화 및 외교 교류의 확대, 국가홍보의 극대화 등 해당 국가의 홍보효과를 극대화하는 데 많은 기여를 하고 있다.

3) 국제지위 향상 및 협력 증대

국제적 이벤트 개최로 인하여 대회나 행사를 유치한 국가나 도시는 국제적 위상의 부각과 지명도가 높아지는 동시에, 이미지를 개선할 수 있는 좋은 기회를 갖게 된다. 특히 국제 컨벤션의 경우 통상 수십 개국 정상이나 각료 등 각 분야의 영향력 있는 고위 지도급 인사들이 참가하므로 국제적 상호 이해 증진과 국제관계 및 국가 간 정치적 협력증대의 효과를 기대할 수 있다.

4. 관광적 효과

1) 관광자원확충 효과

관광 이벤트의 개발은 기존의 다른 관광대상을 개발하는 것보다 상대적으로 짧은 기간과 적은 비용으로 관광자원화를 시킬 수 있기 때문에 관광의 관점에서 이벤트 개발에 대한 관심은 매우 높다. 특히 우리나라와 같이 좁은 영토에서 제한된 관광자원으로 많은 관광객을 유치하거나 관광산업을 활성화하고자 하는 국가들에서는 이벤트를 관광자원화하려는 경향이 더 높다. 이와 같은 사례는 홍콩이나 싱가포르가 대표적이다.

관광자원으로써 이벤트는 지역이 강점으로 내세울 수 있는 다양한 문화와 전통 및 관습 등을 활용하여 새로운 무형의 관광자원으로 개발할 수 있다는 점에서 장점이 있다. 관광지의 특성을 살린 관광자원으로써의 이벤트는 최근 가장 빠르게 성장하는 관광상품으로 주목받고 있다.

2) 관광매력과 관광 이미지 향상 효과

현대 관광객의 적극적인 관광활동은 동적인 면에서뿐만 아니라 정적인 면에서도 적극적인 체험을 원한다. 따라서 관광지 또는 관광대상에 대한 깊이 있는 이해와 감동을 추구한다. 관광객은 이벤트를 통해 관광지가 아닌 고유한 특성에 대한 재현의 관람과 체험활동을 통해 관광매력도를 극대화시킬 수 있다. 예를 들어, 아름다운 자연풍경으로 관광객을 유인하던 가평은 자라섬 일대에서 재즈 음악축제를 개최함으로써 낭만적인 매력도를 한층 높이는 효과를 발휘하고 있다.

이러한 매력이 가미된 관광지에 대해서 방문객들은 정서적 · 인지적 이미지를 형성하게 되는데, 성공적인 이벤트의 경우 그 지역의 관광이미지 자체를 대표하는 상징이 될 수 있다. 따라서 관광에 주력하고 있는 세계의 많은 국가들에서는 지역별로 새로운 이벤트를 개발하여 관광객 유치에 노력하고 있으며, 우리나라에서도 지역축제를 중심으로 많은 지역에서 지역특성을 살린 관광 이미지를 부각시키고자 이벤트를 개발하고 발전시키려는 노력을 하고 있다.

3) 양질의 관광객 확보 효과

양질의 관광객이라 함은 일반적으로 장기간 체류하면서 많은 비용을 소비하는 집단을 일컫는다. 더 심층적으로는 관광지나 관광자원에 대한 보호와 보전의식을 갖고 관광지 문화에 대한 깊은 이해를 도모하고자 하는 관광객도 포함될 수 있다.

양질의 관광객을 대표하는 이벤트집단은 MICE(Meeting, Incentive, Convention, Exhibition)에 참가하는 비즈니스관광(business traveler)일 것이다. 이들은 대부분

전문적인 지식이나 능력을 갖춘 지식인이거나 고위층으로서 이벤트 개최기간 동안 체류하게 된다. MICE는 대체로 대도시에 위치한 컨벤션센터나 고급 호텔에서 개최된다. 참가자들은 배우자나 자녀를 동반하는 경우도 있으며, 이벤트 참가 이외의 시간에 많은 쇼핑이나 주변 관광을 즐겨 관광소비를 촉진시킬 뿐만 아니라 자국에서는 의견을 나타내는 그룹으로서 많은 홍보효과를 갖는다.

또한 많은 연구결과를 통해 볼 때 이벤트관광객의 경우 일반관광객보다 재방문의사가 높게 나타나고 있다. 보령머드축제가 대표적인 예다. 관광지나 관광시설의 특징 중 하나는 자원의 매력이 고정적이라는 단점으로 한 번 방문한 관광객을 다시 유인하기가 쉽지 않지만, 이벤트는 매회 프로그램을 새롭게 운영하거나 방문객의 체험활동이 중심이 되기 때문에 계속해서 재방문을 유도할 수 있다는 장점이 있다.

4) 비수기의 극복

세계적인 축제 중 하나인 에든버러축제는 여름 성수기인 8월에 밀집하는 관광객의 분포를 연장하기 위하여 9월까지 각종 이벤트를 개최하여 성수기를 연장시키는 효과를 보여준다. 관광산업은 계절성(seasonality)이라는 특징이 있는데, 이에 따라 관광 성수기와 비수기로 나뉜다. 성수기의 규모에 맞추어 준비된 인력과 시설이 비수기에는 유휴인력과 유휴시설이 발생하는 운영상의 문제점을 갖게 된다.

이벤트는 무형적인 상품으로 많은 사람을 모이게 한다는 특성에 따라 이러한 관광산업의 유휴인력과 유휴시설을 최대한 가동하여 효율성을 극대화할 수 있다. 이처럼 이벤트는 성수기의 연장뿐만 아니라 개최기간 동안 많은 관광객을 유입시킴으로써 관광 비수기를 타개할 수 있는 효과적인 방법이 된다.

특히 우리나라는 뚜렷한 4계절의 기후로 관광개발에 많은 한계점이 있으며, 월별로 성수기와 비수기의 극심한 차이를 나타낸다. 따라서 계절과 기후의 특성에 맞도록 실내 또는 야외 이벤트를 기획하여 관광 비수기 극복방안을 마련할 필요가 있다.

또한 국제관광의 측면에서는 '2011 대구세계육상선수권대회'와 '부산국제영화제'와 같은 세계인의 관심을 유도할 수 있는 국제적인 이벤트를 비수기에 개최하려는 노력이 필요하다.

5) 관광시설의 확충과 활성화

이벤트의 개최는 동시에 많은 관광수요를 발생시키기 때문에 외래관광객에게 필요한 시설을 확충하는 효과가 있다. 특히 국제회의이벤트, 산업전시 · 박람회, 지역축제이벤트, 스포츠 이벤트 등과 같이 외래관광객을 주요 대상으로 하는 이벤트의 경우 이들을 위한 숙박시설과 회의시설 및 기타 관광시설의 확충은 필수적인 전제가 되는 경우가 많다. 이처럼 이벤트는 다양한 관광시설의 확충과 이에 따른 관광시설의 수준을 향상시키는 효과를 불러오게 된다.

또한 기존의 관광시설을 활성화시키는 효과가 있다. 대표적인 경우는 호텔산업을 비롯한 숙박시설의 활성화라고 할 수 있다. 월드컵 · 올림픽 · 세계박람회와 같은 메가 이벤트 개최의 경우 개최지의 호텔은 물론, 모텔 · 전통숙박시설 · 민박 등에 이르기까지 각종 숙박시설은 포화상태가 된다. 비록 작은 규모의 이벤트가 개최된다 해도 이벤트는 외래방문객을 유입시켜 개최지역의 숙박시설은 평상시보다 높은 가동률을 보이게 된다. 산업전시회가 빈번히 개최되는 독일 주요 도시의 경우 연주 이벤트의 개최로 객실판매율을 높이는 좋은 예라고 할 수 있다. 또한 숙박시설뿐만 아니라 관광지 매력물(tourist attractions)과 회의장 · 공연장 등 각종 관광시설의 이용률이 높아지게 되고, 관광지와 시설물에 대한 홍보 영향력이 강화되는 효과가 있는 것이다.

6) 관광의 지역적 확대

수백만 명의 외래관광객을 유치하는 이벤트는 개최효과가 개최지역에만 한정되지 않는다. 2009년에 개최된 안면도 국제꽃박람회의 경우 주변 관광지인 남당항 · 보령해수욕장 · 덕산온천 · 몽산포 등으로 관광의 지역적 확대가 발생한 것으로 나타났다.

또한 국제적인 지역축제 · 국제회의 · 산업전시회 등과 같은 이벤트는 최근 유명 대도시뿐만 아니라 대도시와 연계된 지방에서 개최되는 경우가 많다. 이는 대부분의 관광객이 특정 국가를 여행할 경우 한 국가의 대도시를 중심으로 여행하는 행태에서 나타나는 것으로 관광객의 도시집중화 현상을 주변 지역으로 확산시키는 효과를 가져온다. 이와 같이 이벤트는 관광객방문지의 공간분산을 유도하기도 하며, 개최지역이 대도시와 인접한 경우 이를 배후도시로 하여 인근 대도시 주민을 겨냥한 외래관광객 유인수단으로 이용되기도 한다. 따라서 이벤트의 개최는 관광 측면에서 지방 개최 시 개최지역의 관광이미지 구축을 촉진시키고, 외래관광객의 관광지역을 확대시키는 결과를 얻게 된다.

5. 부정적 효과

살펴본 바와 같이 이벤트의 개최가 긍정적인 효과를 다양하게 가지고 있으나 부정적인 영향도 많이 나타난다.

대표적인 부정적 영향으로는 환경오염과 자연경관 및 문화자원 훼손 등의 지역사회 환경을 파괴하는 요인들이 될 수 있다. 또한 교통혼잡과 소음의 발생, 사고의 증가 등 거주민의 일상생활에서 불편이 초래될 수 있다.

경제적인 문제로는 과소비와 인구밀집 및 물가상승이 발생할 수 있으며, 문화적인 측면에서는 전통문화의 지나친 관광상품화로 인한 전통 정체성의 상실, 지역주민과 방문객의 문화적 차이에서 발생하는 충돌이 있을 수 있다.

그리고 이벤트의 순수성을 상실한 채 선심성 행사나 전시성 행사로 평가받는 정치적인 이용과 예산 및 행정력의 손실이 우려되기도 한다. 또한 관광지 개발이나 이익분배의 측면에서 형평성이 인정되지 않을 경우 지역주민 간의 갈등이 발생할 수 있는 부정적인 측면이 있다.

리치(Ritchie, 1984)는 이벤트 개최에 대하여 긍정적 · 부정적 영향을 〈표 3-1〉과 같이 대조적인 형태로 제시하였다.

▸▸ 표 3-1 이벤트 개최의 긍정적·부정적 영향

분야	긍정적 영향	부정적 영향
경제	• 소득증대 • 고용창출	• 물가상승 • 부동산 투기
관광	• 관광지 이미지 상승 • 투자가치에 대한 잠재력 증가	• 부적절한 시설이나 퇴폐적 관습에 의한 부정적인 지역 이미지 조성 • 지역의 인력과 정부지원에 대한 새로운 경쟁 증가 가능성에 대한 기존기업의 부정적 반응
환경	• 새로운 시설의 도입 • 지역기반시설 확충	• 환경의 훼손 • 과잉과 혼잡
사회 문화	• 지역에 대한 관심과 이벤트 관련 활동에 대한 참여율 증가 • 지역 전통에 대한 가치의 강화 • 지역에 대한 자긍심과 공동체의식의 강화 • 방문객에 대한 이해도 증가	• 사적 활동의 상업화 • 관광이벤트와 활동에 대한 고유성 변질 • 지역주민을 고려한 방어적인 태도 • 지역민과 방문객 간의 갈등유발 가능성 증가
정치	• 지역과 지역가치에 대한 국내외 관심 증가 • 주민 또는 정부에 의한 정치적 가치의 확대	• 정치적 야망에 의한 지역주민의 노동력 착취 • 정치적 이용에 의한 이벤트의 본질 왜곡

자료: Ritchie, 1984.

제2절 이벤트 효과 측정방법

1. 이벤트 효과 측정 개요

1) 효과의 소재

이벤트 효과 측정에는 다양한 개발기법들이 있다. 이벤트가 벌어지는 장소를 대상으로 어디서 어떠한 형태로 발생하는가를 분명히 해두는 것이 중요하며, 이들의 효과를 어떠한 방법으로 표현할 것인가를 결정해야 한다. 사회적 효과, 문화적 효과, 정치적 효과, 경제적 효과 등 각 관점에 따라 다양하게 이벤트 효과를 측정할 수 있다.

2) 효과의 척도

이벤트 효과는 성격이나 상황을 측정하기 위한 각종 배경조건에 따라 다르므로 평가기준에 의해 판정 · 인식된다. 주요 조건으로는 첫째, 이벤트의 구조나 성격에 대한 올바른 파악 둘째, 측정작업을 위한 체크리스트 활용 셋째, 측정작업의 조건 설정 등이다.

3) 부분적 측정

부분적 측정은 이벤트 행사의 일부분만 측정하는 것을 말한다. 이는 실제의 측정에 있어 직접효과를 파악하는 것으로, 입장객 수나 입장료 수입 등이 포함된다. 이는 설문조사 등에 의해 파악하는데, 입장객의 평가와 이벤트의 감동 및 태도 등을 알 수 있다. 또한 다른 데이터(과거의 매상표 · 경제동향)와 연결시켜 파악할 수 있는데, 경제파급효과를 측정하는 기초 데이터가 된다.

4) 종합적 측정

파악된 각종 효과를 개최 주최 측에서 종합적으로 평가하여 판단하는 것을 목적으로 하는 것으로 개최의도의 달성도 등이다. 적절한 이벤트의 효과를 측정함으로써 이벤트기획에 피드백시킬 수 있는가 하는 것이 이벤트 효과 측정의 기술적 체계이며, 당초의 기대와 비교하여 효과내용의 분석에 의한 원인규명과 예상외의 반응 등의 원인을 추구하는 데 효과적이다.

기업이 소비자의 관심사항을 알아냈다면, 그들과 함께할 수 있는 이벤트 프로그램을 개발해야 하는 것은 너무나 당연한 일이다. 하지만 그런 프로그램을 개발하거나 선정하는 것은 매우 힘든 일이다. 이벤트 프로그램을 실행하려고 할 때 무엇보다도 먼저 필요한 것이 이벤트 프로그램을 평가할 수 있는 평가의 잣대일 것이다. 수없이 많은 이벤트 아이디어가 내부에서 생성되거나 광고회사로부터 제안된다. 그러나 어느 것이 그 기업이 처한 상황에서 가장 효과적이고 적절한 것인지에 대한 판단을 내리기는 쉽지 않다.

이런 고민에 대한 해결의 실마리를 제공할 수 있는 것이 버슨 마스텔라의 '이벤트 아이디어의 상대적 가치평가'(RVA : Relative Value Assessment)시스템이다. 이 시스템에서는 이벤트 프로그램의 효율성이 기업이나 제품의 포지셔닝 및 이미지, 매출목표, 마케팅전략, 프로그램의 효율적인 실행 등 여러 가지 기준에 따라 평가된다. 또 여러 이벤트안을 개별적으로 평가한 다음에는 전체를 상대적으로 평가하여 가장 우수한 안을 선정한다. 이벤트는 구체적이고도 명확한 니즈와 마케팅 목표를 달성하기 위한 전략적 도구로 활용되어야 한다. 따라서 단순한 이벤트 프로그램안 창작보다 그것이 얼마나 효과적인 프로그램인지가 더욱 중요한 것이다.

▸▸ 표 3-2 이벤트 아이디어의 상대적 가치평가(버슨 마스텔라의 RVA 시스템)

포지셔닝 · 이미지	
브랜드와 연계되는가?	( )
기업 이미지 및 개성과 일치하는가?	( )
제품의 차별적 특성을 강화하는가?	( )
소계	( )
각 항목 평균(소계÷3)	( )
관객도달 · 소구	
1. 정확한 타깃에 도달하는가?	( )
2. 적절한 도달범위 및 빈도인가?	( )
3. 타깃의 라이프스타일 및 추구가치에 맞게 소구하는가?	( )
소계	( )
각 항목 평균(소계÷3)	( )
마케팅 · 매출목표	
1. 제품군의 새로운 영역을 구축하는가?	( )
2. 자사 타 제품의 매출에 기여하는가?	( )
3. 브랜드 자산을 제고하는가?	( )
소계	( )
각 항목 평균(소계÷3)	( )
마케팅 · 매출전략	
1. 마케팅 · 매출전략과 일관성을 유지하고 이를 지원하는가?	( )
2. 제품 · 서비스의 계절성에 맞는가?	( )
3. 제품 · 서비스의 지역성에 맞는가?	( )
4. 화제성을 유발시키는가?	( )

5. 효과의 측정이 가능한가?	(　)
소계	(　)
각 항목 평균(소계÷5)	(　)

실행의 효율성

1. 다른 마케팅 커뮤니케이션 활동과의 효율적인 연계가 가능한가?	(　)
2. 소매상과의 효율적인 연계가 가능한가?	(　)
3. 관리가 가능한가?	(　)
4. 최소 노력으로 가능한가?	(　)
5. 법적인 문제소지가 없는가?	(　)
소계	(　)
각 항목 평균(소계÷5)	(　)

이미지 · 개성

1. 업계 리더로서 포지셔닝되어 있는가?	(　)
2. 경쟁자 이미지와 비교하여 우월성이 있는가?	(　)
3. 기업의 이미지나 문화와 일치하는가?	(　)
소계	(　)
각 항목 평균(소계÷3)	(　)

관객도달 · 소구

1. 높은 타깃 소구력을 갖고 있는가?	(　)
2. 타깃 마켓을 겨냥하고 있는가?	(　)
3. 지역적 도달 정도는 우수한가?	(　)
소계	(　)
각 항목 평균(소계÷3)	(　)

마케팅 · 매출목표

1. 인지도를 창출하는가?	(　)
2. 제품의 구매 및 재구매를 유도하는가?	(　)
3. 충성도를 높일 수 있는가?	(　)
4. 시장점유율을 확대할 수 있는가?	(　)
5. 유통망을 강화하는가?	(　)
소계	(　)
각 항목 평균(소계÷5)	(　)

마케팅 · 매출전략

1. 고객 및 중간상에게 즐거움을 제공하는가?	(　)
2. 독특한가?	(　)
3. 경쟁사의 모방이 어려운가?	(　)
소계	(　)
각 항목 평균(소계÷3)	(　)

실행의 효율성

1. 매년 반복해서 실시할 수 있는가?	( )
2. TV 등 언론보도가 가능한가?	( )
소계	( )
각 항목 평균(소계÷2)	( )
RVA 점수(각 항목 평균의 합계)	( )

이각규(2008)는 일반적으로 이벤트는 그 효과를 예상 또는 기대하면서 계획하게 되지만 측정방법만이 아닌 기획단계에서 사전에 몇 개의 대체안을 비교 · 검토하기 위해 정해진 판단 테이블을 준비하고 그에 따라 개별안을 평가하여 효과적으로 이벤트에 반영하기 위한 표준적인 평가기법을 고려하는 것이 필요하다고 하였다. 대체안이 없는 경우에도 기대치와 실측치를 정확히 대비해야 하며, 효과 측정 정도에 관한 중요한 조건이 되며, 이 평가의 판단을 위한 테이블을 본래 이벤트 기획 때마다 작성하는 것이 바람직하다고 하였다.

▸▸ 표 3-3 **이각규의 이벤트 효과 측정기법**

효과측정 \ 효과지표의 기법		A. 직접적 계측(혹은 관측)에 의해 파악할 수 있는 효과	B. 앙케트 등을 실시, 그 데이터를 분석하는 것에 의해 파악할 수 있는 효과지표	C. 다른 데이터와의 연결·분석에 의해 파악할 수 있는 효과지표
다이렉트 효과	이벤트 자체의 효과(이벤트의 성과지표)	• 참가자 수 • 입장료 수입 • 광고료 수입 등 • 기타 수입	• 행사장 내 · 외부의 소비액	
	이벤트 매체로서의 효과		• 이벤트의 인지 • 이벤트 주제의 인지 • 이벤트 내용의 의외성, 화제성 • 개최자의 지명도 • 개최자의 사업내용 이해 • 개최자에 대한 이미지 • 참가횟수 • 이벤트 접촉횟수 • 집객력	
	의식 향상 효과		• 사원의 의식 향상 • 사원의 의식 통일 • 관계자의 공감, 지지의식	
	커뮤니케이션 효과		• 이벤트의 매체로서의 효과와 동일함	

	판촉 효과	• 이벤트에 의한 행사장 내 상품 매출 • 행사장에 있어서 거래조건에 대한 사전 문의상담, 질문건수	• 구입의도, 사용의도 • 호의적 태도 • 사용 구입량의 증가 • 브랜드 교체의 촉진 • 구입 준비행위 • 신규 사용 촉진	
	판매 효과	• 행사장 내 매출		• 지역기업, 농특산물 전체 매출 • 상품 및 브랜드 매출 • 시장점유율
직접적 파급효과	직접파급 효과		• 이벤트의 인지 • 이벤트 주제의 인지 • 이벤트 주제의 이해 • 이벤트의 평가 공감 • 이벤트 내용의 소구력 • 이벤트 내용의 임팩트 • 개최 주체의 지명도 • 개최 주체의 사업내용 이해 • 개최 주체에 대한 이미지	
간접적 파급효과	경제파급 효과			• 생산유발액 • 소득증가율 • 소비유발액 • 물류 증가량 • 상업 매출액 증가액 • 세수익 증가액 • 고용기회의 증대
	기술발전 효과	• 첨단기술의 실용화	• 기술지식의 보급 • 첨단기술, 지식의 보급 • 자사 보유 기술의 어필	
	환경개선 효과	• 첨단기술의 실용화	• 환경 개선 의식의 향상 • 지역 이미지의 향상 • 커뮤니티 의식의 향상	• 경제 기반의 충실 • 시가지 재개발
	문화수준의 향상			• 교육수준의 향상 • 교육문화시설의 충실
	퍼블리시티 효과		• 고지효과(홍보효과) • 효과여론, 의식 환기	
	인센티브 효과	• 거래량의 증가 • 거래조건의 향상	• 사업협력, 공헌도 향상 • 공감의식, 이해도 향상 • 거래도 조건에 대한 협조 이해 • 영업행위의 활성화	

2. 경제적 효과의 측정방법

이벤트의 경제적 효과를 측정하는 데는 다양한 방법이 있을 수 있다. 그러나 이벤트가 실제로 얼마나 경제적으로 행사를 운영했는지 알아보기 위해 Getz(1994)는 이벤트의 경제적 효과를 측정하는 방법을 제시하였다. 즉 이벤트 개최와 운영에 따른 이벤트 자체의 수익과 손실을 기준으로 한 경제적 효과부터 지역경제에 파급된 간접효과를 포함한 비용 · 편익의 산정에 이르기까지 여러 가지 방법이 있다.

1) 손익분기 또는 이익손실 측정방법

손익분기점 분석은 총수익과 총비용이 일치하는 수준에서의 매출량 또는 매출액 수준을 측정하는 분석을 말한다. 이는 매출량 또는 매출액이 BEP(Break-Even Point)를 넘어서면 이익, BEP에 미치지 못하면 손실이 발생하게 된다. 이는 이벤트의 개최와 운영에 따른 개최자의 재무적 성과를 측정할 목적으로 수행되는 이벤트효과에 대한 평가방법이라고 할 수 있다.

이 방법은 이벤트 수행을 위해 투여된 직접비용과 이벤트 개최로부터 얻어진 직접수입을 비교하여 이벤트의 운영을 통해 어느 정도의 직접이익 또는 직접손실을 발생시켰는지를 산정하는 접근방법이다. 즉 이벤트 자체에 해당하는 단기적이고 제한적인 범위의 재무성과를 평가하는 방법이라고 할 수 있다. 따라서 이 방법을 통해 발생되는 이익은 개최지의 경제적 편익을 나타내는 것이 아니다. 즉 지자체의 보조금을 통해 이벤트 운영에서 이익이 발생했다면 이는 개최자에게는 이익이 발생했다고 할 수 있지만, 이것이 반드시 개최지에 새로운 경제적 이익을 발생시켰다고 할 수는 없는 것이다.

손익분기점은 주로 다음과 같이 산출하게 된다.

- 손익분기점(채산점) 산출

  손익분기점 매출액=고정비÷$(1-\frac{변동비}{매출액})$

- 어떤 일정한 매출을 하였을 때 발생하는 손익액 산출

  손익액=매출액×$(1-\frac{변동비}{매출액})-$고정비

- 특정의 목표이익을 얻기 위하여 필요로 하는 매출액 산출

  필요매출액=(고정비+목표이익)÷$(1-\frac{변동비}{매출액})$

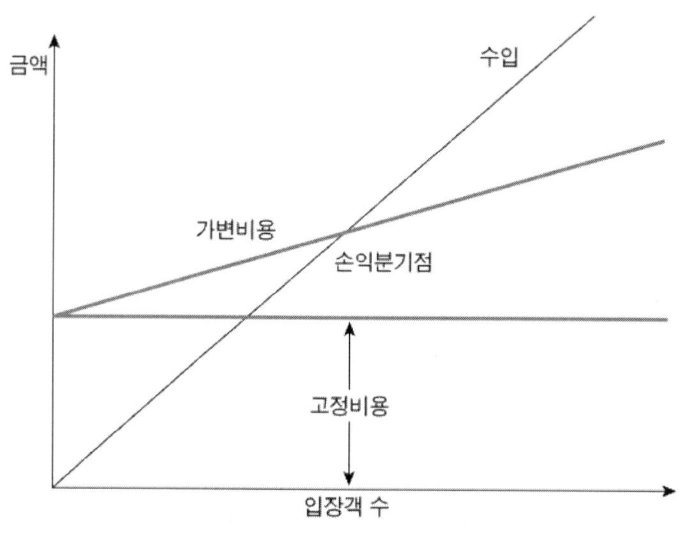

▸▸ 그림 3-2 **이벤트 손익분기점**

2) 투자수익률 측정방법

투자수익률(ROI : Return On Investment) 분석은 순이익을 투자액으로 나누어 분석함으로써 기업의 총괄적인 경영성과를 측정할 수 있게 한다. 이 분석은 기업의 경영성과를 크게 수익성 요인과 활동성 요인으로 나눈 다음 다시 세부항목으로 분해하여 궁극적으로 회사의 경영성과를 계획, 통제하는 것을 목적으로 한다.

이벤트에 스폰서십을 제공한 대부분의 기업은 이를 통해 판매, PR 및 기타 마케팅목표에 대한 성과를 기대하게 되며, 보조금을 지급한 공공기관의 경우 이벤트 개최를 통해 일반인의 태도 변화 또는 경제적 영향에 대해 기대하는 목표가 있다. 이는 스폰서십과 보조금 지급이라는 형태로 이루어진 투자에 대한 반대급부로서의 기대목표인 것이다.

또한 이벤트 개최에 자금을 투자한 투자자의 경우 투자수익률을 기대하고 있을 것이다. 이러한 투자수익률은 투자자의 재무성과에 관련되는 것일 뿐 개최지의 경제적 영향을 평가하는 것은 아니다.

투자수익률분석은 미국의 듀퐁(Du Pont)사가 내부통제시스템의 일환으로 개발한 것으로, 투자의 개념을 총자산으로 본 총자산순이익률(ROA : Return On Asset)이 널리 사용되고 있다. 이벤트 행사에 스폰서십을 제공한 기업들은 자신들이 투자한 비용에 비해 얼마나 많은 효과를 얻었는지를 알고 싶어 하며, 이를 통해 다음 이벤트의 스폰서십 규모가 결정될 것이다.

3) 경제적 규모 측정방법

경제적 규모 측정방법은 개최지 입장에서 이벤트의 경제적 규모 산정을 목표로 한다. 주최자가 이벤트 개최를 위한 비용을 산정하고, 이것을 이벤트 참가자들의 총지출 규모와 비교하여 경제적 규모를 측정하는 방법론이다.

이벤트와 관련된 총지출의 규모를 계산하는 방법으로, 흔히 이벤트의 경제적 영향을 평가하는 방법과 혼동하여 사용될 수 있다. 경제적 규모 산정의 접근방법은 이벤트 방문자와 주최자가 이벤트와 관련되어 지출하는 총비용의 규모를 의미한다. 이 방법을 유효하게 사용하기 위해서는 얼마나 많은 외부 방문자를 유치했으며, 그들이 개최지에서 어느 정도의 비용을 소비했는가를 정확히 산정할 수 있어야 한다. 따라서 경제적 규모를 어떻게 측정할 것인지를 결정하는 것이 중요한 변수가 될 수 있다.

4) 경제적 영향 측정방법

경제적 영향에 관한 측정방법은 개최지의 경제수입, 외화 수입 및 세수의 증가, 개최지 주민을 위한 일자리 창출효과 외에도 연계산업의 성장, 기술발전, 경제 시스템의 다변화 효과 등의 경제적 영향에 관한 단기적 · 장기적인 영향을 모두 측정하여 개최지의 거시적 경제편익을 산정하는 방법론이다.

경제적 영향평가의 접근은 그 측정이 매우 어려우므로 신뢰성과 타당성을 얻기 위해서는 측정방법의 선택이 매우 중요하기 때문에 경제적 효과 측정방법보다 더욱 엄격하고 합리적인 측정방법이 필요하다. 경제적 영향에 관한 평가는 개최지의 경제수입, 개최지 주민을 위한 일자리 창출효과를 포함시켜야 하는 것은 물론이고, 투자유치능력을 개선시키는 것과 같은 간접적인 경제효과 및 장기적 효과까지도 감안하여 측정되어야 한다.

경제적 영향평가에서는 관광지로서의 이미지 제고 및 촉진효과 등도 포함되는 것이 바람직한데, 이를 정확히 측정하는 것이 용이하지 않은 편이다. 따라서 측정방법에 따라 평가에 대한 신뢰성과 타당성의 차이를 보이게 된다.

또한 이벤트 개최 시 측정하는 경제적 파급효과 분석은 이벤트 실시 사업연도 기간 동안의 총투자비와 국내외 방문객들의 관광소비 및 지출비용으로 인한 경제적 파급효과를 사용한다. 이는 이벤트 행사 시 집행된 투자소요액에 의한 파급효과와 행사기간 동안 지출된 방문객 및 외국인 관광객의 관광소비액에 따른 파급효과를 분석하는 것을 말한다.

지역경제의 파급효과를 분석하는 방법은 경제기반모형(economic base model), 변화 · 할당모형(shift share analysis), 지역경제계량모형(regional econometrics model)과 산업연관모형이 있다. 일반적으로 각 산업 간의 투입과 산출의 연관성이 분명하고 산업 간 또는 경제구조 전반에 걸쳐 광범위한 직 · 간접의 파급효과를 분석할 수 있는 산업연관모형을 적용해서 분석한다. 산업연관분석은 경제구조분석, 경제정책의 파급효과 측정과 더불어 경제계획수립의 기초자료로 유용하게 활용되는 경제분석이다.

5) 비용 · 편익 측정방법

비용 · 편익(cost-benefit analysis)의 접근방법은 이벤트의 긍정적 경제효과만을 산정하는 것이 아니고, 이벤트 개최를 위해 투여되는 경제적 비용 및 지역사회와 지역환경에 부과되는 간접비용을 고려하는 방법이다. 즉 비용 · 편익의 산정은 이벤트 개최로 인해 발생하는 경제적 이익과 경제적 비용의 비교, 사회적 문제나 심리적 편익 등 무형의 비용과 편익의 비교를 통해 이루어질 수 있다.

이 방법은 단순히 이벤트 개최를 통해 얻는 이익, 수입 및 고용기회 창출 등 경제효과만을 고려하는 것이 아니라 이와 함께 사회 · 문화 · 환경적 영향을 감안하여 이벤트의 순수가치를 찾는 방법이라고 할 수 있다.

▸▸ 표 3-4 **이벤트의 경제적 효과 측정방법**

접근방법	목적	일반적인 방법
손익분기 또는 이익손실	• 재무적 효율 및 지급능력에 대한 단기평가	• 직접수익과 직접비용의 산출 • 이익 또는 손실의 산정
투자수익률	• 스폰서와 보조금 지급자의 편익 산정 • 개인투자자에 대한 투자수익률(ROI) 계산	• 보조금 · 스폰서십과 방문 수준 · 경제적 편익과의 관계 산정 • 표준 ROI 산정법 이용
경제적 규모	• 개최지 입장에서 이벤트의 경제적 규모 산정	• 총방문자 수와 소비지출 및 주최자의 지출 규모 산정
경제적 영향	• 개최지의 거시적 경제편익 산정	• 직 · 간접 수입과 고용효과 계산 • 승수 및 계량통계모델 이용
비용과 편익	• 개최지 지역사회와 환경을 고려한 비용 · 편익 평가 • 이벤트 순가치 결정	• 유 · 무형 비용과 편익의 장 · 단기 비교 • 투자의 기회비용 평가 • 파급효과 계산 • 이벤트 순가치 계산

자료: Getz, 1994.

6) 방문객 소비지출 분석

방문객의 소비지출 분석을 위해선 1인당 방문객의 평균 소비지출액을 산출해야 한다. 이는 설문을 통한 샘플링 조사와 직접대면 조사를 사용한다. 소비지출 내용으로는 교통비, 숙박비, 유흥비, 쇼핑비 등이 있으며, 이는 각 항목을 세부적으로 조사하는 방법과 전체 항목을 통틀어 지출한 비용으로 조사할 수 있다.

방문객의 소비지출 분석은 그 지역의 생산유발효과, 소득유발효과, 부가가치 유발효과, 순간접세유발효과, 수입유발효과 등과 연계되며, 이와 함께 고용효과를 측정할 수 있다.

$$TE = V \times AE$$

TE=관광지출액, V=관광총량, AE=1인당 1일당 평균 지출액

제2편

이벤트 주요 분야

제4장 축제이벤트
제5장 회의이벤트
제6장 전시회 이벤트
제7장 스포츠 이벤트
제8장 문화공연 이벤트

CHAPTER

4

축제이벤트

CHAPTER

축제이벤트

제1절 축제이벤트의 개요

1. 축제이벤트의 정의

인간이 사회를 구성하여 사는 모든 곳에는 축제가 있다. 축제는 어떤 일의 성사를 빌고 하례하는 축(祝)과 신령에게 정성을 드리는 제(祭)가 합쳐진 단어로, 경사스러운 어느 특정한 날을 기념해 신에게 봉헌하는 의식을 가리키는 것으로, 주로 종교적 배경에서 비롯된 것으로 이해되고 있다. 즉 축제는 사람(人)이 말(口)로 신에게 기원하는(示) 것을 형상화한 축(祝)과 제물(肉)을 손(手)으로 제상(示)에 놓는 모습을 형상화한 제(祭)가 결합한 단어로서 이는 신앙의 표상이라고 할 수 있다.

축제에 해당되는 영어의 개념에는 Feast와 Festival, 그리고 Carnival이 있다. Festival은 축제에 가장 가까운 개념이며, 흔히 Feast와 같은 개념으로 사용된다.

Carnival은 라틴어에서 고기라는 뜻의 Caro와 제거라는 뜻의 Levara에서 유래하고, 그것이 뒤에 합성되어 Carnevale로 된 후 현재의 단어가 되었다는 설이 있다. 이는 사육제라는 뜻으로 기독교의 사순절 직전 전야에 거행되던 일종의 축제였다.

개인이나 공동체에 특별한 의미가 있는 날이나 기간에 행하는 의식과 부수적인 행위들을 의미하는 축제는 그 속에서 축일이 갖는 오락성과 제일이 갖는 종교성이 함축되어 있다. 그리고 제삿날을 뜻하는 제일 속에서 주기성도 확인할 수 있으며, 여기에 이전 세대에 형성되어 후세로 전승된다는 뜻의 접두어 전통을 덧붙인다면 축제의 주기성은 더욱 강조된다.

오늘날에는 종교적인 의미보다는 놀이나 휴가와의 관계로 널리 알려진 축제들은 대부분 자신들의 전통문화에 그 기원과 뿌리를 둔 경우가 많지만 새로 생겨난 축제들도 대부분 해당 공동체 사회와 문화전통에 어떠한 방식으로든지 관련을 맺고 있는 것은 사실이다.

축제는 종교적 신성성과 연희적 놀이성의 양면성이 축제의 근원으로서, 개인 또는 공동체에 특별한 의미가 있거나 결속력을 주는 사건 또는 시기를 기념하여 의식을 행하는 행위라고 말할 수 있다. 하지만 시간이 지남에 따라 본래의 의미가 줄어들고 일에서부터 해방되어 자유롭게 떠들고 즐긴다는 놀이적 인식이 강화됨에 따라 이벤트의 성격을 띠게 되었다.

축제의 정의는 시대적으로 구분해 볼 수 있는데, 이는 전통적 정의와 현대적 정의로 구분된다. 우선 전통적인 의미의 축제란 지역주민들의 총체적인 삶과 전통문화적 요소가 잘 반영된 종합적인 문화행사로, 전통적인 지역축제들은 바로 이러한 지역주민들의 공동체적 의식과 지역사회의 문화적 정체성에 근원을 두는 의미 깊은 민속제로서 모든 축제의 기원은 공공의 향연과 의식이며, 예술이나 의식, 제례를 통해서 특별한 기회를 기념하는 방법으로 거행된다.

반면 현대적 의미의 축제란 공공 주제적인 행사로 축제는 공동주제와 관련된 이벤트의 연속이며, 축제의 문화적인 활동의 다른 양상을 포함하고 있는 행사를 의미한다. 지역의 다양한 문화현상을 포괄하고 있는 축제는 지역의 문화유산을 축제화한 것이며, 나아가 문화제, 예술제, 전국민속예술경연대회 등 문화행사 전반을 포괄한다.

오늘날의 축제는 종교성보다는 유희적이고 놀이적인 요소가 강조되고 있다. 즉 전통사회의 축제가 인간이 신에게 봉헌하는 의식을 중시했다면, 산업화 사회의 축제는 제의를 수행하는 과정에서 나타나는 오락적 요소와 일탈적 분위기에 더욱 관심을 가지고 있다. 이는 산업화와 세속주의는 축제의 종교성을 박탈하고 세속화를 가속화시켰고, 일상의 단조로운 반복에서 잠시 벗어나 휴식과 여흥을 주는 오락적 기능이 강화된 것이다. 다시 말해서 과거의 축제가 조상이나 신에 대한 의례적인 측면이 강했다면 오늘날의 축제는 탈일상성과 오락성이라는 놀이적 측면에 강화된 종합축제나 문화관광축제로 변모한 것이다.

▸▸ 그림 4-1 **전통축제**

2. 축제이벤트의 특성과 기능

1) 축제이벤트의 특성

축제는 제의(祭儀)의 한 형태로서 구조적으로는 비종교적인 제의성과 예술·놀이적인 요소를 함께 가지고 있다. 이러한 축제이벤트의 특성은 일탈성·놀이성·대동성·신성성·장소성 등의 5가지로 정리할 수 있다.

(1) 일탈성

일탈성은 일상생활에서 금기로 여겨지는 공간과 행위의 존재를 뜻하는 바깥 혹은 그 주변의 조건을 의미한다. 축제는 일상생활의 규범에서 벗어나는 일탈이

제도적으로 보장된다는 특징이 있다. 축제를 통해 사람들은 방종의 분위기를 즐길 수 있으며, 실제적 인격을 회복할 수 있다.

이와 같이 일탈성은 특별한 시간과 공간 내에서 보장되며, 축제가 끝나면 사회구성원들은 다시금 일상으로 복귀하게 된다. 따라서 축제를 통해 비일상성을 경험할 수 있어야 하며, 무질서와 난장의 카오스 상태를 체험함으로써 근원적 인간성의 회복이 이루어져야 한다. 이와 같은 일탈성은 축제성을 체험할 수 있는 주요 속성의 하나로 파악할 수 있다.

▸▸ 그림 4-2 **보령머드축제**

(2) 놀이성

놀이(play)는 인간의 기본적 속성이며, 또한 축제 속성의 한 부분을 담당한다. 놀이에 대한 연구는 인간의 놀이와 교섭과정에서 나타나는 놀이의 질적 측면, 즉 놀이다움(playfulness)에 대한 연구로 진전되고 있다. 놀이를 결과로서보다 과정으로서 접근하고 있으며, 놀이수행의 기술보다 융통성 · 자발성 등의 질적 요소를 통해 놀이를 이해하려는 방향이다.

놀이는 질적 양상으로 놀이다움을 설명하며, 그 속에는 신체적 자발성, 사회적 자발성, 인지적 자발성, 즐거움의 표현, 유머감각 등이 포함된다. 또한 놀이성의 심리적 속성으로는 내적 동기, 내적 통제, 현실감 부재 등이 주요한 특성이다.

축제의 놀이적 속성에는 몰입(flow)의 측면이 포함되어 있다. 즉 축제는 지역민과 관광객 등 참가자들의 자발적 참여와 체험 속에서 몰입함으로써 즐거움을 느끼는 놀이속성을 포함하고 있다.

(3) 대동성

본질적으로 축제는 혼자 즐기는 개별행위가 아니라 어울림을 실현하는 집단행위이다. 축제에 있어서 대동의 의미에는 일과 놀이가 결합되는 것으로서 지연공동체의 구성원들을 포괄한다는 것과 대동정신을 실천한다는 것이 포함되어 있다. 지연공동체의 구성원을 포괄한다는 것은 일정한 지역적 범위 내의 공동체 구성원들의 적극적 참여를 통해 축제가 영위됨을 의미하며, 연령 · 성별 · 경제력 · 지위 등에 상관없이 참여자 모두가 일체감을 경험할 수 있음을 나타낸다.

대동정신은 공동체의식(sense of community) 개념으로 일정한 지역적 범위에서 거주하는 사람들의 상호작용을 통해 생겨나는 집단의식이라고 할 수 있다. 한편 웨이트(Waitt, 2003)는 사후 영향으로 지역사회에서 일어나는 이벤트의 영향에 의한 자긍심(feeling of pride)과 공동체의식(feeling of a sense of community spirit)의 형성을 통해 일체감을 형성하는 대동성의 특성이 나타난다고 하였다. 결국 대동성이란 축제를 개최하는 지역주민과 축제를 즐기러 온 관광객을 포함한 축제 공간 속 사람들이 상호작용을 통해 일체감이 형성되어 함께 즐김으로써 더 즐거워지는 특성이다.

(4) 신성성

신성성은 축제에서 '제'의 영역에 포함된다. 축제는 하늘에 대한 제사와 경외감의 의례에서 비롯되었다. 제(祭)의 양식은 엄숙한 예배의 의식이고, 하늘에 대한 경외의 긴장과 진지함을 내포하고 있다. 축제가 전개되는 과정에서 제의 양식과 의례 측면은 상대적으로 약화되었지만 축제 본질에 있어서 한 축을 포함하고 있다. 이러한 신성성의 본질은 축제별 유래와 성격에 따라 양식과 내용에 차이가 날 수 있지만 축제의 전야제 · 개막식 · 폐막식 등의 양식으로 전달될 수 있으며, 그 과정에서 축제가 담고 있는 긴장과 이완, 조임과 풀어짐, 의식과 난장, 코스모스와 카오스의 체험을 제공한다.

게츠(Getz, 1997)는 축제에서 신성성을 느낄 수 있는 프로그래밍의 핵심요소로써 스타일 요소를 제시하고 있다. 스타일은 표현 또는 디자인을 위한 특징적 방식으로, 예를 들면 스타일로서의 이벤트 퍼레이드는 군인적 퍼레이드 형식, 카니발 퍼레이드 형식, 종교의식과 같은 하부형식들이 존재한다. 스타일의 요소 중에서 의례는 관습이나 종교의 형식으로서 전통적인 축제들의 경우 강한 의례구성을 가지고 있다. 또한 장관 또는 대규모 구경거리는 가시적으로 일상에서 경험하는 것보다 규모가 큰 전시공연 퍼레이드 행사를 의미하며, 규모와 형식에 의해 압도되고 놀라는 체험(신성성)을 유발한다.

(5) 장소성

축제 체험의 핵심적 속성 중에는 장소성(placeness)이 존재한다. 공간이란 개념이 물리적 속성을 나타낸다면, 장소는 활동 · 상징성 등의 사회 · 문화적 성격을 포함하여 가치와 의미가 부여된 공간을 지칭한다. 여기에 정체성(identity)과 애착(attachment) 등의 체험적 의미가 형성된 개념이 장소성이다. 지역축제의 양식과 내용을 그 지역에 가서 체험해야 하는 이유는 그 축제가 가진 독특한 장소적 속성 때문이다.

이와 같이 축제 체험의 속성은 일탈성 · 놀이성 · 대동성 · 신성성 · 장소성의 속성으로 표현될 수 있다. 각 속성들의 주제어를 중심으로 다시 설명하면, 일탈성에는 난장판 · 카오스 · 역치성 등의 특성이 포함된다. 놀이성에는 장난스러움, 재미성, 몰입성, 자발성, 내적 통제, 현실감 부재 등의 특성이 포함된다. 대동성은 어울림을 의미하며, 축제 공간에서 주고받음이 있고, 의식과 행위의 공유가 있으며, 너와 내가 다르지 않다는 것을 느끼면서 재미스러움의 나눔이 있어 더 즐거워지는 특성이 포함된다. 신성성에는 축제의 전야제 · 폐막제를 포함한 의식과 의례들의 규모와 분위기에서 느껴지는 신비함, 진지함, 장관 · 놀람, 제의성이 포함된다. 장소성은 문화성 · 역사성 · 지역성이 체험의 형태로 나타난 특성을 지닌다. 그 장소에서만 경험할 수 있는 특성들이 축제의 경험을 특화시키는 요소이다.

일탈성 · 놀이성 · 대동성이 인간과 인간의 관계를 나타내는 횡적인 측면이라면, 신성성은 하늘과 인간의 관계를 나타내는 종적인 측면을 의미한다. 장소성은 그런 관계가 존재하게 만드는 공간적 · 심리적 · 사회적 소통공간이다. 축제는 이와 같이 신성한 조임과 긴장이 있으며, 인간성에 기초한 풀림과 이완이 존재해야 한다. 이러한 변화체험을 축제에서 경험할 수 있어야 축제다운 축제이다. 축제성은 참여자에게 일탈성 · 놀이성 · 대동성 · 신성성 · 장소성을 조화롭게 경험하게 해주는 질적인 특성이다.

2) 축제이벤트의 기능

축제이벤트는 대부분 제의를 중심으로 세속의 세계를 성화하려는 의도를 지닌 것으로, 그 제의가 갖는 근원으로의 회귀를 보여주고 있다. 춤과 가면극, 노래, 경기 등을 수반하여 혼돈을 질서로 바꾸는 장치이며, 동시에 현실세계가 신화적 세계로 환원됨으로써 혼돈과 대립의 이원적인 세계를 해결해 주고 있다. 또 개별적 노동의 세속적인 삶을 집단적 믿음의 신성으로 전환하는 계기를 마련해 준다. 즉 축제이벤트는 너와 나의 벽을 허물고 갈등과 반목의 고리를 풀어 우리라는 하나로 결집시키는 마당의 기능을 하고 있다.

(1) 인간의 억압된 감정과 행동 표현

사람은 평상시 자신의 감정을 마음껏 표출하고 살기는 힘들다. 그러나 어떤 기회가 주어지면 인간은 자신의 감정을 자유롭게 표출할 수 있으며, 이러한 장소와 사건을 인간 스스로 또는 타의적으로 찾게 된다. 이러한 기회가 주어지는 공간이 축제이다. 따라서 축제는 평상시에 억압되고 간과되었던 인간의 감정과 행동을 표현하는 사회적으로 허용된 기회를 제공한다.

▸▸ 그림 4-3 스페인 토마토축제

(2) 인간 본연의 위치 발견

축제기간 동안 참가자들은 일상의 노동에서 해방되어 축제의 프로그램 속에서 즐거움과 환상에 잠기고, 자유로운 감정을 느낌으로써 축제가 끝난 후 더 높은 본연의 위치를 찾기 위해 다시 일상의 노동으로 돌아가게 된다.

(3) 사회 비판적인 기능

축제는 외관상으로는 건실하고 질서 정연해 보이는 경직된 사회에 생명력을 불어넣으며 인간의 삶에 대한 긍정적인 면을 부각시킨다. 과거에는 축제를 통해 사회적 신분의 부질없음을 풍자와 민속의 한마당으로 보여주기도 했으며, 현대에 들어서는 황금만능주의 사회에 대한 일침을 가하는 역할을 수행하고 있다.

(4) 사회적 · 종교적 목적의 활동수단

고대사회뿐만 아니라 아직도 세계 곳곳에서는 초기 형태의 전통과 농경의 모습을 이어가는 지역이 많다. 이러한 지역에서는 축제가 공동사회를 이끌어가는 사회적 · 종교적 목적의 활용수단이 된다.

(5) 문화교류의 가교역할

축제에는 국내 각 지역의 각계 인사뿐만 아니라 국외 여러 분야의 사람들이 참여하게 된다. 이들을 통한 인적 · 물적 교류는 새로운 가치관, 새로운 문화 창출 등에 영향을 미치게 된다.

(6) 경제력 향상 기능

축제는 비수기 계절성을 극복할 수 있도록 하며, 축제 개최 이전보다 더욱 폭넓고 많은 관광객을 유치하게 됨으로써 지역경제 활성화에 기여하게 된다.

(7) 지역홍보 및 지역민과 외부인의 교류증진 역할

축제는 개최지역의 긍정적 홍보수단이 되며, 지역민과 축제 참가자 간의 교류역할을 한다. 또한 지역 공동체의식의 함양을 통해 지역민의 단결 및 지역의 과소화를 예방하는 메커니즘으로서 역할을 한다.

제2절 축제이벤트의 유형과 효과

1. 축제이벤트의 유형

축제이벤트의 유형에 관하여는 다양한 분류방법과 의견이 있다. 그만큼 분류자나 분류방식에 따라 다른 기준이 제시되고 있다.

표 4-1 축제이벤트의 유형

소분류	세분류	예
개최기관별	지역자치단체 주최 축제	신촌문화축제(서대문구), 광진종합문화축제(광진구), 은평구민 한마음축제(은평구)
	민간단체 주최 축제	국악로 국악문화축제(종로문화원 주최), 관훈/인사동 축제(전통마을 보존회 주최)
프로그램별	전통문화축제	강릉단오제, 은산 별신제, 남원 춘향제
	예술축제	세계연극제, 광주비엔날레, 부산국제영화제, 춘천인형축제
	종합축제	이천도자기축제, 금산인삼축제, 제주한라산축제
개최목적별	주민화합축제	대전 한밭문화제, 강서구민축제, 영등포 가을축제
	문화관광축제	부산 바다축제, 자갈치 문화관광축제, 무주구천동 철쭉제
	산업축제	섬유축제(섬유산업), 고창수박축제(수박), 보성다향제(차)
	특수목적축제	행주대첩제(제례), 다산문화제(추모제), 덕수리 전통민속재현행사(전통민속보존)
자원유형별	자연	함평나비축제, 무주반딧불축제, 진도영등제, 한라산눈꽃축제, 퀘벡겨울축제
	생활용품	논현가구축제, 일본세시끼칼축제
	역사적 사건	행주대첩제, 최무선장군추모제, 영국성발렌타인축제
	특산물	금산인삼축제, 파주장단콩축제, 네덜란드튤립축제
	역사적 인물	왕인문화축제, 효석문화제, 만해제, 단종문화제
	음식	광주김치대축제, 남도음식대축제, 한국의 술과 떡잔치, 강경전통맛깔젓축제, 홍콩요리축제, 뮌헨맥주축제
	전통문화	양주별산대놀이축제, 고싸움놀이축제

자료: 이경모, 2003.

2. 축제이벤트의 효과

축제의 개최가 지역에 미치는 영향은 다양하며, 축제의 효과는 경제적 효과, 사회문화적 효과, 환경적 효과 등으로 구분할 수 있다.

1) 긍정적 효과

(1) 경제적 효과

축제의 효과 가운데서도 경제적 효과는 가장 중요한 부분을 차지한다. 축제 참가자들은 숙박, 교통, 쇼핑, 인근지역 관광 및 경제활동을 통해 지역경제 활성화에 기여한다.

또한 축제 개최를 위한 각종 기관의 투자는 지역 인프라 구축과 고용창출효과를 유발하여 지역주민에 대한 소득증대효과 및 관련 산업의 발전효과를 창출하여 지역 경제발전에 기여하게 된다. 뿐만 아니라 지역축제의 개최는 지역의 특화된 산업발전을 유발하는 효과가 있다. 지역의 특화된 관광상품을 주제로 한 지역축제는 축제 참가자의 유치뿐만 아니라 지역 특산물의 판매, 지역의 특화 이미지 강화 및 제고, 재고물량의 정리 등의 직·간접적인 기능으로 지역 특화산업의 활성화를 장려하는 효과가 있다.

(2) 정치적 효과

해당 지역주민들의 적극적이며 자발적인 참여는 지역의 정치·행정적 발전을 유발한다. 또한 개최지역을 대외적으로 홍보하는 수단이 되며, 이를 통하여 참가자들이 민간외교의 역할을 하게 된다. 이러한 이유로 국가 및 지역이 축제를 정치적 목적으로 활용하기도 한다. 하지만 정치적 목적만을 성취하기 위한 행동은 부정적인 영향을 낳을 수 있으며, 그 본질을 왜곡할 수 있는 위험이 있다.

(3) 사회적 효과

축제는 사회적인 면에서 개최 지역과 주민에게 긍정적인 영향을 미친다. 축제는 지역구성원들에 대한 지역 정체성을 형성하는 역할을 한다. 개최지역의 특화된 축제는 지역의 성격 및 타 지역과의 차별화된 모습을 보임으로써 지역민들에게 지역의 정체성을 확립하게 된다. 축제에 직접 참여함으로써 지역민들은 사회·문화적 동질성을 가지며, 이로 인해 지역에 대한 소속감 및 자긍심을 일깨워 지역정체성 형성에 기여한다.

축제는 지역에 대한 특정 이미지를 부각시켜 기존의 지역 이미지를 강화할 뿐만 아니라 지역의 고유한 이미지를 창출하는 수단으로 사용되기도 한다. 이렇게 확립된 이미지는 지역의 문화적 이미지를 고양시키고 지역의 개성을 창출하는 효과를 낳는다.

(4) 문화적 효과

축제는 방문객에게 그 지역의 생활과 문화를 경험할 수 있는 기회를 제공함으로써 다양한 문화를 접할 수 있도록 한다. 또한 지역주민에 대해서는 다양한 문화예술을 접촉할 수 있는 기회를 제공함으로써 문화향유의 기회를 확대시킨다. 이로써 지역민들은 지역문화의 저변 확대라는 이득을 얻을 수 있다. 축제이벤트를 통한 지역민들의 문화활동은 지역문화의 활성화는 물론, 지역문화를 육성·발전시킬 수 있는 계기가 되어 지역문화의 창조력을 향상시키며, 전통문화를 전승 및 발전하는 문화적 기능을 수행하기도 한다.

(5) 환경적 효과

메가 이벤트 규모의 축제 개최 시 도시개발의 촉진제가 될 수 있다. 축제의 개최 준비를 위한 도시개발은 축제가 끝난 후에는 지역민들이 사용할 수 있는 공공시설 및 사회 하부구조가 됨으로써 지역민들의 생활을 윤택하게 한다. 한편 각종 편의시설 등의 도시개발 외에도 지역의 전경이 미화되고, 녹지가 조성되는 등의 현상을 통해 지역의 환경이 개최 전보다 향상되기도 한다.

2) 부정적 효과

(1) 경제적 효과

축제의 개최는 지역 지가의 상승을 유발한다. 이로 인한 부동산 투기는 지방의 발전과 경제활성화에 악재로 작용하게 된다. 또한 자본의 부족으로 인한 시설물 등의 편의시설 부족 및 지역주민의 물질만능주의 확산은 축제를 찾은 참가자들에게 부정적인 인식을 주어 향후 지역 경제발전에 저해요소가 되기도 한다. 이외에도 축제 참가자들과 동화되고자 하는 소비지향적 태도의 형성은 지역경제를 오히려 피폐하게 만든다.

(2) 정치적 효과

과중한 조세의 부담으로 인한 지역민에 대한 경제적 착취, 정치성을 띤 전시행정으로 인한 이벤트 본연의 모습을 왜곡하는 행태는 대표적인 정치적 부작용이라고 할 수 있다.

(3) 사회적 효과

축제 개최는 빠른 사회구조의 변화를 유발한다. 이로 인한 사회 혼란이 일어날 수 있으며, 지역주민과 외부 참가자들 사이에 갈등이 유발될 수 있다.

(4) 문화적 효과

축제에는 국내외에서 다양한 사람들이 방문하게 된다. 이로 인해 갑자기 많은 문화를 접하게 됨으로써 문화충격 또는 고유문화의 변형이 일어날 수 있으며, 문화유산을 관광적 가치로만 평가하게 되는 현상이 발생할 수 있다.

(5) 환경적 효과

축제 개최를 위한 급속한 도시개발은 자연환경의 변화를 유발시켜 생태환경의 파괴를 초래할 수 있다. 또한 지역 문화유산의 손실 및 유적지의 유실이 있을 수 있으며, 오물 투척 등의 행위로 인한 환경오염과 일정 기간에 많은 인구가 몰려 교통체증 등의 환경적 부작용을 가져올 수 있다.

▸▸ 표 4-2 **축제의 효과**

구분	효과	내용
긍정적 효과	경제적 효과	• 내 · 외국인의 직 · 간접적 소비에 의한 지역 및 국가 경제적 파급효과 • 접근성 확보 등 기반시설 건설에 따른 지역경제 활성화 및 지역개발 효과 • 지역주민의 소득증대 및 고용창출 효과 • 문화유산 관광상품화에 따른 지역 간 생활수준 격차 감소
	정치적 효과	• 적극적 · 자발적 참여로 지역의 정치 · 행정적 발전 유발 • 개최지역의 대외 홍보 및 참가자의 민간 외교 역할
	사회적 효과	• 국가 및 지역주민의 정체성 확보 • 지역에 대한 소속감과 자긍심 형성 • 지역 이미지 강화 및 개성 창출
	문화적 효과	• 전통문화의 저변 확대, 전승 및 발전 기능 • 지역 및 국가의 문화발전 • 지역 및 국가 문화에 대한 교육적 효과
	환경적 효과	• 체계적인 관리와 통제에 의한 문화유산 보존 및 수명연장 • 문화유산 관광상품화에 따른 주변환경 정비효과 • 지역사회 전반의 환경정비 효과
부정적 효과	경제적 효과	• 지역주민의 물질만능주의 확산 • 소비지향적 태도 형성 • 지가 상승 및 부동산 투기
	정치적 효과	• 과중한 조세 부담으로 인한 경제적 착취 • 전시행정으로 인한 본질 왜곡
	사회적 효과	• 관광적 가치 강조로 인한 문화유산 고유의 자원성 퇴색 • 지역주민의 상대적 박탈감 조성 • 지역사회의 사회병리 현상(매춘, 도박, 알코올 중독, 범죄, 폭력 등)
	문화적 효과	• 문화의 상품화(상업화), 연출된 고유성 형성 • 문화변용 또는 문화의 변질
	환경적 효과	• 과다한 관광객 쇄도로 인한 유적 피해 • 쓰레기 등 환경오염 및 교통체증

자료: 이경모, 2003 토대로 재작성.

제3절 국내외 축제이벤트

1. 국내 축제이벤트

현재 국내에는 수많은 축제이벤트가 개최되고 있다. 그러나 이러한 축제는 대부분 큰 차별화 없이 진행되는 경우가 대부분이다. 따라서 지역 고유의 독특한 축제 브랜드를 활성화하기 위해서는 끊임없는 개발과 연구가 이루어져야 할 것이다.

현재 문화체육관광부에서는 매년 우수 축제를 선별하여 지원해 주고 있다. 이는 한국을 상징하는 대표 축제를 집중 육성하려는 목적으로 글로벌 육성축제, 문화관광축제, 육성축제로 구분하여 선택과 집중을 통해 차등 지원해 오던 것을 성장단계별로 예비문화관광축제(발굴), 문화관광축제(성장), 명예문화관광축제(후속지원)로 변경하고 지정주기도 1년에서 2년으로 늘리는 등 단계별 지원체계로 진흥을 통한 축제의 내실화와 자생력을 제고하고자 하였다.

▸▸ 표 4-3 2020년 문화관광축제 지원제도

구분	예비문화관광축제	문화관광축제	명예문화관광축제
지원형태	간접	직접(정부 보조금)	간접
주기	2년 주기	등급 없이 2년 주기	지원 졸업 대상 축제 중 2~3개(예정)
지원범위	홍보, 컨설팅	축제기획, 홍보마케팅, 축제역량 강화	심층 컨설팅, 관광상품 개발, 개발수용태세 개선 등

자료: 문화체육관광부, 2020.

2023년 문화체육관광부는 변경된 지원제도를 토대로 축제 활성화를 위해 32개의 문화관광축제와 35개의 예비문화관광축제를 선정하였다. 모든 축제는 등급에 따라 예산이 달라지다 보니 본래 취지와 무관하게 과도한 경쟁을 유발하는 부작용을 개선하기 위해 '육성'에서 '진흥' 지원, 즉 등급 구분없이 균등 지원하고 컨설팅 · 상품개발 · 인력 등 간접지원을 하는 방식으로 개편되었다.

▶▶ 표 4-4 2020~2023년 문화관광축제 32개

구 분	축제명
부산(1개)	광안리어방축제
대구(2개)	대구약령시한방문화축제, 대구치맥페스티벌
인천(1개)	인천펜타포트음악축제
울산(1개)	울산옹기축제
경기(5개)	연천구석기축제, 시흥갯골축제, 안성맞춤남사당바우덕이축제, 수원화성문화제, 여주오곡나루축제
강원(7개)	평창송어축제, 춘천마임축제, 평창효석문화제, 원주다이내믹댄싱카니발, 강릉커피축제, 정선아리랑제, 횡성한우축제
충북(1개)	음성품바축제
충남(2개)	한산모시문화제, 서산해미읍성역사체험축제
전북(3개)	임실N치즈축제, 진안홍삼축제, 순창장류축제
전남(3개)	영암왕인문화축제, 보성다향대축제, 정남진장흥물축제
경북(3개)	포항국제불빛축제, 봉화은어축제, 청송사과축제
경남(2개)	밀양아리랑대축제, 통영한산대첩축제
제주(1개)	제주들불축제

주: 문화관광축제는 2년 단위로 평가 · 지정제로 운영하나 '19년 코로나19 상황으로 '20~21년 지정 문화관광축제 '23년까지 지정 유예.

자료: 문화체육관광부, 2023.

▶▶ 그림 4-4 대구치맥축제와 춘천마임축제

▸▸ 표 4-5 2020~2023년 예비문화관광축제 33개

구 분	축제명
서울	한성백제문화제, 관악강감찬축제
부산	영도다리축제, 동래읍성축제
대구	금호강바람소리길축제, 수성못페스티벌
인천	부평풍물대축제, 소래포구축제
광주	광주세계김치축제, 영산강서창들녘억새축제
대전	대전사이언스페스티벌, 대전효문화뿌리축제
울산	울산쇠부리축제, 울산고래축제
세종	세종축제
경기	부천국제만화축제, 화성뱃놀이축제
강원	원주한지문화제, 태백산눈축제
충북	지용제, 괴산고추축제
충남	강경젓갈축제, 석장리세계구석기축제
전북	부안마실축제, 군산시간여행축제
전남	목포항구축제, 곡성세계장미축제
경북	영덕대게축제, 고령대가야축제
경남	알프스하동섬진강문화재첩축제, 김해분청도자기축제
제주	탐라국입춘굿, 탐라문화제

자료: 문화체육관광부, 2023.

▸▸ 그림 4-5 대전사이언스페스티벌과 태백산눈축제

▶▶ 표 4-6 2020~2023년 종료 문화관광축제 21개

구 분	축제명
광주(1개)	추억의 충장축제
경기(1개)	이천쌀문화축제
강원(2개)	화천산천어축제, 양양송이축제
충북(1개)	영동난계국악축제
충남(3개)	보령머드축제, 천안흥타령축제, 금산인삼축제
전북(3개)	김제지평선축제, 무주반딧불축제, 남원춘향제
전남(4개)	진도신비의바닷길축제, 함평나비축제, 강진청자축제, 담양대나무축제
경북(3개)	안동탈춤축제, 문경찻사발축제, 영주풍기인삼축제
경남(3개)	진주유등축제, 하동야생차문화축제, 산청한방약초축제

주: 문화관광축제 지정 일몰제(10년) 적용 축제로 신규 지정 제외 축제
자료: 문화체육관광부, 2023.

2. 세계의 축제이벤트

전 세계적으로 수많은 축제가 열리고 있다. 축제는 그 지역의 특성을 나타내고 있으며, 역사와도 매우 밀접한 관련이 있다. 따라서 전 세계에서 가장 유명한 세계 축제 또한 그 지역의 역사와 사회문화 또는 자연환경 등을 가장 잘 대표하고 있는 것이다. 세계적으로 가장 유명한 축제의 특징과 내용을 살펴보면 다음과 같다.

1) 뮌헨 맥주축제

(1) 축제 개요

옥토버페스트(Oktoberfest)는 독일 남부 바이에른(Bayern)주의 주도(州都) 뮌헨(München)에서 개최되는 세계에서 가장 규모가 큰 민속축제이자 맥주축제다. 매년 9월 15일 이후에 돌아오는 토요일부터 10월 첫째 일요일까지 16~18일간 계속되는 축제는 1810년에 시작되어 200여 년의 전통을 가진 이 축제는 세계에서 가장 유명한 맥주축제로 자리 잡았다. 전 세계에서 옥토버페스트를 즐기기 위해 몰려드는 방문객은 매년 평균 600만 명에 달하며 1985년에는 최대 710만 명을 기

록하기도 했다.

축제는 화려하게 치장한 마차와 악단의 행진으로 시작되며, 민속의상을 차려 입은 시민과 방문객 8,000여 명이 어우러져 뮌헨 시내 7킬로미터를 가로지르는 시가행진으로 흥겨움을 더한다. 축제기간에는 회전목마, 대관람차, 롤러코스터 같은 놀이기구 80종을 포함해 서커스, 팬터마임, 영화 상영회, 음악회 등 남녀노소가 함께할 수 있는 볼거리와 즐길거리 200여 개가 운영된다.

옥토버페스트는 19세기 중반부터 뮌헨을 대표하는 6대 맥주회사(bräu, 브로이)의 후원을 받음으로써 세계 최대 맥주축제로 발돋움할 수 있는 계기를 마련했다. 축제에 참여하는 맥주회사들은 시중에 유통되는 맥주보다 알코올 함량을 높인(5.8~6.3%) 특별한 축제용 맥주를 준비한다. 그리고 최대 1만 명을 수용할 수 있는 거대한 천막을 세워 맥주를 판매하는데, 축제기간에 팔려나간 맥주는 평균적으로 약 700만 잔에 달하는 것으로 집계됐다. 커다란 맥주잔들과 더불어 흥겨운 노래와 춤으로 떠들썩한 맥주 천막들은 옥토버페스트의 열기와 분위기를 한눈에 알려준다.

옥토버페스트에서는 맥주와 함께 다양한 독일 전통 음식이 축제의 분위기와 방문객의 입맛을 돋운다. 가장 흔히 먹는 것으로는 구운 닭고기 브라트헨들(Brathendl), 구운 소시지 브라트부르스트(Bratwurst), 흰 소시지 바이스부르스트(Weiβwurst), 매듭 또는 막대 모양의 빵 브레첼(Bretzel)이 있다. 그 밖에 돼지나 소의 간과 양파를 섞은 반죽을 삶아 국물과 함께 먹는 레베르크뇌델(Leberknödel), 감자샐러드를 곁들인 바이에른식 소시지 레베르케제(Leberkäse), 구운 돼지고기에 흑맥주 소스를 끼얹은 슈바인스브라텐(Schweinsbraten), 돼지 관절을 오래 익힌 슈바인스학세(Schweinshaxe), 감자나 흰 빵을 반죽해 삶아낸 크뇌델(Knödel)을 곁들이는 돼지 내장요리인 보이셸(Beuschel) 등이 인기 있다.

후식으로는 파이의 일종인 슈트루델(Strudel), 효모를 넣은 반죽을 굽다가 쪄 내 커스터드 크림과 함께 먹는 담프누델(Dampfnudel), 커다란 도넛인 아우스초게네(Auszogene), 1886년 바이에른의 섭정 왕이 된 루이트폴트(Luitpold von Bayern)를 기념해 만든 초콜릿 케이크 프린츠레겐텐토르테(Prinzregententorte) 등이 있다.

▸▸ 그림 4-6 **뮌헨 맥주축제**

(2) 축제 유래

1810년 10월 12일 바이에른 왕국의 황태자 루트비히(Kronprinz Ludwig)와 작센(Sachsen)의 테레제 공주(Therese von Sachsen-Hildburghausen)의 결혼식이 뮌헨에서 거행되었다. 이 왕실 결혼을 기념해 1810년 10월 12일부터 10월 17일까지 축하연회와 민속스포츠 경기가 벌어졌고, 바이에른 근위대는 축제 마지막 날인 10월 17일에 대규모 경마경기를 개최해 새로운 왕족 부부의 탄생을 경축했다. 근위대 소령 안드레아스 폰 달라르미(Andreas von Dall'Armi)가 기획한 경마경기는 왕족이 함께한 가운데 많은 관람객의 환호를 받으며 결혼식 기념축제의 마지막을 장식했다. 바이에른 왕실은 뮌헨 시민들이 크게 열광한 경마경기를 상기해 이듬해 같은 날, 같은 장소에서 경마경기를 다시 개최했고, 이로써 10월에 열리는 축제인 옥토버페스트의 전통이 시작됐다. 옥토버페스트는 1819년에 연례행사로 확정됐다.

바이에른에는 옥토버페스트 이전에도 가을에 열리는 축제가 있었다. 1553년에 확정된 바이에른 맥주 제조법에 따라 맥주는 매해 9월 29일부터 이듬해 4월 23일 사이에만 제조할 수 있었는데, 해마다 새로운 맥주 제조기간이 시작되기 전에 저장해 둔 메르첸비어(Märzenbier: 3월에 제조한 맥주)를 소진하기 위한 가을 축제를 열었다. 이 가을 맥주축제가 매년 10월에 경마경기를 중심으로 떠들썩하게 즐기는 축제와 결합하면서 그 규모가 확대되어 19세기 말 오늘날 우리가 알고 있는 민속축제이자 맥주축제로서의 옥토버페스트가 그 모습을 갖추었다.

(3) 축제 어원

옥토버페스트는 독일어로 '10월 축제'라는 의미다. 옥토버(Oktober)는 10월, 페스트(Fest)는 축제를 뜻한다. 독일인들은 옥토버페스트를 흔히 '비즌'(Die Wies'n)이라 부르는데, 비즌은 축제가 열리는 장소의 명칭이다. 옥토버페스트의 시초가 된 1810년 10월 루트비히 황태자와 테레제 공주의 결혼기념 경마경기가 뮌헨 도시 성벽 앞 잔디밭(비제, Wiese)에서 열렸다. 이후 이 잔디밭은 축제의 주인공인 테레제 공주의 이름을 따서 '테레지엔비제'(Theresienwiese, 테레제 공주의 잔디밭)라고 불렸다. 지금도 매년 옥토버페스트는 테레지엔비제에서 개최되며, 사람들은 이를 간단히 '비즌'이라고 한다. '비즌'은 '비제'의 바이에른식 표현이다.

1999년의 경우 전 세계에서 680만 명이 축제에 참가해 600만 L의 맥주와 63만 마리의 닭, 79만 마리의 소가 소비되었고, 1,000개가 넘는 독일의 맥주회사가 참가하였다. 이후 참가자 수가 늘어나 2000년에는 700만 명을 넘어섰고, 갈수록 그 수가 더욱 느는데, 축제 수익만도 30억 마르크(약 1,650억 원)를 넘어선다. 브라질의 리우축제(리우 카니발), 일본의 삿포로 눈축제와 함께 세계 3대 축제로 불린다.

2) 리우 카니발

(1) 축제 개요

리우데자네이루 카니발(이하 '리우 카니발')은 브라질의 항구도시 리우데자네이루(Rio de Janeiro)에서 매년 사순절(四旬節) 전날까지 5일 동안 열리는 카니발이다. 카니발은 전 세계 가톨릭 국가들을 중심으로 성대하게 펼쳐지는 그리스도교 축제로, 부활절을 기준으로 축제 시작일이 매년 바뀌며 보통 1월 말에서 2월 사이에 시작해 사순절 전날(Mardi Gras, 참회의 화요일)에 끝난다.

카니발이 브라질에 전래된 것은 유럽인들이 이주해 온 16세기 이후의 일로, 브라질 카니발에 대한 최초의 기록은 1723년에 발견된다. 포르투갈의 식민 지배가 19세기 초까지 이어지는 동안 브라질에서는 포르투갈, 스페인, 프랑스, 네덜란드 등 유럽의 문화와 원주민의 전통, 그리고 노동력 확보를 위해 끌고 온 아프리카인의 문화가 한데 뒤섞였다. 브라질의 카니발은 이처럼 여러 대륙의 다양한 문화가 집결되는 과정에서 형성되어 오늘날 브라질의 전통과 문화를 대표하는 축제로 자리 잡았다. 브라질 카니발은 리우데자네이루, 상파울루(São Paulo), 사우바도르(Salvador), 헤시피(Recife) 등의 4개 도시를 중심으로 브라질 전역에서 열린다. 카니발 기간에는 기본 산업체, 소매업, 축제 관련업을 제외한 브라질 전체가 일을 멈추고 밤낮없이 축제를 즐긴다.

그중 리우 카니발은 그 규모와 화려함에 있어서 전 세계 최고라는 평가를 받는다. 브라질 카니발의 상징이자 카니발을 이끄는 춤 삼바(samba)는 바로 리우데자네이루에서 태동했다. 따라서 번쩍이는 의상을 입고 골반을 전후좌우로 격렬하게 흔드는 삼바 무용수들, 화려하게 장식한 축제 차량, 노래를 부르고 음악을 연주하는 악단이 펼치는 삼바 퍼레이드는 리우 카니발의 하이라이트를 이룬다. 리우 카니발의 삼바 퍼레이드는 리우데자네이루 지역에 결성된 200여 개 삼바 스쿨들이 일 년 동안 준비해 조직적이고 체계적으로 벌이는 행사라는 특징을 지닌다. 삼바 스쿨들은 춤, 음악, 노래, 의상, 소품 등을 어우러지게 구성한 프로그램을 선보이며, 퍼레이드를 벌이는 동안 심사를 거쳐 그해 카니발의 최고의 삼바 스쿨이 선정된다. 이렇듯 삼바 경연대회이기도 한 삼바 퍼레이드는 다른 카니발과 차별되는 리우만의 독자적인 행사로, 리우데자네이루를 전 세계 카니발의 수도로 인식시키는 역할을 하고 있다.

리우데자네이루는 삼바의 고향이다. 삼바는 아프리카의 전통춤에 폴카, 마시시 등의 다른 장르가 합쳐져 브라질의 독특한 문화로 정착됐다.

리우 카니발의 삼바 퍼레이드는 삼바 스쿨들이 조직적으로 준비한 프로그램을 펼쳐 보이며 경쟁하는 삼바 경연대회다. 이는 다른 카니발과 차별화된 리우만의 독자적인 행사다.

▸▸ 그림 4-7 **리우 카니발**

(2) 축제 어원

카니발은 사순절을 앞두고 떠들썩하게 먹고 마시며 노는 그리스도교 전통 축제다. 카니발(carnival)의 어원에 대해서는 의견이 분분한데, 그중 이탈리아어로 '고기'를 의미하는 카르네(carne)와 연관 짓는 것은 그리스도교의 전통에 근거한다. 즉 '고기를 먹지 않는다'는 '카르네 레바레'(carne levare: to remove meat)와 '카르네 발레'(carne vale: farewell to meat)에서 '카니발'이 파생되었다고 보는 것이다.

그리스도의 수난을 되새기며 금욕을 해야 하는 사순절 기간이 시작되기 전 공현 대축일(Epiphany, 1월 6일)부터 재의 수요일(Ash Wednesday) 전날까지 풍족하게 먹으며 연회를 벌이고 서커스, 가면무도회, 거리 축제 등을 즐기던 풍습이 오늘날의 카니발로 자리 잡았다. 한국어로 카니발은 사육제(謝肉祭)라고 하는데, 이 역시 '고기를 멀리하다' 또는 '고기를 없애다'라는 뜻이다.

(3) 축제 유래

브라질의 카니발은 16세기에 유럽인들이 이주하면서 시작됐다. 브라질은 포르투갈의 지배를 받았는데, 포르투갈에는 그리스도교 전파 이전에 시작된 봄맞이 축제의 전통이 이어지고 있었다. 이 축제를 '엔트루두'(entrudo)라고 하며, 포르투갈에서는 '엔트루두'를 '카니발'과 동일한 의미로 여전히 사용하고 있다. 엔트루두는 라틴어 '인트로이투스'(introitus)에서 유래한 단어로 '들어가다', '시작되다'라는 뜻이다. 즉 엔트루두는 봄이 시작되고 사순절이 시작됨을 알리는 축제인 것이다. 축제날 포르투갈인들은 거리로 나와 물과 계란, 밀가루, 진흙, 레몬 등을 서로에게 던지며 지저분한 장난을 쳤다.

엔트루두는 포르투갈인과 더불어 브라질로 유입됐다. 1823년 프랑스 화가 장 밥티스트 드브레(Jean Baptiste Debret)가 그린 '엔트루두'(Entrudo)에 물을 뿌리며 장난을 치는 당시 모습이 잘 묘사돼 있다. 엔트루두는 아프리카인 노예와 가난한 계층에 바로 받아들여져서 축제기간 동안 더러운 물과 음식물을 서로에게 퍼부으며 때때로 상류층에 대항하는 폭동으로 발전하기도 했다. 엔트루두 기간에 리우데자네이루의 거리와 광장을 걸어 다니는 것은 상당히 위험한 일이 됐고, 집에 침입해서 오물을 투척하는 경우도 벌어지곤 했다. 따라서 상류층은 축제기간에는 집 안에만 머무르거나 멀리 피해 있었으며, 폭도로 변한 무리는 엄중 단속에 처해졌다.

1850년경 브라질 상류층은 엔트루두를 대체하고자 이탈리아와 프랑스의 카니발을 들여왔다. 최초로 리우데자네이루에서 색종이 조각과 색 테이프를 날리며 축제 차량과 악단을 동원해 거리 행진을 하는 등 유럽 축제의 요소를 도입한 축제를 개최하고, 이를 '카니발'이라고 불렀다. 이후 조직화된 유럽의 카니발 문화가 아프리카인 노예와 하층민이 주도하던 무질서하고 반항적인 엔트루두와 다양한 형태로 결합해 오늘날 브라질 전역에서 펼쳐지는 카니발의 모습을 갖추어 갔다.

(4) 축제 효과

브라질에서 카니발이 대표적인 축제문화로 발전한 데는 정부의 역할이 매우 컸다. 카니발을 조직적으로 육성해 브라질 문화의 아이콘으로 만든 이는 1930년대에 브라질의 대통령을 지낸 제툴리우 바르가스(Getúlio Vargas)였다. 바르가스는 1930년대 세계 대공황 직후 브라질 경제가 휘청거리는 가운데 강력한 경기부흥책을 주장하며 정권을 잡았다. 그는 국민 대통합의 일환으로 당시 하층민에게서 유행하던 삼바를 활용하고자 카니발을 정부 차원에서 지원하기로 했다. 바르가스 대통령은 브라질의 정체성은 유럽계 백인문화에만 있는 것이 아니며, 공존하며 살아가는 아프리카계 브라질인들의 문화도 복합적으로 인정해야 한다고 믿었다. 1935년 리우 카니발부터 정부의 지원이 시작되면서 1940년대에 이르러 리우 카니발은 브라질의 대표적인 관광상품으로 자리 잡기에 이르렀다. 제2차 세계대전 기간에 잠시 중단됐던 리우 카니발은 1947년에 재개됐고, 그때부터 카니발의 클라이맥스인 삼바 퍼레이드는 리우데자네이루 시내 리우브랑쿠(Rio Branco) 대로에서 펼쳐졌다.

브라질의 카니발은 단순히 화려한 축제가 아니며 다민족으로 이루어진 국가 브라질의 정체성이 담긴 행사다. 또 정치에 대한 불만과 자유에 대한 열망이 반영된 행사이기도 하다. 브라질의 인류학자 호베르투 다마타(Roberto DaMatta)는 브라질에 있어 카니발의 의미에 대해 다음과 같은 말을 남겼다. “브라질이 카니발을 만든 게 아니라 카니발이 브라질을 만들었다.”

3) 삿포로 눈축제

(1) 축제 개요

삿포로 눈축제(さっぽろ雪まつり, Sapporo Snow Festival) 개최시기는 매년 2월 초로 고정하여 7일간 일본 홋카이도 삿포로에서 열리는 일본 최대의 겨울 축제다. 축제는 제2차 세계대전 전후인 1950년에 패전 극복을 위해서 삿포로의 중·고등학생들이 오도리 공원(大通公園)에 눈 조각 작품을 만든 데서 시작해 2019년에 제70회를 맞이했다. 2020년부터 2022년까지는 전 세계를 강타한 코로나19로 인해 축제가 취소되거나 온라인으로 개최되다가 3년 만인 2023년부터 오프라인으로 개최되고 있다.

삿포로 눈축제는 삿포로 시내 여러 곳에서 펼쳐진다. 그중 오도리 공원에서 열리는 국제눈조각경연대회(國際雪像コンクール)와 스스키노 행사장(すすきの會場)에서 열리는 얼음조각경연대회(すすきの氷の祭典)는 국내외 많은 참가자들이 함께하는 축제의 대표적인 행사다. 쓰도무 행사장(つど一む會場)에는 스케이트장과 눈썰매장을 비롯해 다양한 체험의 장이 마련돼 있다.

매년 200만 명의 방문객이 몰려드는 삿포로 눈축제는 브라질의 리우 카니발(Carnaval do Rio de Janeiro), 독일의 옥토버페스트(Oktoberfest)와 함께 세계 3대 축제로 꼽힌다.

▸▸ 그림 4-8 **삿포로 눈축제**

(2) 축제 유래

일본 최북단에 위치한 홋카이도는 일본에서 가장 추운 지역이다. 1~2월 평균 기온은 영하 3.8℃이고 '눈의 왕국'이라 불릴 만큼 눈이 많이 내리는 곳이다. 홋카이도의 도청 소재지로 경제, 행정, 문화의 중심지인 삿포로시는 1949년부터 지역의 춥고 긴 겨울을 이용해 화합의 장이 될 수 있는 관광자원을 개발하고자 했다. 삿포로관광협회는 전쟁 전 오타루(小樽)의 소학교에서 개최된 눈조각전시회에서 아이디어를 얻어 눈축제를 기획했으며, 1950년에 삿포로의 중 · 고등학생들이 삿포로시 중심에 있는 오도리 공원에 눈 조각작품 6개를 설치하고 눈싸움, 전시회, 카니발 같은 행사를 벌였다. 이는 삿포로 시민들은 물론 인근 지역사회의 큰 관심을 사면서 방문객 5만여 명이 함께 즐기는 행사가 됐다. 이 소박한 행사에서 시작된 눈축제가 그 규모와 수준을 점차 확대해 오늘날 전 세계인이 함께하는 겨울축제로 발전했다.

(3) 축제 역사

축제가 시작되어 자리를 잡아가던 초기에는 삿포로 상공회의소와 삿포로관광협회가 지원금 유치에서 홍보까지 축제와 관련된 모든 것을 주도했다. 축제의 주제는 '빙상 카니발'로, 단체 무도회와 야외 영화상영, 스퀘어 댄스 등의 내용으로 구성됐고 오늘날 삿포로 눈축제를 유명하게 만든 눈 조각, 얼음 조각의 역할과 비중은 상대적으로 적었다.

1953년에 처음으로 대형 눈 조각 작품이 제작됐는데, 제목이 '승천'(昇天)인 작품의 높이는 15미터에 달했다. 1955년부터 자위대가 축제에 참여해 눈 조각 작품들을 만들 수 있도록 눈을 퍼 나르고 작품 제작을 함께하면서 축제의 성격이 눈 조각 중심으로 변화하기 시작했다. 1959년 제10회 삿포로 눈축제가 개최될 때는 축제를 꾸준히 안정적으로 개최하고 축제사업을 원활하게 운영하기 위해 '삿포로 눈축제 실행위원회'가 구성됐다. 일본을 대표하는 겨울축제로 발전시키고자 뜻을 모은 기업과 시민단체 100명으로 이루어진 삿포로 눈축제 실행위원회가 축제를 주관하면서 축제는 대규모 행사로서의 형태를 갖추어 나갔다. 1959년의 축제에는 준비인원만 2,500명 이상이 동원됐다.

1972년의 삿포로 눈축제는 삿포로 동계올림픽과 같은 기간에 개최됨으로써 눈축제를 전 세계에 알리는 계기를 맞이했다. 그해의 눈축제는 "삿포로에 오신 것을 환영합니다"(ようこそ札幌へ)라는 주제로 펼쳐졌다. 1974년에는 급작스러운 석유 파동이 닥쳐 축제 준비에 큰 어려움을 겪었다. 눈을 운반할 트럭의 연료가 부족해 눈 수급이 여의치 못함에 따라 드럼통으로 뼈대를 만들고 그 위에 눈을 덮어 작품을 제작해야 했다. 이러한 어려움 속에서 첫 번째 국제눈조각경연대회가 1974년에 삿포로 시내 오도리 공원에서 개최됐다. 또 이 해부터 중국의 선양(瀋陽), 캐나다의 앨버타(Alberta), 독일의 뮌헨(München), 오스트레일리아의 시드니(Sydney), 미국의 포틀랜드(Portland) 등이 삿포로와 자매결연을 맺고 있는 외국의 도시들을 주제로 한 대형 눈 조각 작품들을 선보이기 시작해, 삿포로 눈축제는 국제적인 행사로 발전했다.

1981년에 시작된 스스키노 얼음 조각 경연대회는 삿포로 눈축제 기간에 스스키노 거리의 상점들이 개별 홍보 목적으로 개최하던 행사가 발전한 것이다. 1983년 제34회 축제부터 스스키노 거리가 축제의 공식 행사장으로 지정됐다. 삿포로에서 가장 번화가인 스스키노 행사장의 얼음 조각 작품들에는 밤 11시까지 조명이 비춰진다. 1965년부터 40년 동안 눈축제 행사장으로 이용되던 마코마나이 행사장(眞駒內會場)은 2005년에 폐쇄됐다.

CHAPTER

5

회의이벤트

CHAPTER

5 회의이벤트

제1절 회의이벤트의 정의

1. 회의이벤트의 정의

회의산업에서 MICE란 용어가 나타난 것은 1990년대 중반이다. 여러 가지 설이 있지만 MICE는 회의를 뜻하는 Meeting, 인센티브관광을 뜻하는 Incentive tour, 회의 및 전시의 복합 이벤트를 뜻하는 Convention, 그리고 산업전시회(trade show) 및 대중전시회(consumer show)를 합쳐서 부르는 전시회 모두를 뜻하는 Exhibition의 앞 글자를 합하여 만든 약어(acronym)이다.

MICE가 회의산업을 대표하는 용어로 쓰이기 시작한 곳은 호주, 싱가포르, 홍콩 등 아시아 · 태평양에 위치한 영연방 국가들이 주를 이루었으나 최근에는 태국, 대만 같은 국가에서도 널리 사용되고 있으며, 미국에서는 2009년 상반기까지 회의전문협회인 CIC, MPI, PCMA 같은 기관은 물론 회의, 인센티브 언론매체에서도 사용되지 않았으나 컨벤션산업위원회(CIC)의 산업계 용어사전(APEX glossary : Accepted Practice Exchange)에 2009년 하반기부터 처음으로 등장하였다.

한국에서는 1970~1990년대 중반까지는 국제회의란 용어를 주로 사용하였으며, 1997년 「국제회의산업 육성에 관한 법률」이 제정된 이후부터 컨벤션이란 용어가 자주 사용되다가 2000년대 들어서부터 MICE를 사용하기 시작했다. 한국의 국제회의 마케팅, 지원사업을 전담하고 있는 한국관광공사의 Korea Convention Bureau는 2010년 초에 Korea MICE Bureau로 그 명칭을 바꾸었다. 그러나 MICE란 용어는 회의 전반을 뜻하는 Conventions and Meetings의 뜻이 강하다. 전시산업의 경우 구조, 조직, 운영방식에 있어서 회의산업과는 구별되는 면이 많다.

컨벤션의 어원을 보면, con은 라틴어 cum(=together, 함께)이며, vene는 라틴어의 veniro(=to come, 오다)의 합성어로서 convention이란 회의와 모임을 위해 '함께 와서 모이고 참석하다'라는 의미가 된다. 컨벤션은 원래 미국에서 집회를 가리키는 용어로, 국제회의를 비롯해 각종 회의 등에 사람들이 모여 서로 이야기하는 것, 또는 사람을 중심으로 상품 · 지식 · 정보 등의 교류를 위한 모임, 회합의 장을 갖춘 각종 이벤트로 정의 내릴 수 있다. 또한 컨벤션의 개념은 회의산업 전체의 포괄적인 용어로 사용되며 컨벤션을 국제회의라는 어휘로 대체하여 사용하는 경우도 종종 있다.

국제회의란 통상적으로 공인된 단체가 정기적으로 주최하고 3개국 이상의 대표가 참가하는 회의를 말한다. 회의도 내용은 학술, 교육, 문화, 정치, 경제 등 그 종류가 매우 다양하게 이루어진다. 그러나 국제회의에 관한 정의는 각 국가 또는 기구마다 서로 다르게 정의하고 있으며, 이에 대한 기준은 다음과 같다.

한국관광공사는 국제기구 본부에서 주최하거나 국내 단체가 주관하는 회의 가운데 참가국 수 3개국 이상, 외국인 참가자 수 10명 이상, 회의기간이 1일 이상인 회의라고 정의하고 있으며, 1996년 제정한 「국제회의산업 육성에 관한 법률」 제2조 1항에 의하면 국제회의라 함은 "상당수의 외국인이 참가하는 회의(세미나, 토론회, 전시회 등을 포함한다)로서 대통령령이 정하는 종류와 규모에 해당하는 것"으로 첫째, 국제기구 또는 국제기구에 가입한 기관 또는 법인 · 단체가 개최하는 회의로서 당해 회의에 5개국 이상의 외국인이 참가하거나 회의참가자가 300명 이상이고 그중 외국인이 100명 이상일 경우, 그리고 3일 이상 진행되는 회의이며 둘째, 국제기구에 가입하지 아니한 기관 또는 법인·단체가 개최하는 회의로서 회의참가자 중 외국인이 150명 이상이며 2일 이상 진행되는 회의라고 정의하고 있다.

국제협회연합(UIA : Union of International Association)은 국제회의의 기준은 국제기구가 주최하거나 후원하는 회의 또는 국내 단체가 주최하는 회의 가운데 참가국 수 5개국 이상, 전체 참가자 수 300명 이상, 전체 참가자 중 외국인 비율이 40% 이상, 회의기간이 3일 이상 등의 4가지 기준을 만족시키면 국제회의로 인정하고 있다. 국제회의전문협회(ICCA : International Congress & Convention Association)는 4개국 100명 이상이 참가하는 규모를 국제회의라고 정의하며, 국제회의는 사전에 계획된 모임으로써 최소 6시간 이상, 최소 25명 이상이 참석하여 정해진 순서에 따라 진행되는 모임이라고 정의하였다. 아시아컨벤션뷰로협회(AACVB : Asia Association of Convention & Visitors Bureau)는 공인된 단체나 법인이 주최하는 단체회의, 학술 심포지엄, 기업회의, 전시박람회, 인센티브관광 등 다양한 형태의 모임에 전체 참가자 중 외국인 10% 이상이고 방문객이 1박 이상 상업적 숙박시설을 이용하는 행사를 국제회의라고 정의하고 있다.

▸▸ 표 5-1 **국제회의 정의**

구분	정의
국제협회연합 (UIA)	• 국제기구가 주최하거나 후원하는 회의 또는 국내 단체가 주최하는 회의 • 참가국 수 5개국 이상 • 참가자 수 300명 이상 • 참가자 중 외국인 비율 40% 이상 • 회의기간 3일 이상
국제회의전문협회 (ICCA)	• 참가국 수 4개국 이상 • 참가자 수 100명 이상
아시아컨벤션뷰로협회(AACVB)	• 2개 대륙 이상에서 참가하는 회의를 국제회의로, 동일 대륙에서 2개국 이상의 국가가 참가하는 것을 지역회의로 정의 • 참가자 중 외국인 비율 10% 이상 • 회의기간 1일 이상
한국관광공사	• 국제기구 본부에서 주최하거나 국내 단체가 주관하는 회의 • 참가국 수 3개국 이상 • 외국인 참가자 수 10명 이상 • 회의기간이 1일 이상

국제회의산업 육성에 관한 법률	• 국제기구 또는 국제기구에 가입한 기관 또는 법인·단체가 주관하고 참가국 수 5개국 이상의 외국인이 참가하거나 참가자 수 300명 이상, 외국인 참가자 100명 이상, 3일 이상 • 국제기구에 가입하지 아니한 기관 또는 법인·단체가 주관하고 참가자 중 외국인 150명 이상, 회의기간 2일 이상

2. 국제회의 종류

회의이벤트는 주최 측의 의도에 따라 형태별, 개최조직별, 회의주제별, 개최지역별로 다양하게 분류될 수 있다.

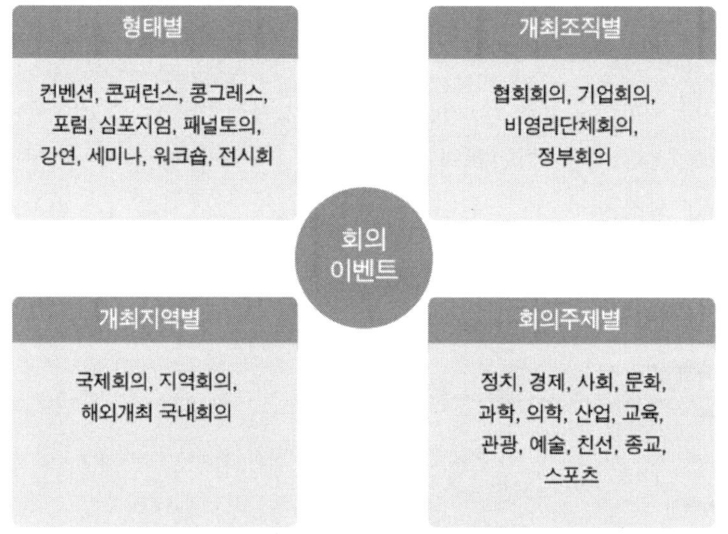

▸▸ 그림 5-1 **회의이벤트 분류**

1) 형태별 분류

회의의 모든 유형에 대해 일반적으로 미팅이라는 용어가 사용된다. 즉 회의(meeting)는 모든 종류의 모임을 통칭하는 가장 포괄적인 용어이며, 이는 참가자의 수, 프레젠테이션의 유형, 참가 청중의 수, 회의의 형식에 따라 컨벤션, 콘퍼런스, 콩그레스, 포럼, 심포지엄, 패널토의, 강연, 세미나, 워크숍, 전시회 등으로 분류할 수 있다.

(1) **컨벤션**(Convention)

컨벤션은 회의분야에서 가장 일반적으로 쓰이는 용어로서, 기업이나 집단의 참가자들이 새로운 정보를 교환하고 새로운 지식의 습득을 주목적으로 개최되며, 이러한 모임의 주제는 정치, 무역, 의학, 과학 혹은 기술 등으로 매우 다양하다. 개최는 정기 집회의 형태로 많이 이루어지고, 보통은 연례적으로 개최된다. 또한 기업의 시장조사 보고, 신상품 소개, 세부전략 수립 등 정보전달을 주목적으로 하는 정기집회에 많이 사용되며, 전시회를 수반하는 경우가 많다.

(2) **콘퍼런스**(Conference)

컨벤션과 유사한 의미로 사용되지만 보통 컨벤션에 비해 회의 진행상 토론회가 많이 열리고 회의참가자들에게 토론 참여기회도 많이 주어지는 회의에 사용되는 용어이다. 컨벤션이 주로 정기적으로 모이는 산업이나 무역 분야에서 자주 사용되는 반면, 콘퍼런스는 주로 과학, 기술, 학문 분야의 새로운 지식습득 및 특정 문제점 연구를 위한 회의에 사용된다. 미국에서 콘퍼런스는 주로 회의를 다루는 국제적 집회라는 의미로 사용되며, 프랑스계 국가에서는 외교적 성격의 국제회의를 의미하기도 한다.

(3) **콩그레스**(Congress)

콩그레스는 유럽 등의 국가에서 국제적 행사를 지칭하는 것으로 가장 일반적으로 사용되는 용어이다. 컨벤션이나 콘퍼런스와 매우 유사한 용어이며, 종종 과학 계통 또는 의학 계통에서 많이 사용된다. 한편 미국에서는 이 용어가 '회의 참석자가 다양한 의회'를 지칭하는 것으로 사용된다.

(4) **포럼**(Forum)

특정 주제에 대해서 사회자의 주관하에 2인 이상의 연사들이 서로 다른 견해를 발표하고, 청중들도 토론에 참가하는 토론식의 모임을 말한다. 사회자는 회의를 진행하면서 회의의 토론사항을 요약하고 설명하거나 회의를 주재하기 때문에 그 역할이 매우 중요하다.

(5) **심포지엄**(Symposium)

심포지엄은 포럼과 비슷한 형태이나 포럼에 비해 공식적이고 형식적이다. 심포지엄은 포럼과 같이 제시된 안건에 대해 전문가들이 청중 앞에서 벌이며, 청중들은 질의를 하지만 발표자와 청중 간의 토론이 자유롭지는 않으며 청중의 질의 기회도 적게 주어진다.

(6) **패널토의**(Panel Discussion)

2명 또는 그 이상의 발표자를 초청하여 서로 다른 분야의 전문가적 견해를 발표하는 공개토론회로서 각각 다양한 전문분야의 지식과 관점을 듣는다. 패널리스트 및 청중 상호 간의 토의는 자유롭고, 사회자가 토론을 이끌어가며, 큰 규모의 회의에서 부분적으로 활용하는 회의이다. 패널은 그 자체로도 모임이 가능하지만 종종 큰 회의 형식의 한 부분이 되기도 한다.

(7) **강연**(Lecture)

강연은 어느 한 전문가가 강단에서 청중들에게 개별적인 발표 또는 연설하는 것을 말하며, 심포지엄보다 더욱 형식적이다. 가끔 질의응답 시간이 주어지기도 한다.

(8) **세미나**(Seminar)

세미나는 주로 교육 및 연구 목적으로 개최되는 회의로서, 대면회의로 진행되는 비형식적 모임이다. 30명 이하의 참가자가 어느 1인의 주도하에 특정 분야에 대한 각자의 경험과 지식을 발표하고 토론하는 형식으로 진행된다. 물론 발표자는 세미나를 주도하면서 참가자들에게 지식을 전달하는 역할을 하기도 한다. 그러나 이 형식은 발표자와 참가자가 공유하는 지점이 크다는 점에서 분명히 비교적 소규모 그룹에 적합한 형태이다. 모임이 커지면 포럼이나 심포지엄으로 바뀐다.

(9) **워크숍**(Workshop)

워크숍은 30~35명 정도의 인원이 훈련 목적으로 구체적인 사안이나 연구과제를 다루는 소규모 그룹에만 적용하는 일반적인 회의를 뜻한다. 그러나 실제로 워크숍은 주로 교육담당자가 기술훈련과 교육을 가르칠 때 사용하는 용어이다. 참가자들은 새로운 지식이나 기술을 개발시킬 목적으로 하기 때문에 워크숍에서는 상호 간 훈련이 가장 중시된다.

(10) 클리닉(Clinic)

클리닉은 구체적인 문제점을 분석하거나 이를 해결하기 위해 소그룹별로 특별한 기술을 훈련하고 교육하는 모임이다. 클리닉 참가자들의 구체적인 문제점을 분석하고 이에 대한 해결책을 제시하며, 참가자들에게 특정한 분야를 향상시킬 수 있도록 명확한 방법을 제시하는 것이 클리닉의 특징이라 할 수 있다. 예를 들면 운동 클리닉, 심리 클리닉, 건강 클리닉, 금연 클리닉 등이 있다.

(11) 전시회(Exhibition)

전시회는 전시 참가업체에 의해 제공된 상품과 서비스의 전시모임을 말한다. 무역 · 산업 · 교육분야 또는 상품 및 서비스 판매업자들의 대규모 전시회로서 회의를 수반하는 경우도 있다. 전시회는 컨벤션이나 콘퍼런스와 연계되어 개최하기도 하지만 분리되어 독자적으로 전시만 하는 경우도 있다.

2) 개최조직별 분류

회의를 분류하는 방식은 학자마다 또는 기관마다 다를 수 있다. 그러나 회의를 개최하는 기관들은 대체로 기업회의, 협회회의, 비영리단체회의 및 정부회의로 나누어 분류하는 것이 일반적이다.

(1) 기업회의(corporation meeting)

거의 모든 기업들은 모임을 기획하고 실행할 필요성을 가지고 있다. 주주 연례회의나 기자회견, 리본 커팅행사 등과 소비자 그룹을 대상으로 한 모임, 장기 경영계획을 위한 집행간부의 피정활동(retreat), 직원들의 사기(morale) 고양을 위한 모임, 스포츠 이벤트행사 후원 등도 모두 기업회의 영역에 속하는 것들이다. 참가는 회사의 계획에 의하여 의무적이며, 비용과 각종 호텔 예약 등은 회사 측에서 주관한다.

기업은 그들의 모임을 대외적으로 광고할 필요나 욕구를 가지고 있지는 않지만 필요할 때마다 소규모, 중간규모, 대규모의 회의를 자주 연다. 최근에 최고경영진들의 기업운영 마인드에서 대화를 통한 의사소통은 가장 중요한 경영원리로 여겨지고 있다. 기업 내부에서 다양한 의견이 대화를 통해 교류될 수 있는 가장 기본적인 방법이 회의이다.

기업회의는 협회회의와는 매우 다른 양상을 띤다. 따라서 기업회의를 개최할 때 협회회의와는 다른 마케팅을 해야 하고, 운영관리를 해야 한다. 또한 기업회의는 회의 시장의 중요한 부분으로써 현재 가장 급속히 성장하는 분야이기도 하다.

기업회의의 종류는 주주총회, 이사회, 경영회의, 훈련회의, 인센티브여행, 판매훈련 및 신제품 출시, 전문 및 기술회의 등으로 구분된다. 각각의 유형별로 살펴보면 다음과 같다.

① 주주총회(Stockholders Meeting)

주주총회는 회사의 현황보고, 주요 이슈에 대한 투표 등이 포함되며 연차회의로 진행된다. 보통은 회사가 위치한 본부의 도시에서 개최되나 요즘은 주주들이 편하게 참석할 수 있는 다른 도시에서 개최되는 경우도 있다.

② 이사회(Board Meeting)

1년에 수차례에 걸쳐 개최되며, 역시 회사 본부가 소재한 곳에서 보통 개최된다. 1박 이상 체재, 만찬, 관련 행사들이 인근 호텔에서 개최된다.

③ 경영회의(Management Meeting)

경영회의를 개최하는 이유는 매우 다양하나, 회사의 의사결정권자들이 함께 모여 계획을 세우고 실적 평가를 하며 업무과정을 개선하는 일을 한다.

④ 훈련회의(Training Meeting)

회사가 변화를 꾀할 때 간부 및 직원들을 모아 직무 수행방법의 개선, 새로운 시스템 및 장비를 운영할 수 있는 기술의 개발과 습득이 필요한 경우에 시행된다. 신규 간부를 대상으로 하는 기업의 관행 및 문화에 대한 소개 시 이를 활용할 수 있다.

⑤ 인센티브여행(Incentive Travel)

기준에 근거하여 업무 수행실적이 뛰어난 사람들에게 보상해 주는 것으로, 직원, 유통업자, 고객들이 대상이다. 매우 멋지고 훌륭한 관광지에서 교육 및 친교활동 계획이 준비되며 회사의 시너지 창출을 위하여 이들을 회사의 경영진과 함께 가도록 한다.

⑥ 판매 훈련 및 신제품 출시(Sales Training & Product Launches)

유통업자, 소매업자나 직원들의 수행실적을 높이고 신제품이나 새로운 서비스를 처음 선보일 때 활용되는 행사이며, 회사의 성공에 중요한 역할을 하는 이들을 교육시키고 동기부여를 하기 위해 실시한다.

⑦ 전문 및 기술회의(Professional & Technical Meeting)

지사장이나 산하 법인장들에게 회사의 정책 및 세법 변경 등에 관한 것을 알려주는 회의이다.

(2) 협회회의(Association Meeting)

협회란 특정의 공통 목적을 갖고 모인 단체로 전문가집단, 산업집단, 교육집단, 과학집단 등이 있다. 연차회의, 콘퍼런스, 세계총회, 워크숍, 세미나 등과 같은 모임은 협회회원들을 위하여 개최되며, 전시회가 부가적으로 수반되기도 한다. 협회회의는 수백 명에서 수천 명에 이르기까지 범위가 다양하며, 보통은 큰 도시에서 개최된다. 큰 협회회의의 경우 5년, 심지어는 10년 전에 행사장소를 확보하기 위하여 행사 개최계획이 결정된다.

협회회의가 기업회의와 다른 특징은 참가자가 자발적인 것이고, 등록, 운송, 호텔 및 기타 비용은 회원들이 지출한다는 것이다. 이들 협회가 회의를 개최하는 목적은 다음과 같다.

첫째, 공통 관심사를 가진 회원들이 의견을 교환하여 새로운 정보나 추세를 파악하도록 한다.

둘째, 협회 주최 측의 입장에서 협회회의의 개최는 회의 참가비나 등록비 등을 통해서 재원을 확보하는 수단이 될 수 있다.

셋째, 협회의 홍보와 회원들 간에 친목 및 단합을 위해서 개최한다.

① 산업 및 무역 관련 협회

산업 및 무역과 관련된 회의는 대부분 사업상 회원이 된 경영자들로 구성되어 있다. 따라서 이러한 협회회의는 수익성이 좋은 회의이벤트사업으로 볼 수 있다.

미국의 시카고에서 매년 8만 명 이상이 모이는 전국레스토랑협회는 이런 그룹의 운영실무를 알 수 있는 좋은 예이다. 대규모의 부엌가구와 레스토랑 장비 공급업체들은 그들의 회의 기간에 엄청난 양의 전시회를 함께 개최하기도 한다.

사실 산업 및 무역 분야에서 협회가 구성되어 있으며, 이들 분야의 대부분은 다양한 거래 단계를 포함하여 몇 개의 전국 조직을 가진 경우가 많다. 제조업자들이 스스로의 협회를 조직하는 것이 당연한 것이 되었고, 도매상과 유통업체도 그들의 협회를 가지고 있으며, 소매업자도 마찬가지이다.

② 전문가 협회

과학 및 전문 분야에서는 상당수 협회가 오랫동안 유지되어 왔다. 또한 이들 분야의 주제는 아주 다양하다. 각 전문가 집단은 시, 군, 구 단위뿐만 아니라 전국적인 협회를 가지고 있다. 우리나라의 경우를 살펴봐도, 예를 들면 대한변호사협회, 대한의사협회, 대한약사협회, 대한공인회계사협회 등과 같은 조직이 잘 알려져 있다. 이들 협회들은 매년 학술대회 및 친목회를 개최하고, 또한 각 지부에서 지역단위별로 보수교육 및 워크숍을 개최하고 있다.

③ 재향군인회 및 군인협회

전쟁 참전군인 및 특정 부대 출신 군인, 현역군인 등을 중심으로 서로의 관심사 및 전우애를 다지기 위해서 모이는 협회이다.

그러나 이들은 종종 회의산업의 훌륭한 고객들이라는 점을 주목할 필요가 있다. 이러한 협회들은 매년 대규모 회의를 개최하는데, 주로 리조트 레크리에이션 분위기를 선호한다.

④ 교육협회

회의사업의 우수한 고객들 중 하나는 교육기관에 종사하는 사람들로 이루어진 협회들이다. 초·중·고등학교 선생님의 전국교사협회 및 대학교수들로 구성된 전국교수협회들이 그 예이다. 그들은 전국적 모임을 자주 개최하며, 각 지역마다 여러 종류의 협회를 가지고 있다. 또한 숙박과 요식업 분야에서도 이 분야 교육자들의 모임인 국제와인협회, 한국조리교육협회 등이 있다.

회의산업에서 이들 협회들이 중요하게 여겨지는 이유는 회의 개최시기 때문이다. 이들 협회들이 각종 회의모임을 개최하는 시기가 회의 개최장소의 비수기인 방학 때라는 점을 주목할 필요가 있다. 이들은 비수기를 극복할 목적으로 볼 때 우수한 고객이 되는 것이다.

▸▸ 표 5-2 **협회회의와 기업회의의 차이점**

구분	협회회의	기업회의
참가	자발적	의무적
의사결정	분권화됨. 종종 위원회가 결정	집권화됨. 상층부가 결정
회의 수	적지만 많은 참가	자주 있지만 회의당 참가는 적음
같은 장소 사용	종종 있지만, 장소 순회해서 결정	같은 장소 사용 가능성 높음
동반자 참가	일상적	거의 없음
전시회	자주, 빈번하게 개최	자주 없음
장소선정	장소의 매력성	편리함, 서비스, 안정
지리적 패턴	지리적으로 순환 개최	특정한 패턴 없음
준비시간	장기(2~3년)	단기(1년 이하)
지불방식	각 개인 지불	통합하에 회사 지불
최소 위험성	최소	높음(위약조항과 예치금 일상적임)
도착/출발	조기 도착	조기 도착 및 출발 거의 없음
가격	가격에 민감	가격에 덜 민감함
컨벤션뷰로 관여 여부	자주 이용	거의 접촉 없음
예약 절차	우편 응답카드나 숙박전담팀 활용	숙박자 객실 리스트 제공

자료: Astroff & Abbey, 1998.

⑤ 친목조직

전문가도 사업의 분야도 아니지만 자신들의 행사를 개최하는 조직이 있다. 미국에서 전국공제조합과 전국여성협회는 대부분 2~3년 전에 미리 연간 모임을 예약한다. 이들은 교육협회와 마찬가지로 종종 여름에 모임을 개최하므로 비수기의 컨벤션센터에는 최고의 시장이라 할 수 있다. 이 전국조직의 회의개최를 계획하는 것은 일반적으로 결정권을 가진 집행부이다.

(3) 비영리조직 회의(Non-profit Meeting)

많은 비영리조직들이 있는데, 회의에서는 이들도 중요한 위치를 차지한다. 비영리조직 회의로는 노동조합회의 및 기금마련을 위한 재정후원회, 각종 종교모임 등이 있다. 이러한 비영리조직의 모임은 사실상 협회모임과 매우 유사하다. 이것을 따로 분리하고 있지만 실제로는 무역협회나 전문가협회와 비슷하게 마케팅을 하면 된다.

① 노동조합회의

노동조합은 현재 세계적으로 가장 중요한 경제력을 가진 단체 중 하나가 되었다. 그중에서도 가장 큰 조합은 건설, 제조, 교통 분야이다.

노동조합은 대개 4단계로 조직되어 있다. 시 · 군 · 구 · 도나 광역시, 국가, 전세계로 구분될 수 있는데, 각 단계마다 많은 모임과 회의를 한다. 따라서 이들은 회의 마케팅을 하는 사람에게 풍부한 시장을 제공한다. 대부분의 노동조합원들은 평균적인 회의 참가자들보다 소비가 다소 적은 편인 것은 사실이다. 하지만 여전히 컨벤션센터 및 주변 시설에 상당한 규모의 비즈니스를 제공한다.

대규모 노동조합의 회의는 정치적 회의이벤트와 매우 유사하다. 매년 개최하거나 2년마다 개최하는데, 거기에는 위원회회의, 토론, 연설, 초대상사 연설 등이 포함된다. 이러한 회의이벤트를 통해 광범위한 조합의 정치적 방향이 결정되고 조합임원이 선정된다. 회원의 규모에 따라서 지역대표자들이 전국에서 회의에 참석하기도 한다.

② 종교회의

비영리조직으로 많은 모임을 개최하는 단체들 중 하나는 전국에 걸쳐 있는 종교단체들이다. 다른 비영리 그룹과 마찬가지로 이들 또한 전통적으로 대규모 소비자들이라고 할 수 없지만 회의이벤트에서 중요한 시장의 하나이다. 이들은 자신들의 대규모 종교모임과 전국회의뿐만 아니라 종종 세미나와 정부 워크숍의 후원자가 되기도 한다. 또한 행사가 주로 월요일에 시작하여 목요일에 끝나기 때문에 컨벤션센터는 주중에 행사를 치르고 주말에 다른 행사를 할 수 있다는 장점이 있다.

(4) 정부회의(Government Meeting)

많은 정부기관들이 정부청사 등의 관공서가 아닌 다른 장소에서 회의이벤트를 개최한다. 이런 모임은 주로 공무원들을 대상으로 하지만 어떤 경우는 일반시민을 대상으로 개최하기도 한다. 외교부, 산업통상자원부, 농림축산식품부 등 중앙정부기관은 국제사회의 경제적, 외교적 등 문제를 해결할 목적으로 회의이벤트를 개최한다. 또한 각 지방자치단체에서는 지역경제의 활성화 및 지역경제의 국제화, 지역의 친선 등을 도모하기 위해서 이를 개최한다.

▶▶ 그림 5-2 ASEM과 UN회의

▸▸ 표 5-3 **협회회의, 기업회의 및 정부회의의 특징**

구분	협회회의	기업회의	정부회의
알림	수개월 전 사전통지	단기간 개별 통지	내부적으로 공지
연락처	회의 일정 및 연락처 입수 가능, 조직위	내부적으로 기획하므로 확인 어려움	외부 참가자가 없다면 확인 어려움
참가	• 대표단이 참가를 결정 • 회의의 2/3는 동반자 수반	• 선택된 참가자는 의무적 참가 • 인센티브여행 이외에 동반자 수반 없음	• 선택된 인원 참가 의무적 • 일반인은 컨설팅 또는 질의에 참가할 수 있음
비용부담	참가자	고용주(회사)	비용 지원
형식	규칙적으로 개최. 특히 봄, 가을 개최	필요에 따라 개최되며, 성수기는 거의 개최되지 않음	임시회의나 정기회의
개최지	개최지 및 시설 선택이 자유로움	상업 또는 판매지역으로 한정되며 반복 개최	보통은 행정기관 인근에서 개최
결정요인	관광매력을 갖춘 회의 개최지	접근성과 특별한 필요에 의해 좌우되며 관광매력은 중요치 않음	오기 편한 곳
규모	100명 이상(수천 명)	100명 이내	• 부서회의는 소규모 • 공공회의는 대규모
회의 개최 수	회원 회의는 연 1회 개최	회의 개최 수 많음	회의 개최 수 많음
전시회 유무	전시회 수반	판촉회의 시만 개최	전시회 없음
기간	3~5일	1~2일 교육훈련과 인센티브의 경우 3~5일	1일
숙박	숙박 형태 다양	보통 1급 호텔 수준	중급호텔
개최시설	컨벤션센터, 대학 등 다양	회의시설을 갖춘 좋은 호텔	정부청사, 시청, 문화회관 또는 대학 등

자료: Lawson, 2000.

(5) 회의주제별

회의주제별 내용에 따라 회의이벤트를 구분하는 것으로, 여기에는 정치, 경제, 사회, 문화 · 예술, 기술, 과학, 의학, 산업, 교육, 관광, 친선, 스포츠, 종교, 무역 등의 주제별로 회의이벤트를 분류할 수 있다.

이러한 주제를 어떠한 목적을 갖고 회의하느냐에 따라 회의의 내용은 다음과 같이 구분될 수 있다.

① 광범위한 문제 또는 특정 문제에 대한 일반 토론을 위한 토론장으로서의 역할을 하는 회의이다. 그 예로는 국제기구의 총회 또는 이사회를 들 수 있다.

② 조약문 또는 기타 정식 국제문서 작성 · 채택을 위한 회의이다. 그 예로는 유엔해양법회를 들 수 있다.

③ 국제적 정보교환을 목적으로 하는 회의이다. 그 예로는 원자력의 평화적 이용에 관한 유엔회의를 들 수 있다.

④ 국제적 사업에 대한 자발적 분담금 서약회의이다. 그 예로는 UNDP · WEP 등 기여금 서약회의를 들 수 있다.

(6) 개최지역별

회의이벤트의 특성에 적합한 장소를 선정할 수 있으며, 단체의 성격에 따라 회의 개최지역별로 분류할 수 있는데, 여기에는 지역회의, 국내회의, 국제회의 등이 있다.

(7) 진행상 분류

① 개회식(opening session)

② 총회(general session)

③ 폐회식(closing session)

④ 위원회 1(commission)

⑤ 위원회 2(council)

⑥ 위원회 3(committee)

⑦ 집행위원회(executive committee)

⑧ 실무단(working group)

⑨ 소위원회(buzz group)

3. 회의이벤트의 구성요소

Montgomery & Strick(1995)은 회의산업의 주요 구성요소를 주최자(organizer)나 이를 대행하는 회의기획가(meeting planner), 개최시설(host facility), 서비스 제공자(service supplier), 전시자(exhibitor)로 구분하고 있다. 안경모(2001)는 여기에 컨벤션뷰로(CVB) 또는 기타 지원기관을 추가하고 있다. 이를 토대로 회의이벤트 산업의 구성요소를 정리하면 개최 및 운영주체, 개최장소 및 시설, 서비스 공급업체, CVB, 전시회 등으로 구분할 수 있다.

1) 주최자(Host)

회의이벤트 자체를 생성하는 가장 중심적인 주체가 되는 것으로, 회의 기획자 혹은 업체가 없다면 회의 개최 및 진행은 사실상 불가능하다. Meeting Planner, Meeting Manager, Convention Manager, PCO(Professional Convention Organizer)와 PEO(Professional Exhibition Organizer) 등으로 다양하게 불리는 회의 기획자들의 역할은 회의기획에서부터 진행, 모든 회의 장비 준비, 사후 평가 등 회의의 모든 과정을 통제하는 역할을 한다.

또한 회의이벤트를 기획하는 주체로는 이벤트기획사를 비롯하여 관련 기구 및 민간사업자 등으로 다양하게 나타난다. 이들은 회의 유치를 위한 활동을 벌이는 동시에 수많은 참가자들을 유치하기 위한 다양한 이벤트를 개최한다. 이들은 회의이벤트를 통해 지역의 홍보뿐만 아니라 경제적 파급효과 및 비수기 관광수지 개선을 위한 노력도 기울이고 있다. 이들 기구 및 단체로는 국제기구나 조직, 특정 분야 전문가들이 공통의 목적을 갖고 상호 관심사에 대하여 협의하고 활동하는 집단인 협회나 학회, 정부기관 이익단체(SMERF : Social, Military, Educational, Religious, and Fraternal sectors), 컨벤션시설업체, 컨벤션기획업체인 PCO과 PEO 등이 있다.

2) 개최시설(Host Facilities)

(1) 전통적 회의시설

회의이벤트가 개최되는 곳은 회의장을 갖춘 호텔, 컨벤션센터, 교실 형태의 학습을 촉진하기 위하여 지어진 콘퍼런스센터, 시골지역에 위치한 피정(retreat) 시설, 크루즈선, 원형 극장(amphitheater), 원형 공연장(arena), 경기장(stadium), 극장(theater), 대학교의 박물관(art museum)이나 학생센터(student center) 등이 일상적으로 개최되는 회의시설들이다. 여기에서 컨벤션센터와 콘퍼런스센터의 차이점은 콘퍼런스센터는 20~50명 규모의 작은 인원들이 모이는 원스톱 서비스방식의 회의 전문시설이며 숙박을 제공한다는 점이 컨벤션센터와의 가장 큰 차이점이다. 한국에는 콘퍼런스센터에 해당하는 시설이 아직까지는 없으며, 미국에 약 170여 개, 유럽 등 미국 외 지역에 약 50여 개가 있는 것으로 파악되고 있다.

한편 많은 회의이벤트가 호텔에서 개최되는 경우가 적지 않은 실정이다. 이는 쾌적하고 안전하며 현대적인 숙박시설이 없다면 그 도시는 회의 개최가 불가능하며, 호텔은 숙박 이외에도 식음료, 오락 등을 포괄적으로 회의 참가자들에게 제공해 주기 때문이다. 또한 호텔은 회의시설을 갖추고 컨벤션센터와 경쟁하는 경우도 종종 있다.

▸▸ 그림 5-3 코엑스와 킨텍스

▶▶ 표 5-4 국내 컨벤션센터 현황(2022년 기준)

전시장	건립연도 (확장연도)	전시시설	회의시설규모	
		규모	총면적	회의실 수
코엑스(COEX)	1988	36,007m^2	12,211m^2	94실
엑스코(EXCO)	2001(2022)	36,553m^2	5,306m^2	23실
벡스코(BEXCO)	2001(2011)	46,380m^2	8,554m^2	52실
aT센터(aT center)	2002	8,047m^2	1,699m^2	11실
제주국제컨벤션센터(ICC JEJU)	2003	2,345m^2	10,000m^2	30실
킨텍스(KINTEX)	2005(2011)	108,011m^2	10,320m^2	58실
김대중컨벤션센터(KDJ)	2005(2013)	12,072m^2	4,111m^2	29실
창원컨벤션센터(CECO)	2005	9,376m^2	3,744m^2	16실
송도컨벤시아(Songdo ConvensiA)	2008	17,021m^2	8,376m^2	41실
대전컨벤션센터(DCC)	2008(2022)	12,670m^2	4,862m^2	20실
구미코(GUMICO)	2010	3,402m^2	953m^2	7실
군산새만금컨벤션센터(GSCO)	2014	3,697m^2	2,767m^2	12실
경주화백컨벤션센터(HICO)	2014	2,274m^2	5,140m^2	17실
수원컨벤션센터(SCC)	2019	7,877m^2	7,253m^2	32실
수원메쎄(SUWON MESSE)	2020	9,080m^2	178m^2	1실
울산전시컨벤션센터(UECO)	2021	7,776m^2	2,368m^2	15실

자료: 한국전시산업진흥회, 2023.

(2) 비전통적 회의시설

새롭고 기발한 아이디어를 갖고 비행기 짐칸(apron), 비행기 격납고(hangar), 인천의 실미도, 무의도와 같은 외떨어진 섬, 홍도와 같은 자연 보전지역, 인천 송도 센트럴파크와 같은 시티 파크, 대관령 목장 같은 야외 목초지, 잠실 실내체조경기장 같은 운동경기장 같은 곳도 비일상적으로 회의를 위해 사용되는 장소이다.

특히 주차장에 설치하는 커다란 텐트(tent)는 일상적으로 사용되는 시설 중 가장 빈번하게 사용되는 회의시설이다. 이러한 비일상적인 장소는 장비지원을 받을 수 없으므로 행사 때 모든 것을 갖고 와야 하며, 해당 시설에서의 인력지원도 기대하기 어려우므로 행사요원을 모두 데려와야 한다. 또한 이동식 화장실, 주차 및 휴지통 같은 것도 별도로 준비해야 할 사항들이다.

야외에서 행사할 경우 날씨에 잘 대응해야 하며, 비가 오든 눈이 오든 대안적인 행사장을 준비해야 한다. 또 한 가지는 공원이나 사유지에서 행사가 개최될 경우 개인이나 지방정부의 허락을 받아야 한다는 것이다. 이러한 절차를 무시할 경우 행사 자체를 개최하지 못하는 경우도 생길 수 있다. 소방서는 물론 경찰에게도 통보되어야 한다.

3) 서비스 공급업체(Service Supplier)

컨벤션산업의 범주는 매우 다양하고 광범위하기 때문에 서비스 공급업체들도 매우 다양하다. 서비스 공급업체는 서비스 협력업체(service contract)로도 불리며, 회의, 전시회, 박람회 그리고 컨벤션산업을 지원하는 개체나 조직을 말한다. 서비스 공급업체들은 넓은 범위의 관련자들을 포함시킬 수 있는데, 예를 들면 운송업체(ground transportation company), 현지관리업체(DMC : Destination Management Company), 엔터테인먼트업체(entertainment company), 장식업체(decor company), 여행사(travel agency), 시청각기자재 조달업체(A/V rental company), 통역·번역업, 인쇄업, 장식 및 간판업 등이 있다.

4) 컨벤션뷰로(CVB)

컨벤션뷰로(CVB; Convention and Visitors Bureau)는 비영리 산하조직으로서 특정 도시나 특정 지역을 대표하여 그 지역을 방문하는 순수 관광객(pleasure traveler) 또는 상용 관광객(business traveler)에게 서비스나 필요로 하는 것을 제공하는 기관이다. 컨벤션뷰로는 해당 도시를 관광 목적지와 컨벤션 주최지로 판매하는 것을 그 주요 임무로, 회의 개최자와 회의 개최에 필요한 시설과 서비스를 제공하는 공급자의 중간에서 두 산업을 연결시켜 주는 역할을 수행한다. 따라서 여기에는 한국관광공사(KTO), 서울관광재단(STO), 경기관광공사(KTO), 제주관광공사(JTO), 인천관광공사(ITO) 등이 한 예가 될 수 있다.

반면 컨벤션뷰로(convention bureau)는 회의 개최지를 홍보하고 회의, 컨벤션, 기타 다른 이벤트에 인력지원, 숙박관리, 기타 다른 서비스를 제공하는 서비스기관으로 정의하고 있다. 여기에는 서울컨벤션뷰로(SCB), 부산관광컨벤션뷰로(BCVB), 대구컨벤션뷰로(DCB), 대전컨벤션뷰로(DCVB), 광주관광컨벤션뷰로(GCVB), 제주컨벤션뷰로(Jeju CVB) 등이 이에 속한다.

그러나 한국에서는 관광정보 제공, 각종 관광 마케팅활동 및 지역 관광 관련 업체를 지원하는 기능을 수행하는 관광공사(tourist office 또는 tourism organization)에 해당하는 컨벤션 및 관광 뷰로(convention and visitors bureau)와 순수하게 회의나 기타 이벤트 지원업무를 수행하는 CB(Convention Bureau)와 혼동하여 사용하고 있으며, 이에 따른 혼란이 있는 것이 현실이다.

최근에는 Tourist Board, Tourism Organization, Convention Bureau, Convention and Visitors Bureau 등 모든 기관들을 총칭하여 DMO라고 부른다. DMO란 Destination Marketing Organization의 약어로, 역시 비영리 기구이며, 숙박세, 정부지원기금, 회원회비 또는 이 세 가지를 통합해서 재원을 확보하여 운영되는 기구이다. 1차적 업무는 역시 해당 도시에서의 회의, 컨벤션, 전시회 개최이고, 2차적 업무는 회의 준비를 지원하는 기능, 3차적 업무는 회의 참가자나 관광객으로 하여금 그 도시나 지역의 역사, 문화, 위락 시설을 방문하고 즐길 수 있도록 도와주는 기능이다.

역사상 최초로 컨벤션뷰로가 설립된 곳은 1896년 미국의 디트로이트(Detroit)이다. 당시 디트로이트는 미국의 3대 자동차 제조회사인 Ford, Chrysler, GM 본부가 모두 이곳에 소재하여 있고, 잘 발달된 교통체계와 함께 지식과 정보를 교환하고 상품판매와 구매를 가능하게 하는 장소였다. 각종 산업의 발달과 함께 관련 업종 단체와 전문가협회가 생겨나게 되었고 이들 협회들이 컨벤션을 개최하게 되었는데, 이러한 컨벤션을 유치하기 위해서는 전문적인 세일즈맨을 이용하는 것이 유리하다는 것을 깨닫고 컨벤션뷰로 설립을 촉진하게 되었다. 컨벤션뷰로의 설립 이전에도 산업화에 따라 업무출장이 잦은 세일즈맨들을 유치하기 위한 목적으로 일부 도시와 호텔에서는 도시 내 관련 산업계와 공동으로 마케팅을 진행하였으나 컨벤션시장의 잠재력에 주목하면서 컨벤션뷰로의 설립을 통해 단편적이고 개별적인 마케팅을 보다 전문화하고 대형화하게 되었던 것이다. 초기의 컨벤션뷰로는 관광시장의 특성상 의사결정 주체의 추적이 어렵다는 이유로 개별관광객을 주력시장으로부터 제외하였으나 1974년 개별관광객의 지역경제 기여도에 주목하면서 관광객을 마케팅 대상에 추가하여 현재는 비즈니스를 목적으로 하는 컨벤션 참가자와 관광객을 대상으로 하는 개최도시 마케팅(destination marketing)을 담당하는 컨벤션 및 관광 뷰로(CVB)로 확대 · 발전하게 되었다.

5) 전시회(Exhibition)

회의이벤트는 회의와 함께 전문 전시회, 사교행사 및 다양한 프로그램을 수반하여 개최되는 경우가 많으며, 회의이벤트의 매출을 높이고 경제적 효과를 극대화하기 위해서는 다양한 프로그램을 상품화하는 노력이 필요하다. 그중 특정 업계를 위한 전문전시회(trade show)는 경제적 효과를 얻을 수 있는 산업적 가치를 지닌다.

전시회는 일정 기간 전시를 할 수 있는 시설이 갖추어진 공간에서 제품과 서비스를 매개로 상호 교환 혹은 판매할 목적으로 구매자와 판매자가 접촉을 통하여 필요한 정보를 획득하거나 특정 제품에 대한 판매와 계약이 이루어지는 일시적인 시장을 의미한다. 즉 일정 기간 특정 장소에서 참가업체의 제품과 기술, 서비스와 정보에 관한 판매, 판매촉진, 홍보를 위해 참관객과 상호 작용할 수 있는 효율적인 마케팅 커뮤니케이션 수단이라 할 수 있다. 이러한 전시회를 설명하기 위해 Fair, Show, Exhibition, Exposition 등 다양한 용어들이 사용되는데, 이러한 명칭은 일반적으로 북미에서 사용되는 용어로서 특정한 세분시장에서 최종 구매자에게 제품을 디스플레이하고 판매하기 위한 목적으로 특별히 창출된 행사(event)를 말한다. 자세한 내용은 "제6장 전시회 이벤트"에서 살펴보기로 한다.

제2절 회의이벤트의 발전배경

1. 회의이벤트의 발전배경

현대에 들어 회의이벤트가 발전하게 된 배경은 농경사회에서 산업사회 · 정보화사회, 즉 국제화 시대에 접어들면서 상호 간의 이해관계와 협력관계를 중요시하는 사회구조로 변하게 되면서이다.

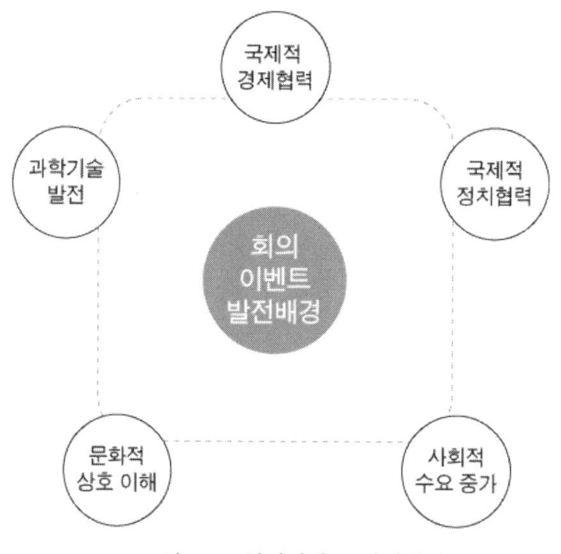

▸▸ 그림 5-4 **회의이벤트 발전배경**

1) 국제적 경제협력체제 발전

오늘날 기업은 국가의 소속이 아닌 다국적 형태를 갖추고 있다. 이는 기업에서 생산하는 재화가 한 지역 및 국가의 수요에 맞추기보다는 전 세계에 초점을 둔 경우가 많기 때문이다. 따라서 이러한 국가적 기업의 형태 또한 매우 많이 나타나고 있다. 한 기업 전문지에 의하면, 한 기업의 매출액이 한 국가의 매출액보다 많은 기업이 전 세계에 100여 개에 달한다고 발표하였다. 또한 기업과 기업뿐만 아니라 기업과 국가, 국가와 국가 간에도 상호 경제적 이해관계가 매우 복잡하게 얽혀 있어서 이들의 이해 해결을 위해 오늘날 회의이벤트가 많이 필요하게 되었다.

2) 국제적 정치협력체제 발전

국가 간의 이익을 위해 현재의 세계는 많은 갈등을 초래하고 있으며, 심할 경우 국가 간의 전쟁까지 치달을 정도로 자국의 이익을 위해 상호 극심한 전면전 양상을 띠고 있다. 따라서 국제협력기구들을 비롯한 여러 국내외 국제 관련 기구들은 새로운 정치공동체에 대한 모색과 함께 각국의 대표들이 국가 간의 분쟁을 조정하고 국제관계에 대해 의사표명을 할 수 있도록 많은 기회를 제공하고 있다. 이러한 노력과 정치체제의 변화가 회의이벤트를 발전시키는 데 많은 기여를 하고 있다.

3) 사회적 수요 증가

현대사회는 개인의 행복이 무엇보다 강조되고 있다. 따라서 이들의 행복에 대한 추구와 노력에 의하여 국제 간 정보교류와 개인의 활동영역 등이 확대됨에 따라 회의산업이 전보다 발전되고 있다. 현대인은 자신의 행복을 위해 자신의 의견을 거침없이 제시할 뿐 아니라 다른 사람들의 의견 또한 수렴하여 사회의 다양한 공동체의식을 형성해 가고 있다.

4) 문화적 상호 이해

현대사회는 교육수준 향상, 인구의 증가, 사회 분화, 도시화 등 사회의 다양성과 더불어 문화의 다양성 현상도 나타나고 있다. 이러한 스포츠, 종교, 문화행사가 전 세계적으로 공동의 관심사가 되면서 국제회의 산업 또한 이와 더불어 중요한 이슈로 떠오르게 된다. 타 지역의 문화를 이해하려는 상호 노력과 더불어 회의이벤트는 국제사회 평화의 중요 수단으로 자리 잡게 되었다.

5) 과학기술의 발전

오늘날 과학기술의 발전은 많은 생활을 변화시켰다. 정치체제뿐만 아니라 사회·문화적 시스템까지 바꿀 정도로 국가 경쟁력의 원천이 되어버렸다. 회의이벤트를 위해서는 기술적 뒷받침이 필요하다. 즉 통신의 발달로 인해 화상 국제회의가 가능하게 되었으며, 일반적 국제회의 또한 각종 부대시설, 편의시설, 숙박시설, 교통시설 등의 기반을 위해 많은 기술적 노력이 필요하다. 첨단 멀티미디어 장비와 통신시설 및 건축기술이나 전자통신기기 등의 시설, 또는 장비의 급속한 발전은 국제회의나 각종 전시회, 박람회 등의 효과가 극대화되어 행사가 성공적으로 연출될 수 있는 배경이 되었다. 이러한 기술적 바탕이 오늘날 회의이벤트산업이 발전하는 데 기여한 첫 번째 요인이 되었다.

2. 회의이벤트의 효과

1) 국가적 측면에서의 개최효과

회의이벤트산업이 국민경제 발전에 기여도가 높은 고부가가치산업으로 각광받게 되면서 국제회의 시장의 규모는 매년 확장되고 있다. 오늘날 각국 정부의 국제회의 전담기구에서는 국제회의 산업의 중요성을 깊이 인식하고 각종 국제회의뿐만 아니라 전시회, 박람회, 학술세미나, 제반 문화예술행사, 스포츠행사, 외국기업들의 인센티브관광 등의 유치에도 총력을 기울이고 있다.

한국관광공사(2018) 자료에 의하면, 회의이벤트의 파급효과로 생산유발효과 약 12조 7,690억 원, 수입유발효과는 약 1조 951억 원, 부가가치유발효과 약 5조 4,943억 원, 간접세유발효과 약 672억 원, 취업유발효과 111,771명, 고용유발효과 70,732명 등으로 나타났다.

특히 관광분야에서는 대량의 외래관광객을 유치할 수 있고, 비수기 타개책의 일환이 되는 등 긍정적 효과가 강조된다. 그러나 부정적 효과도 간과할 수 없는 것이 현실이다. 따라서 부정적 효과를 줄이고 긍정적 효과를 극대화할 수 있는 방안이 모색되어야 할 것이다. 국제회의를 개최함으로써 국가적 측면에서 긍정적, 부정적 개최효과를 살펴보면 다음과 같다.

▸▸ 표 5-5 국가적 측면에서의 개최효과

구분	긍정적 효과	부정적 효과
정치	• 개최국의 이미지 부각 • 평화통일 및 외교정책 구현 • 민간외교 수립	• 개최국의 정치 이용화 • 정치목적에 의한 경제적 부담 및 희생
경제	• 국제수지 개선 • 고용증대 • 국민경제 발전	• 물가상승 • 부동산 투기 • 비전문가의 파견으로 참가비용 낭비 및 소득 없는 회의 참가
사회 문화	• 관련 분야의 국제경쟁력 배양 • 개최 국민의 자부심 및 의식수준 향상 • 사회기반시설의 발전 • 새로운 시설의 발전 • 정보교환과 학술교류로 인류발전에 기여	• 각종 범죄(매춘, 도박, 마약 등)로 인한 사회적 병폐 • 행사에 따른 국민생활의 불편 • 전통적 가치관 상실 • 사치풍조와 소비성 조장 • 치안유지 강화로 경찰 업무의 부담
관광	• 관광진흥 • 관광 관련 산업의 발전 • 대규모 관광객 유치 • 국제회의 전문가의 양성	• 인구 밀접현상 • 관광지 집중화 현상에 따른 교통, 소음, 오염 등의 공해문제 • 호텔 객실의 블록 예약으로 일반관광객의 이용불편(관광 성수기)

자료: 최승이 · 한광종, 1995.

2) 호텔 측면에서의 개최효과

호텔업에서는 국제회의 유치를 통해 회의장 임대료, 연회, 문화공간 상품의 측면뿐만 아니라 호텔의 이미지 향상을 위한 홍보기능 면에서도 도움이 된다는 사실을 인지하고 있기 때문에 국제회의 시장개척을 위해 국제회의 전문업체, 대규모 회의시설 확보와 더불어 보다 적극적인 마케팅 활동을 벌이고 있다. 호텔 측면에서 국제회의를 유치함으로써 긍정적, 부정적 개최효과를 살펴보면 다음과 같다.

▶▶ **표 5-6 호텔 측면에서의 개최효과**

긍정적 효과	부정적 효과
• 객실과 식음료의 대량 판매 • No-show되는 경우가 없다 • 잠재적인 리피트(repeat) 고객 유치 가능 • 인력관리가 수월 • 호텔 이미지 부각 • 고용 창출 • 비수기 활용에 가장 적절한 대응상품	• 성수기에 국제회의 유치 시 객실판매 수익 감소 • 연회 부서와 객실담당부서 간의 이해 상충 마찰을 야기 • 예상 고정고객의 확보 측면에서 손실 • 대규모 국제회의의 경우 부대시설에 대한 적정 이윤을 얻기 힘듦

자료: 이경모, 2003.

CHAPTER

6

전시회 이벤트

CHAPTER

6 전시회 이벤트

제1절 전시회 이벤트의 정의

1. 전시회 이벤트의 정의

최근 전시산업이 고부가가치 서비스산업이라는 인식이 확산되면서 국내는 물론 해외 각국이 자국의 전시산업 육성을 위한 투자를 증대시키고 있다. 또한 전시회는 기업 마케팅 측면에서 다른 마케팅 수단과 차별화되는 독특한 특징을 가지고 있어 많은 기업들이 전시회에 대한 참가와 투자를 늘려가고 있다. 전시회는 해당 산업의 대규모 마케팅 이벤트로서 특정 산업의 공급업자, 유통업자, 관련 서비스업자들이 그들의 제품 및 서비스를 물리적인 전시품을 통해 디스플레이하기 위해 한 장소에 모이는 이벤트라고 할 수 있다.

먼저 법률에서 정의하고 있는 전시산업은 「전시산업발전법」 제2조에 "전시산업이란 전시시설을 건립 · 운영하거나 전시회 및 전시회 부대행사를 기획 · 개최 · 운영하고 이와 관련된 물품 및 장치를 제작 · 설치하거나 전시공간의 설계 · 디자인 및 이와 관련된 공사를 수행하거나 전시회와 관련된 용역 등을 제공하는 산업"이라 정의하고 있으며, "전시회란 무역상담과 상품 및 서비스의 판매 · 홍보를 위하여 개최하는 상설 또는 비상설의 견본상품박람회, 무역상담회, 박람회 등으로서 대통령령으로 정하는 종류와 규모에 해당하는 것"이라 정의하고 있다.

전시회는 사람들에게 유 · 무형의 상품을 보여주는 것으로, 일반적으로 전시회라고 하면 미술 관련 전시회와 산업적 관점에서의 전시회로 구분한다. 구매자와 판매자 간의 직접적인 상호작용이 이루어지는 환경인 전시회(exhibition)는 라틴어인 Exhibitionem에서 유래된 중세 영어로, 유사 용어로는 페어(fair), 쇼(show), 박람회(exposition), 메세(messe), 바자(bazar), 견본시(見本市) 등 다양한 용어들이 사용되고 있다.

산업전시회 또는 무역전시회로 불리는 전시회(exhibition)는 19세기 산업사회가 싹트게 되면서 생겨난 신생산업으로 영국을 비롯한 유럽에서 생산품을 전시, 판매하는 산업전시회의 형태에서 시작되었다. 그 후 전시회는 전시의 목적에 따라 무역의 장이 되기도 하고, 기술 비교의 장 혹은 정보교류의 장이 되어 그 목적에 따라 세분화되는 한편 급속하게 성장하였다.

북미의 경우 전시회라는 용어는 Fair, Exhibition, Exposition 등 각 용어별로 서로 조금씩 다른 의미를 지니면서 사용되었다. 국제전시이벤트협회(IAEE : International Association of Exhibition and Events)는 전시회란 구매자(buyer)와 판매자(seller)가 진열된 상품 및 서비스를 서로 간의 상호작용을 통해 현재 혹은 미래의 시점에 구매할 수 있도록 개인이나 기업이 조성해 주는 일시적이고 시간에 민감한(time sensitive) 시장(marketplace)이라 정의하고 있다.

미국컨벤션협력기구(The Convention Liaison Council)에서는 전시회를 특정 산업체의 상품이나 서비스를 전시하는 곳으로 규정하고 있으며, 대한무역투자진흥공사(KOTRA)의 해외전시회 참가요령(1997)에 따르면, 전시회는 "유형 또는 무형의 상품을 매개로 하여 제한된 장소에서 일정한 기간 동안 구매자를 대표하는 참관객과 생산자를 대표하는 전시자 간의 거래와 상호 이해를 주목적으로 진행되는 일체의 마케팅 활동"으로 정의하고 있다.

Freyer & Kim(2001)은 무역전시회는 "무역의 증진을 위하여 조직된 한시적인 시장으로서 구매자와 판매자가 모여 사업의 교환을 이루는 곳으로, 일반적으로 정기적으로 같은 장소, 같은 시기에 개최되며 보통 며칠에서 몇 주에 걸쳐 진행되는 이벤트"라 하였다. 또한 국제전시회에 대해 국제전시연합(UFI : Union des Foirs Internationales)의 인증조건을 살펴보면 "2회 이상의 전시회 개최실적이라는 필수조건과 해외 전시 참가기업 수가 전체의 10% 이상, 해외 참관객 수가 총참관객의 5% 이상이라는 2가지 충분조건 중 필수조건과 충분조건 중 한 가지 이상을 만족시키는 전시회"를 국제전시회라 정의하고 있다.

이러한 정의들을 살펴보면 전시회를 바라보는 관점에 따라 약간의 차이는 있으나 공통점을 찾아 정의하면 전시회란 일정 기간 특정한 장소에서 특정한 목표를 달성하기 위해 유형 또는 무형의 상품(제품, 기술, 서비스)을 매개로 참가업체(판매자)와 참관객(구매자) 상호 간에 이루어지는 통합적 커뮤니케이션 수단이라고 정의할 수 있다.

2. 전시회의 분류

전시회는 해당 산업의 특성에 따라 2개 혹은 3개 분야로 분류되는데, 미국 전시산업연구센터(CEIR)에 따르면 〈표 6-1〉과 같이 분류하고 있다. 〈표 6-1〉의 분류에 의하면, 산업전시회(trade show)는 주로 산업제품을 취급하고 참관객의 입장도 바이어 등과 같은 조직구매자로 제한된다는 점에서, B2B시장이라고 할 수 있으며, 대중전시회(public show)는 취급 제품 및 주요 마케팅 대상인 참관객이 일반 대중이라는 점에서 B2C시장이라 할 수 있을 것이다.

1) 산업전시회(Trade Show)

산업전시회 혹은 전문전시회는 대중전시회나 혼합전시회와 구별되는 특징을 가지고 있다. 참가업체는 전형적으로 관련 산업의 특정 혹은 보완적인 상품 또는 서비스 제조업자 또는 유통업자이다. 전형적인 구매자는 전시회를 주관하는 산업분야 내의 최종 사용자이다. 산업전시회 참가는 주로 초청에 의해 이루어지고 참가자격이 이러한 구매자로 제한된다. 전시회 참가자격, 비즈니스 자격 또는 사전 등록은 일반적으로 구매자를 특정 무역 또는 산업의 합법적인 회원으로 한정시킨다.

또한 입장료 혹은 등록비는 행사장 입장 이전에 지불해야 한다. 산업전시회는 시장의 종류에 따라서 3~4일 혹은 7~10일 정도 개최된다. 대부분의 전시회는 매년 개최되지만 행사 성격에 따라 반년마다 개최되거나 일부는 2년에 한 번 개최되기도 한다. 매우 드문 일이긴 하나 일부 대규모 전시회는 3~7년에 한 번 개최된다. 대부분의 산업전시회는 전시회 참가자를 위한 전문적인 교육 프로그램이나 콘퍼런스 프로그램을 제공한다. 산업전시회는 미국에서 개최되는 전시회의 약 51%를 차지한다.

▸▸ 그림 6-1 **독일 하노버메세와 미국 CES**

2) 대중전시회(Public Show)

대중전시회 혹은 소매자전시회는 일반 대중(소비자)에게 개방하는 전시회이다. 이는 소비자 지향적인 회사의 마케팅 기회가 팽창하고 있음을 나타낸다. 참가업체(exhibitor)는 그들의 상품과 서비스를 최종 수요자에게 직접 소개하는 소매점 또는 제조업자들이다. 대중전시회는 소비자 상품 마케팅에서 중요한 역할을 한다. 많은 기업들이 대중전시회를 새로운 상품을 위한 시험장이자 적극적인 홍보 노력을 확대시키기 위한 장으로 이용한다. 산업 분류에 따르면, 대중전시회는 가구, 인테리어 디자인, 운동용품과 여가활동, 조경과 정원손질용품, 교육,

컴퓨터와 컴퓨터기기 등의 분야에서 개최되며, 최근 건강분야에서도 상당수의 전시회가 개최되고 있다.

대중전시회는 입장에 제한을 두지 않는 것이 일반적이며, 등록비도 요구하지 않지만 입장료는 받는 경우가 많다. 산업전시회와 마찬가지로 대중전시회도 점차 교육 서비스를 제공하고 있다. 대중전시회는 미국에서 개최되는 전시회의 약 14%를 차지한다.

▸▸ 표 6-1 **전시회 유형별 차이**

구분	산업전시회(trade show/trade fair)	대중전시회(public show/consumer show)	혼합전시회(combined or mixed show)
산업범주	Industrial, B2B, Scientific and Engineering	다양한 산업분야의 소비재 산업 및 서비스	Trade Show와 Public Show의 혼합적 성격의 상품 및 서비스
성격	• 전문적, 세분화 • 철저한 상거래 목적	• 일반적, 대중적 • 상품의 일반대중에 대한 홍보 및 판매	• 총론적, 종합적 • 상거래와 일반대중에 대한 홍보
참가업체	제조업체, 유통업체	소매업자(retail outlets) 및 직접 end-user를 접촉하려는 제조업자	제조업체, 유통업체
참관객	구매결정자, 바이어(end-user)	일반대중(general public), 일반소비자	구매자(바이어), 일반대중
입장제한	바이어 및 초청장 소지자만 입장 가능	입장 제한 거의 없음	방문객 유형(바이어/일반대중)에 따라 참관 일자에 차등
점유율	미국에서 개최되는 전시회의 51%	미국에서 개최되는 전시회의 14%	미국에서 개최되는 전시회의 35%

자료: CEIR, 1996.

3) 혼합전시회(Mixed Show)

혼합전시회(combined or mixed show)는 산업전시회와 대중전시회를 혼합한 형태로 바이어와 일반 대중 모두에게 참관일에 차등을 두어 개방한다. 참가업체들은 전형적으로 제조업자 또는 유통업자들이며, 바이어들은 목표 산업부문 내 최종 수요자이다. 일반 참가자들은 일반 대중이거나 특정 직업의 종사자 두 부류로 나눌 수 있다. 가끔 두 참가자 유형의 시간대가 다른데, 이는 바이어에게 상품 조사할 기회를 제공하고 도매가격을 알고 있는 잠재고객들의 압력 없이 구매를 결정하게 한다. 혼합형 전시회는 전시회의 35%를 차지하고 이 수치는 향후 10년에 걸쳐 증가할 것으로 보인다.

3. 전시회의 특성

마케팅 믹스 중에서 촉진(promotion)을 그 내용별로 분류하면 인적판매(personal selling), 광고(advertising), 판매촉진(sales promotion), PR(public relation) 등으로 나뉜다. 산업전시회는 이러한 촉진수단과 구별되는 특성을 갖고 있는데, Vaughn(1980)은 전시회가 갖는 고유 특성을 다음과 같이 다섯 가지로 들고 있다.

1) 선택된 매체(The Chosen Medium)

전시회는 유망고객이 공개적이고도 자발적으로 방문하여 실질적인 정보를 탐색할 수 있는 유일한 촉진매체로서, 고객들은 전시장 내에 부스(booth)를 조성하여 참가한 다양한 기업들을 방문하고 각종 부대행사에 참여함으로써 여러 가지 지식을 습득하고 새로운 아이디어를 탐색한다. 또한 부스 내에 있는 판매원과 구체적인 상담도 할 수 있으며, 이를 통해 고객 자신이 가지고 있던 문제점에 대한 해결책도 얻을 수 있다.

다른 매체들은 전시회의 이러한 특성을 갖고 있지 않다. 광고는 그 목적인 오디언스(audience)의 관심을 집중시키기 위해서 고객의 시간을 강요하며, 우편매체 및 판매원의 방문도 고객의 일상생활을 침해한다. 그러나 전시회는 강요가 아닌 선택에 의한 것이다.

2) 3차원적 특성(The Three Dimension)

대부분의 매체에는 제품 특성에 대한 설명과 사진만으로 고객에게 어필하지만 전시회에서는 실물이 전시되고 시연(demonstration)까지 보여주기 때문에 생생하면서도 풍부한 정보를 보다 많이 참관객이 획득할 수 있다. 따라서 전시회는 기업에게 효과적이고 신속한 마케팅환경을 제공해 주게 된다. 즉 참관객들은 전시회를 통해 3차원적이고 손으로 만져볼 수 있는 실제적인 체험환경을 경험해 볼 수 있으며, 이는 전시회가 다른 매체가 갖고 있지 못한 현장감과 실제감을 참관객에게 제공함으로써 더욱 경쟁력 있는 마케팅활동을 가능하게 해준다.

3) 즉시성(Immediacy)

고객의 관심이 잡지광고 또는 우편매체(direct mail)에 의해 유발되었다면 보다 많은 정보수집을 위해 전화나 우편 등 다른 수단을 추가로 사용해야 하나, 전시회에서는 참가기업에게 즉각적인 피드백을 받을 수 있기 때문에 고객의 관심 및 욕구를 현장에서 즉시 충족시킬 수 있다. 또한 여러 경쟁기업이 동시에 참가하고 있으므로 이들을 상호 비교함으로써 구매과정을 더욱 촉진시킬 수 있다.

4) 폭넓은 기회 제공(Broadened Opportunity)

현실적으로 기업이 고객과 접촉하기가 점차 어려워지는 상황에서 전시회는 고객이 직접 기업을 찾아오는 유일하고도 독특한 매체이다. 전시회에는 구매력을 갖춘 의사결정자가 다수 방문하며, 방문객 대부분이 구매의사결정에 영향을 미칠 수 있는 고객들로 구성되어 있다. Bello(1992)가 시행했던 한 연구결과 전시회 방문객 대부분이 하나 이상의 구매결정에 참여할 수 있는 중간급 이상의 매니저였으며, 전체 전시회 방문객의 3/4 이상이 적어도 한 번 이상 구매결정에 참여한 것으로 나타났다. 따라서 기업은 전시회 참가를 통해 구매결정에 영향력을 지닌 다수의 유망고객을 접촉할 수 있는 것이다.

5) 경제성(Economy/Cost Effective)

전시회는 효과적으로 활용하기만 한다면 가장 경제적인 프로모션 수단이라고 할 수 있다. 영국광고협회(Incorporated Society of British Advertisers)가 1992년 전시회 참가기업을 대상으로 실시한 조사 결과, 응답자의 82%가 전시회를 경제적인 촉진매체라고 대답했다. 전시회는 실제로 유망고객과의 접촉비용을 감소시켜 주는데, Trade Show Bureau(1992)에 의하면, 전시회에서 창출된 세일즈 리드를 통해 유망고객을 접촉하는 데에는 0.8번 미만의 세일즈 콜이 필요했고 182달러의 비용이 소요된 반면, 그렇지 않은 경우는(non-show lead) 평균 3.7번의 세일즈 콜을 했고 292달러가 소요되었다.

제2절 전시회의 구성요소

전시회의 구성요소는 협의적으로는 전시주최자와 전시 참가업체 그리고 전시 참관객으로 구성된다. 이 세 가지의 구성요소 외에도 전시 개최시설 또는 개최장소, 그리고 전시 협력업체 또는 서비스 공급업체 등을 들 수 있다. 이들 중 한 가지라도 빠지면 전시회는 개최될 수 없으며, 설사 개최된다 해도 전시회 본연의 목적과 특성을 갖추지 못하게 된다.

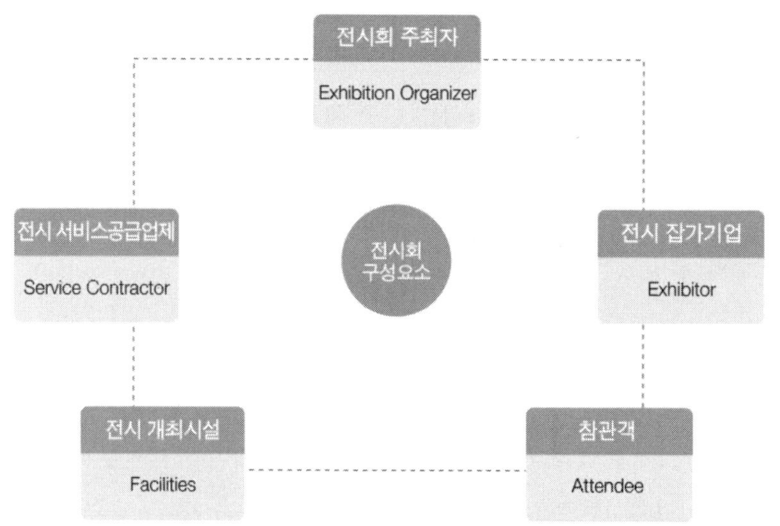

▸▸ 그림 6-2 **전시회 구성요소**

전시회 구성요소들은 자신의 입장에서 자신의 이익을 위하여 활동하게 되는데, 이러한 활동들은 상호 의존적이면서도 상호 협력적인 활동으로서 전체적으로는 관련 해당 산업의 발전이라는 긍정적인 성과와 더불어 전시산업이라는 새로운 산업분야의 발전을 촉진시킨다.

1. 전시회 주최자(Exhibition Organizer)

전시회 주최자는 개별 전시회를 기획하고 운영하는 조직과 구성원들이다. 전시회 개발자이며 전시회의 성패에 따르는 위험요소를 부담하는 주체로서 전시회 기획 및 홍보, 참가기업 및 참관객 유치, 전시회 운영, 사후관리 등 전시회의 시작에서 마무리까지 책임지고 관리한다.

전시회 주최자는 전시 주최기관, 전시 주관기관으로 나누어지고 여기에는 후원기관과 협찬기관이 포함된다. 전시회 주최자는 크게 정부, 혹은 정부 산하단체, 협회 또는 조합, 언론기관 및 개인이나 기업, 전시 전문업체(PEO : Professional Exhibition Organizer) 등 4가지로 분류할 수 있는데, 이들 전시회 주최자는 각기 매우 다른 특성이 있다. 정부나 협회의 경우에는 공공적 성격을 많이 가지고 있으며, 전시회 개최 자체를 통한 수익 창출보다는 전시회를 활용하여 국가의 산업진흥, 혹은 국가 이미지 제고 등에 더 큰 비중을 두고 있다. 반면에 개인이나 기업, 전시 전문업체는 전시회의 개최를 통한 기업 이미지 홍보 및 수익의 창출에 그 중점을 두고 있다.

전시회 주최자의 입장에서 볼 때 전시 참가기업과 참관객은 전시회 주최자의 고객이라 할 수 있다. 따라서 참가기업과 참관객 모두에게 마케팅활동을 해야 하며 이들이 참가하고 싶은 전시회가 되기 위해서는 철저한 전시기획과 사전 홍보활동뿐만 아니라 전시회 기간에는 치밀한 운영관리가 필요하다. 또한 전시회는 일회성으로 끝나는 것이 아니라 지속적 · 주기적으로 일정한 패턴에 의하여 개최된다는 것을 감안해야 한다. 따라서 전시회 주최자는 전시 서비스의 만족도 제고를 위해 전시회의 문제점과 불편한 점을 개선하고 참가기업과 참관객들의 재참가를 유도하기 위하여 해당 전시회 관련 정보를 꾸준히 제공하는 한편, 산업의 트렌드를 파악하여 이를 다음 전시회에 반영시키도록 한다.

우리나라에 전시 전문업체가 나타나기 시작한 것은 한국종합전시장(COEX)이 전문전시장으로 개관된 1979년부터라고 볼 수 있다. 이 시기부터 정부 주도의 전시회는 급격하게 줄어들고, 반대로 전시 전문업체에 의한 전시회 개최 건수는 비약적으로 늘어났다. 이와 같은 추세로 연간 600여 회의 전시회를 개최하는 수준까지 도달하여 개최 건수나 참관객 규모 등 양적인 면에서 크게 발전, 성장하였다. 그러나 질적인 면을 살펴보면, 우리나라의 전시 전문업체 대부분이 아직까지는 영세한 형편이고 전시회에 필요한 전문인력도 부족한 가운데, 소규모 유사 전시회들만 경쟁적으로 개최되고 있을 뿐 국제적 지명도가 있는 전시회의 개최는 거의 없는 실정이다.

2. 전시회 참가기업(Exhibitor)

전시회 참가기업은 흔히 전시 참가업체나 출품업체로도 불리는데, 하나 혹은 여러 개의 부스를 가지고 행사에 참여하는 모든 기업, 기관, 협회를 총칭하는 말로, 독일전시협회(AUMA)의 정의에 의하면 전시회 참가기업은 "부스를 대여받아 공간적 통일성을 가지며 여기서 일하는 사람들을 통해 행사의 전 기간 동안 자사 혹은 타사 상호의 상품이나 서비스를 공급하는 자"라고 되어 있다. 특히 전시회에 있어서 전시회 참가기업의 규모와 수준은 참관객이 전시회 방문을 결정하는 데 영향을 미치고, 전시회 개최의 성공 여부를 결정하는 지표 중의 하나이므로 전시회를 구성하는 중요한 요소이다.

유형의 상품을 출품하는 물리적 상품 전시 참가기업과 무형의 상품을 출품하는 서비스상품 전시회 참가기업이 이에 해당된다. 상업적 전시회가 아닌 경우에는 정부 기관이나 공공단체 또는 사회 봉사단체들과 같은 비상업적 서비스기관들이 참가하는 상업적 전시회 참가기업들이 포함된다.

전시회 참가기업은 전시주최자가 제공하는 전시회장에 일정한 비용을 지불하고 일정한 공간(부스)을 임대받아 참가기업의 전시목표 달성을 위해 자신의 제품과 서비스를 전시한다. 또한 전시회 참가기업들은 참관객들에게 기업과 자사

제품에 대한 활발한 마케팅 활동을 수행하여 매출 증대와 인지도 증가를 꾀하게 된다. 따라서 전시회 참가기업은 전시주최자와는 별도로 자체적으로 자신의 목적에 맞는 참관객들을 모으는 활동도 하게 된다.

전시회에 참가하는 기업은 다양한 목적을 염두에 두고 참가하고 있다. 참가기업의 판매촉진, 이미지 제고, 신상품 소개, 고객과의 대면접촉, 시장정보 수집 등 다양한 동기를 갖고 있다. 결국 전시회 참가기업들의 전시회 참여 근본 이유는 그들 상품의 물리적, 비물리적 특성을 전시회를 통해 알림과 동시에, 가능한 모든 커뮤니케이션 도구를 활용할 수 있다는 가능성 때문이라고 할 수 있다. 참가기업들은 또한 적절한 계획과 전시활동을 통하여 개발된 메시지를 기존 고객은 물론 잠재고객들에게 전달할 수 있음으로 인해 상품은 물론 기업의 이미지를 짧은 시간에 제고시키는 큰 효과를 달성할 수도 있다. 따라서 기업은 해당 기업의 목적에 부합되는 적절한 전시회를 선정하여 참가를 결정하게 되므로 각종 전시회에 대한 면밀한 조사는 필수적으로 이루어지게 되며, 이를 바탕으로 특정 전시회에 대한 참가 여부를 결정짓게 된다. 또한 참가가 결정되면 해당 전시회 참가 목표와 전략을 수립하고 목표 달성을 위하여 노력하게 된다.

전시주최자의 입장에서 보면, 산업 내에서 선도적 위치에 있는 기업의 전시회 참가와 기타 대규모 참가는 전시회의 위상과 수준을 높여주게 된다. 이는 보다 많은 참관객들을 끌어들이는 충분한 유인이 되므로 전시주최자들은 해당 산업에서 경쟁력 있는 기업들을 포함하여 해당 전시회 분야의 참가기업 유치를 위해 최선의 노력을 기울이게 된다.

3. 전시회 참관객(Attendee)

전시회 참관객은 방문객(visitor) 또는 구매자(buyer) 등으로도 불리며, 국내 및 해외 바이어들과 일반인들 그리고 해당 전시회와 관련 있는 산업의 관련자들로 구성된다. 이들은 전시주최자와 전시 참가기업이 만들어놓은 전시장에서 참가기업들이 진열해 놓은 다양한 제품을 관람하여 자신의 목적과 욕구를 충족시켜줄 수 있는 제품에 대한 상담과 구매활동을 펼치게 된다.

참관객의 입장에서 보면 전시회를 구매 상담이나 문의, 시장조사, 정보획득 및 교류, 시장변화 추세 파악 등의 공간으로 본다. 이처럼 전시회는 다양한 기업이 생산하는 다양한 상품들에 대한 정보를 한자리에서 수집할 수 있을 뿐만 아니라 비교 및 시연 등을 통해 그 용도와 기능에 대해 확인해 볼 수 있는 공간이 된다.

참관객의 규모와 성격에 따라 전시회의 성공 여부가 결정되고 참가기업의 차기 전시회 참가 여부에 영향을 미치기 때문에 전시회에서 가장 중요한 요소가 된다. 따라서 전시주최자와 참가기업들은 양질의 참관객을 더욱 많이 유인하기 위한 사전 홍보활동에 많은 비중을 두고 있다.

전시회의 참관객은 그 성격에 따라 구매자(buyer) 중심일 경우 산업전시회 또는 무역전시회(trade show)로, 일반 대중이 중심일 경우에는 대중전시회(public show) 또는 소매자전시회(consumer show)로, 구매자와 일반 대중이 모두 참관객이 되면 혼합전시회(combined/mixed show)로 구분된다.

참관객들은 매우 자발적으로 전시회에 참가한다는 것이 가장 큰 특징으로 꼽힐 수 있는데, 이는 다른 마케팅 촉진수단과는 달리 고객들을 찾아 나서는 것이 아니고 전시회장으로 고객들이 자발적으로 찾아온다는 것이다. 이는 전시회에서 무엇인가를 보고자 하는 목적으로 방문하였기 때문에 이미 참가기업이 제공하는 메시지에 대해 적극적으로 수용하고자 하는 자세가 되어 있고, 이에 동기화되어 있다는 것을 의미한다.

4. 전시회 개최시설 또는 개최장소(Facilities)

전시회 개최시설 또는 개최장소는 전시회가 개최되는 시설이나 장소를 총칭하는 용어이다. 전시장은 참가기업과 참관객을 불러 모아 전시 공간과 서비스를 제공하면서 그 대가로 영리를 추구하는 장소이다.

전시장 운영주체는 크게 독일형과 미국형으로 분류될 수 있는데, 독일형은 전시장 운영주체가 대부분의 전시회를 직접 개최하는 반면, 미국형의 경우 전시장 운영주체는 전시장의 임대업무만 담당하고 전시회 주최는 전시 전문기획업체가 주도하고 있다. 한국을 비롯한 중국, 싱가포르 등 아시아 지역의 전시장 운영자들은 독일형과 미국형의 혼합형(일명 제3섹터 방식)으로 전시장 운영주체가 전시장 임대와 전시회 주최 업무를 모두 수행하고 있다.

5. 전시회 서비스공급업체(Service Contractor or Service Supplier)

전시회 서비스공급업체는 전시 협력업체로도 불리며, 전시회 참가기업과 전시주최자가 전시품 및 부스 장치물을 설치, 연출하고 홍보하는 것을 지원하는 개인 및 기업들이다. 여기에는 마케팅 컨설턴트, 부스 디자이너, 홍보 전문가, 시청각 기자재 임대업체, 운송업체뿐만 아니라 부스장치공사업체 등이 협력업체에 포함된다.

협력업체는 크게 전시회 전반적인 업무의 서비스를 제공하는 종합서비스업체(general service contractor)와 특정한 전문서비스를 제공하는 전문서비스업체(specialized service contractor)가 있다.

1) 전시 장치업체

이들 업체는 전시 참가기업과 기획업체의 위임을 받아서 일한다. 종종 이들은 전시장 설계부터 설치와 철거, 전시회가 열리지 않는 동안 설비수리와 보관에 이르기까지 여러 작업을 도맡아 하는 이른바 서비스업체이다.

전시 참가기업들은 일반적으로 부스를 자유롭게 설치, 철거하는 것이 본인에게 유리한지, 관련 노하우를 갖춘 인재를 충분히 활용할 수 있는지 혹은 한 장치업체에 전담시킬지를 충분히 따져본다. 대부분 한 업체에 맡기는 것이 비용이 절약될 뿐 아니라 여러 업체에 개별 위임하는 것보다 협력과 통제가 수월하다는 점에서 여러모로 유리하다.

서비스 제공 차원에서 전시 참가기업에게 임대부스가 제공되면 전시 행사장 장치업체는 추가적으로 전시회 기획업체를 위해 일한다. 결산보고 또한 전시회 기획업체를 통해 이루어진다.

2) 전문 디자이너

이들은 전시 참가기업을 위해 일하고 각 부스설계도를 그리거나 참가기업의 콘셉트를 구체화하여 현실적으로 표현하는 일을 맡는다. 이들은 종종 프리랜서로 일한다. 즉 전시회에서 전문 디자이너는 부스의 디자인과 인테리어 등과 관련된 각종 업무를 담당하게 된다.

3) 비품 및 의상 렌트업체

전시 참가기업이 전시회에 참여하기 위해서는 부스설치 자재만을 구입하고 빌릴 뿐만 아니라 의자, 탁자, 진열장, 판매대 등 가구나 도우미들이 입을 의상, 유니폼, 블라우스 등의 의복과 남자 진행요원용 양복 등을 렌트한다. 이들 업체는 전시 참가기업을 위한 컬렉션을 준비해 두고 있다.

4) 행사요원 및 통역 서비스 대행업체

일련의 대행업체들은 전문직 및 일반 도우미들을 전시회에 소개해 주는 것을 전문으로 하고 있다. 이 업체들은 경력이 많은 프리랜서들과 연락망을 취하고 있어 행사기간 동안 해설자, 통역요원, 업무보조원 등을 참가기업에 알선해 준다.

5) 시장조사기관

시장 및 마케팅 조사기관은 행사기획업체와 행사참여업체 모두에게 서비스를 제공한다. 행사기획업체에게는 전시회의 전체적 성과를 보여주고, 참여업체게는 개별적 성과를 질적, 양적 측면에서 파악할 수 있도록 도와준다.

6) 전시회 컨설팅업체

이들 업체는 전시회 및 컨벤션 분야에 대한 노하우를 축적하고 이를 바탕으로 전시회 참가기업에게 전문적으로 컨설팅 및 자문을 해주고 있다. 전시 참가기업을 위해 전시회 참여에 대한 구상안을 작성하고 전략 및 행동에 관한 조언을 한다. 때로는 전시 참가기업의 부스 인력을 위한 트레이닝을 맡기도 한다. 이러한 맥락으로 전시회 컨설팅 업체는 전시분야의 서비스업체들과 긴밀하게 연락을 유지한다.

7) 장식 및 음식 서비스업체

진열대 장식업자와 화환업자는 부스장식과 전시제품의 진열과 같은 마지막 끝손질을 맡는다. 출장요리회사는 참관객들을 접대하고자 하는 전시 참가기업을 위해 부스로 접시와 음식을 제공하는 업무를 맡고 있다. 이는 전시회 기간에 자사 부스를 방문하는 특별한 참관객을 위해서거나 이벤트행사와 결부되어 음식물을 제공해야 할 경우에 신청할 수 있는 서비스이다. 또한 전시 참가기업들 중 전시부스 인력이 전시장 안에서 식사해야 할 경우에 이런 서비스를 신청할 수도 있다.

8) 운송

전시 운송은 전시 관련 경험이 풍부한 운송회사가 많이 이용되고 있는데, 특히 전시 참가기업의 스케줄, 관세일정 혹은 부스, 포장재료, 중간보관에 관한 문제가 생길 때 도움을 주고 있다. 이들 운송업체는 주로 전시 행사장소 가까이에 사무실을 두고 있으며 주변 도로 사정을 가장 잘 알고 있다. 행사 시작 일정을 미루어질 수는 없기 때문에 전시회 분야에 있어 원활한 물류는 매우 중요한 역할을 한다.

제3절 전시회 파급효과

전시회는 매우 효과적인 바이어 발굴수단인 동시에 최근의 시장동향과 신기술 개발동향을 한눈에 파악할 수 있는 교류의 장이기 때문에 그 중요성이 날로 증가하고 있다. 특히 국가 간의 교역 증대를 위한 전시회는 그 역할과 파급효과가 크기 때문에 국가 및 지역경제 활성화를 위해 각 국가들이 새로운 고부가가치 산업으로서 적극적으로 육성하는 실정이다.

전시산업의 파급효과는 경제적 측면과 정치적 측면, 사회 · 문화적 측면, 관광적 측면으로 나누어볼 수 있다. 4가지 측면의 파급효과를 살펴보면 다음과 같다.

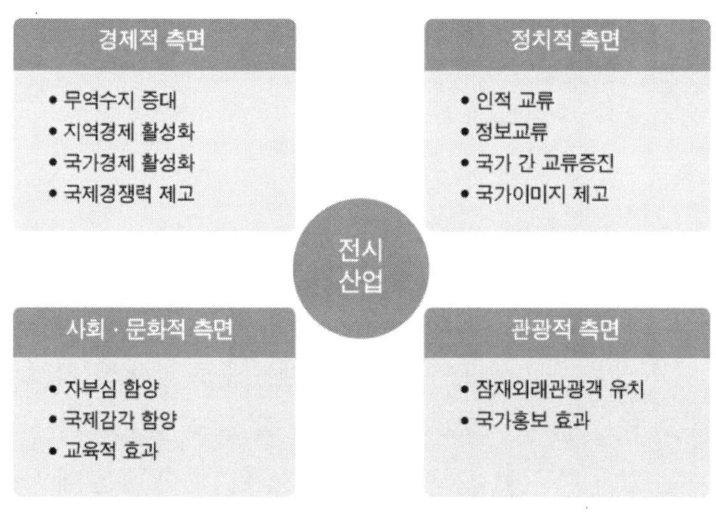

▸▸ 그림 6-3 **전시회 파급효과**

1. 경제적 측면의 효과

전시산업이 개최국이나 개최도시에 미치는 경제적 효과는 전시회 개최 그 자체만으로 발생하는 수출증대효과 이외에도 전시회 개최와 관련된 여타 산업에 미치는 영향까지 고려해 본다면 그 가치란 다른 중요산업 못지않으며 향후 성장

가능성까지 감안했을 때 그 효과는 기대 이상이다.

전시산업은 고용창출 및 소득증대 효과가 높은 고부가가치 지식 서비스산업으로 선진국의 경우 전시산업이 경제에서 차지하는 비중이 매우 크다. 실제로 미국의 전시산업은 규모 면에서 22번째 산업으로, 전시회로 인한 직접 수입 800~1,000억 달러, 고용창출 효과가 연간 약 100만 명에 이르고 있다. 또한 기업 마케팅 예산 중 전시회가 2번째로 높은 비중을 차지하고 있으며, 산업별 외화가득률을 살펴보면 무역전시가 88.1%, 반도체 39.8%, 신발 72.8%, 조선 69.0%를 나타내고 있어 전시산업의 외화가득률이 가장 높은 것으로 나타나고 있다.

따라서 전시산업이 발달한 미국, 유럽 등 선진국들은 오래전부터 전시산업의 중요성을 인식하고 전시회 및 박람회를 통해서 자국의 기업들을 지원하고 전시산업을 발전시키기 위해 전시산업을 국가 전략산업의 하나로 지정하여 전시장 SOC에 대한 과감한 투자와 함께 세제혜택, 보조금 제공 등 각종 조치를 취하고 있다.

또한 전시산업은 무역 인프라로서도 매우 중요하다. 전시회를 통해 정보수집, 바이어 발굴 등을 국내에서 가능케 하여 국내 중소기업의 거래비용을 낮추고, 이를 통해 해외시장 개척, 수출증진, 교역증대의 결과를 가져와 궁극적으로 국내 산업발전을 도모하게 된다. 독일의 경우 무역거래 중 60~70%가 전시회를 통해 성사되고 있으며, 중국, 홍콩, 싱가포르 등은 이미 전시산업을 국가전략산업으로 지정하고 국가적 차원에서 육성 지원하고 있다.

이처럼 전시회 개최로 인해 개최국, 특히 개최도시에는 수많은 고용창출, 지역주민들의 소득증대, 세수증대, 지역 기반시설 확충 등의 파급효과가 발생한다. 따라서 국제무역전시회 활성화는 수출증대로, 이것이 곧 무역수지개선과 지역경제, 나아가서 국가경제 활성화로 이어지게 된다.

이러한 효과뿐만 아니라 전시회를 개최함으로써 그와 관련된 수많은 관련 산업들이 얻는 수입효과가 차지하는 비중 또한 크다. 전시회 참가자들이 이용하는 숙박업, 음식품업, 관광업, 항공운송서비스업, 쇼핑업 등에서 벌어들이는 수입이 바로 그것이다.

산업연구원(2004)은 한국의 전시회 개최로 인한 경제적 파급효과를 측정하였는데, 생산유발효과는 약 6,407억 원, 부가가치 유발효과는 약 3,165억 원, 고용유발효과는 약 78억 원(7,796명 고용)으로 추정하였다.

2. 정치적 측면의 효과

전시회는 세계 각국에서 수많은 사람들이 참여함으로써 그들과 지식과 정보를 교환하는 과정을 통하여 각 국가 간의 상호 이해에 기여하게 된다. 한낱 장소적인 매개체에 불과하다고도 볼 수 있는 전시회가 세계 여러 국가의 정치, 경제, 문화, 민족 등과 관련된 여러 쟁점들을 전시회라는 제3의 장소를 통해 상호 협조적이고도 평화적으로 해결하는 데 기여하고 있다는 사실은 범세계화가 가속화되는 현 사회에서 살아가는 사람이라면 인정하지 않을 수 없는 사실이다.

전시회라는 매개체를 통한 풍부한 인적교류와 정보교환, 기타 여러 활동 등은 궁극적으로 국가 간의 교류를 증진시키는 결과를 가져온다. 따라서 비우호국이나 미수교국들과도 관계를 개선할 수 있는 기회의 장이 되기도 한다. 또한 전시 참가자들은 해당 산업분야의 영향력 있는 사람들이므로 민간외교 차원에서도 그 파급교화가 크다고 할 수 있다.

전시회 개최를 이용해 개최국은 자국의 역사, 문화, 전통 등을 외국의 참가자들에게 소개하고 이해시킴으로써 자연스러운 자국의 홍보효과를 기대할 수 있으며, 나아가 이는 잠재관광객으로의 확보를 기대할 수도 있다. 이러한 모든 내용을 종합하면, 전시회 개최국은 전시회 개최를 통한 국가홍보 효과로 국가 이미지 개선과 국제적 지위 상승의 결과도 얻게 된다.

3. 사회 · 문화적 측면의 효과

전시회 개최로 인해 개최국과 개최지에 대한 홍보가 이루어지고, 그에 따른 국내 · 외로부터의 관심과 지원이 뒤따르게 되면서 개최국의 이미지가 향상됨은 물론 사회 · 문화 전반에 걸친 발전이 이루어진다. 해당 국가의 국민들이 전시회 개최국민과 개최지역 주민으로서 갖게 되는 자부심과 세계 각국으로부터 온 외국인들과의 직접 혹은 간접적인 교류가 맞물림으로 인해 국제감각을 함양하게 되고, 이것이 국제화의 발판이 된다.

이외에도 전시회를 지방에서 분산 개최할 경우에 지역의 문화 및 경제발전에 기여하고 지역주민들의 공동체의식과 주인의식, 국제의식을 고취시킴으로써 지방의 국제화와 지역의 균형 발전을 가져오게 된다. 또한 해당 관련 분야에 대한 관심과 이해를 가져오는 교육적 효과도 크다.

4. 관광적 측면의 효과

전시회가 세계 각국에서 많은 사람이 참가하는 국제적 행사인 만큼 참가자들은 전시회 이외에 부가적으로 관광까지 참여하는 경우가 많으므로 참가자들의 개최국 혹은 개최지에 대한 관심은 지대하다. 따라서 전시산업의 중요한 연관산업이라 할 수 있는 관광산업에 대한 전시회의 개최효과는 상당하다. 전시회 유치로 인한 개최 이전과 이후 그리고 개최 당시의 홍보효과가 매우 커서 세계 각국에서는 개최국 혹은 개최지에 대한 소개와 홍보를 인쇄매체, TV 등의 방송매체를 통해 실시하게 된다.

이러한 모든 것들이 자연스럽게 그 국가나 지역에 대한 홍보효과를 가져오며, 무한한 잠재고객들로 하여금 관광의 욕구를 불러일으키는 촉매제로서의 역할을 하게 된다. 특히 한국의 경우 경제 불안정, 유일한 분단국가, 정치 불안정 등에 대한 세계인들의 잘못된 국가 인식을 바로잡거나 만회할 수 있는 기회로 이용함으로써 보다 많은 잠재 외래관광객을 유치할 수 있는 기회가 되며, 일반적인 홍보활동일 경우에 드는 많은 비용을 절감할 수 있는 절호의 기회가 되기도 한다.

제4절 전시회 발전방안

1. 국내 전시산업의 현황 및 문제점

최근 시장환경의 급속한 변화와 더불어 전시산업 역시 큰 변화를 맞고 있다. 특히 전시장 공급의 급속한 증가와 함께 전시회 개최 건수가 증가하였다. 우리나라의 전시산업은 전시장 면적, 전시회 개최 건수 등 양적인 측면에서 급속히 발전하였으며, 2018년 기준으로 전시회로 인한 직접 및 간접효과 등을 고려할 때 생산유발효과 약 1조 6,608억 원, 소득유발효과 약 3,678억 원, 수입유발효과 약 1,505억 원, 부가가치 유발효과 약 7,400억 원, 간접세 유발효과 약 93억 원, 취업유발효과 16,271명, 고용유발효과 10,065명 등으로 나타났다.

그러나 이러한 외형적인 성장에도 불구하고 우리나라의 전시산업은 전시시설, 숙박 · 교통 등 부대시설, 전문인력 부족 등의 산업기반이 체계적으로 마련되지 못하고 산업구조 또한 영세사업자의 난립 및 불합리한 하도급 관행 등으로 낙후성을 면하지 못하고 있다.

현재 국내에는 전국에 걸쳐 15개에 278,380m2의 전시장에서 매년 600여 회 정도의 전시회가 개최되고 있으나, 전시장 간의 전시회 유치 및 개최 경쟁이 치열해지면서 유사(혹은 중복) 전시회 역시 증가하고 있으며, 국내 개최 전시회의 85%가 개최되는 수도권뿐만 아니라 지방에서도 공급에 비해 수요가 부족한 전시장의 과잉공급이 예상된다. 더구나 현재 국내에서 개최되는 전시회는 국제적인 인지도가 높고 외국업체 및 바이어가 많이 찾는 전시회가 많지 않은 실정이다. 산업의 경쟁력 측면에서도 전시산업은 우리나라의 무역규모 및 경제력 수준에 미치지 못하고 있으며, 이로 인해 대부분의 기업들은 국내 전시회보다는 해외 유명전시회를 더욱 선호하고 있다.

또한 산업 생태계의 급속한 변화와 함께 코로나19 바이러스 등 자연적, 재해적 원인 등으로 인해 직접 접촉보다는 비대면 접촉으로의 패턴 변화로 인해 전시회의 성장잠재력이 축소되거나 온라인 전시회로 변환될 것이라는 전망도 나오고 있다.

▶▶ 표 6-2 **전시회 개최 건수(2021년 기준)**

지역	전시장명	개최 건수	총전시면적	순전시면적
서울	aT center	24	112,658	83,577
	COEX	115	1,094,265	616,606
	SETEC	28	173,503	59,734
경기	KINTEX	89	1,282,268	460,105
	SCC	19	103,942	49,408
	SUWON MESSE	18	118,040	67,432
인천	Songdo ConvensiA	28	386,753	69,825
부산	BEXCO	77	613,329	314,884
울산	UECO	20	178,848	89,909
경남	CECO	19	103,224	52,043
대구	EXCO	66	491,592	295,142
경북	GUMICO	7	51,030	18,611
	HICO	9	28,678	18,054
대전	DCC	9	44,200	21,485
광주	KDJ center	44	332,621	154,403
전북	GSCO	7	35,021	14,355
제주	ICC Jeju	10	40,639	26,538

자료: 한국전시산업진흥회, 2021.

2. 전시산업의 진흥방안

오늘날의 시장은 빠르게 변화하고 있다. 우리나라 전시산업 역시 최근 급속하게 변화되었다. COEX의 증축을 시발점으로 부산, 대구, 광주, 일산 등에서의 전시장 건립으로 우리나라의 전시장 공급면적은 급속히 증가하였고, 각 전시장별로 전시회 개최 및 유치 경쟁은 더욱 치열해졌다. 이는 우리나라 전시회 개최 건수의 증가에 기여한 반면 유사 혹은 중복 전시회의 증가세를 초래하였다.

전시산업에서 활동하고 있는 기업들은 이러한 경향이 가져오는 기회와 위험에 대해 깊이 생각해 볼 필요가 있다. 현재 우리나라 전시산업의 주요 문제점은 대부분의 다른 산업에서와 같이 공급과잉의 문제다. 이는 수요(참가업체와 참관객)가 문제이지 공급(전시회와 전시장)이 문제가 아니다. 이러한 공급과잉은 결국 너무 많은 상품이 너무 적은 수의 고객들을 좇는 과잉경쟁을 유발한다. 그리고 대부분의 상품과 서비스(전시회와 전시장)는 차별화되어 있지 않기 때문에 과도한 가격경쟁과 비즈니스의 실패를 초래할 가능성은 더욱 높아진다.

중요한 사실은 이러한 시장의 변화가 기업 경영이나 마케팅보다 더 빨리 변화하고 있다는 것이다. 기술발달로 산업의 주기나 수명주기가 점점 빨라지고 있기 때문에 환경을 분석하고 목표를 세우고 경쟁전략을 수립하는 과정이 채 완성되기도 전에 환경이 바뀌고 목표도 의미가 없어지고 새로운 경쟁의 패러다임이 등장하고 있다. 이러한 불확실한 경영환경 속에서 남들보다 앞서기 위해서는 가장 먼저 새로운 것(콘셉트, 기술, 전략)을 도입하고 끊임없이 혁신해야 한다. 제너럴일렉트릭(GE)의 전 회장인 잭 웰치(Jack Welch)는 경영회사를 시작할 때마다 "변화하지 않으면 살아남지 못한다"(change or die)는 경고를 했다고 한다. 휴렛팩커드(Hewlett-Packard)의 리처드 러브(Richard Love)는 "변화의 속도가 너무 빠르기 때문에 변화의 능력이 경쟁우위가 되고 있다"라고 했다.

변화의 속도가 빨라짐에 따라 기업들은 기존의 사업 관행에 의존해서는 전과 같은 수익을 유지할 수 없다. 이는 전시회 경영에 있어서도 예외가 아니다. 특히 과거에는 전시회의 영역 안에서만 가능했던 '정보공유', '신제품 소개', '관계구축 활동' 등이 이제 전시장을 벗어나 다양한 커뮤니케이션 채널을 통해 가능하게 되었다. 따라서 앞으로 전시주최자들에게 주어진 과제는 변화하는 비즈니스 환경 속에서 자신들이 주최하는 전시회가 어떤 방식으로 시장에 기여할 수 있는지를 결정하는 것이다. 구체적으로 참가업체와 참관객이 왜 자신들의 전시회를 방문해야만 하는지에 대한 설득 가능한 이유를 제시해야 하며, 이를 위해 자신들의 전시회 프로그램을 어떻게 구성할 것인가를 고민해야 한다.

비즈니스 환경의 변화에도 불구하고 전시회는 여전히 고객(구매자)이 기업(판매자)을 찾아오기 위해 비용을 지불하는 유일한 수단이다. 여기에 바로 전시회의 미래 경영에 대한 해답이 있다. 전시주최자가 자신의 전시회를 성공시키기 위해서는 미래 환경의 변화에 대응하여 다음 4가지 핵심요소에 집중함으로써 고객(참가업체와 참관객)을 유인할 수 있도록 전보다 더욱 밀접하게 협력해야만 한다.

1) 지속적인 가치 창출

가치 창출은 전시주최자가 자신의 전시회를 참가업체와 참관객에게 어필할 수 있는 가장 핵심적인 요소이다. 전시회에 있어서 가치 창출이란 해당 전시회가 다른 수단으로는 불가능한(혹은 높은 비용이 소요되는) 독특하거나 희귀한 마케팅 프로그램이나 기회를 제공하고, 그러한 프로그램에 대해 참가업체와 참관객이 기꺼이 비용을 지불하게 되는 것을 의미한다.

보통의 가치는 보통의 이윤을 창출할 뿐이지만 우수한 가치는 훨씬 높은 이윤을 창출한다. 이를 위해서는 심층적인 연구조사를 통해 해당 산업의 커뮤니티가 현재의 전시회에서 어떤 점을 높게 평가하고 추가적으로 무엇을 더 원하는지, 어떤 요소를 가치 있다고 판단하는지, 어떠한 프로그램에 기꺼이 비용을 지불하는지를 파악하여 전시회 프로그램 구성에 반영해야 한다. 이를 통해 고객들에게 전시회 참가동기를 높여주고 수익성 높은 전시회를 만들 수 있을 것이다.

2) 콘텐츠

콘텐츠는 전시회를 이끌어가는 지적 자본이라 할 수 있다. 신경제(new economy)의 도래로 인해 수많은 자료를 무료로 이용할 수 있는 현재의 상황에서 참가업체나 참관객을 유인할 수 있는 전시회만의 독특한 콘텐츠는 무엇인가? 어떤 전시회가 해당 산업의 정보를 습득하는 최종적인 원천(definitive source)으로 기능할 수 있다면 높은 경쟁적 이점을 갖게 되며, 시장점유율을 높이기 위한 타 전시회와의 경쟁에서도 잘 견뎌낼 수 있다. 이를 위해서는 해당 산업의 커뮤니티가 어떠한 콘텐츠를 원하고 있고 그러한 콘텐츠를 얻기 위해 어느 정도의 비용을 지불하고 있는지 파악해야 한다.

전시회가 제공하는 콘텐츠의 질을 높이는 방법으로 빌 게이츠와 같은 유명인

사를 초빙하여 강연을 실시하는 것도 좋은 방법이 될 수 있다. 그러나 가장 기본적인 방법으로 전시회에 참가하는 업체나 바이어들이 자신들만의 콘텐츠를 가지고 있기 때문에 그러한 콘텐츠를 네트워킹의 형태를 활용해 공유할 수 있게 하는 것이 필요하다.

3) 주최자와 참가업체 간 공동 마케팅 파트너십 구축

앞으로의 전시회가 성공하기 위해서는 전시주최자가 참가업체와 파트너십을 구축하여 전시회에 대한 공동 마케팅을 할 수 있어야 한다. 모든 참가업체들이 잠재고객(참관객)들에게 공격적으로 전시회 프로모션을 하고, 전시회에 최고의 제품들을 가져오며 최고의 직원들을 배치시킨다면 그 전시회는 무척 강력한 힘을 갖게 될 것이다.

전시주최자는 참가업체로 하여금 그들 모두가 참관객을 대상으로 비즈니스를 하고 있으며, 전시회를 통한 마케팅 기회를 높이기 위해서는 상호 협력이 필수적이라는 것을 깨닫게 해야 한다. 전시회를 참관객에게 공동으로 마케팅하기 위해서는 "우리(us)와 그들(them)"이라는 태도를 버리고 "연합된 우리(united we)"라는 태도를 가져야 한다. 새로운 마케팅기법이나 협력방법의 개발을 통해 전시주최자와 참가업체가 공동 마케팅 파트너십의 강점을 효과적으로 활용할 수 있도록 해야 할 것이다.

4) 브랜드 구축

효과적으로 수행된 전시회 브랜딩 전략은 브랜드 선호도를 높이게 된다. 참가업체나 참관객은 높은 선호도를 갖는 전시회에 참가하기를 원하게 되고, 경쟁전시회의 참가는 꺼리게 된다. 전시회의 브랜드를 구축한다는 것은 결국 신뢰성을 높이는 것과 동일한 의미라 할 수 있다. 이때의 신뢰라 하는 것은 그 전시회에 참가하게 되면 전시주최자가 약속한 마케팅기회나 특정 가치를 얻게 될 것이라는 것에 대한 기대를 갖게 되는 것을 의미한다.

전시회 브랜드를 효과적으로 구축하기 위해서는 무엇보다 브랜드 메시지를 일관성 있게 제시하고 브랜드 이미지를 포함시켜 전달해야 한다. 일부 전시회의 경우 매년 전시회의 로고, 아트 워크(artwork), 색상(color scheme) 등을 바꾸는 경향이 있는데, 이는 일관성 없는 브랜드 이미지를 만들게 된다. 전시회의 브랜드를 담당할 책임자를 선정하여 전시회에 사용되는 제반 자료, 즉 등록신청서, 참가안내서, 그래픽, 홍보물, 평면도(floor plan), 웹사이트 등에서 브랜드 이미지가 매년 일관성 있게 유지되도록 할 필요가 있다.

향후 전시회는 더욱 다양해진 마케팅 수단(DM, 기업 이벤트, 인터넷 마케팅 등)과 더욱 치열한 경쟁을 경험하게 될 것이다. 전시주최자들은 자신의 전시회를 지속적으로 성장시키기 위해서는 가치 창출, 콘텐츠, 브랜드 구축에 대한 투자를 해야 하고 이러한 투자의 효과성을 높이기 위해서는 참가업체와 공동 마케팅 파트너십을 구축해야만 한다.

CHAPTER

7

스포츠 이벤트

CHAPTER

스포츠 이벤트

제1절 스포츠 이벤트의 개요

1. 스포츠 이벤트의 정의

오늘날 스포츠 이벤트 행사는 월드컵과 같은 대규모 메가 스포츠 이벤트 행사부터 지역의 소규모 운동회까지 그 규모는 매우 차이가 크며, 이에 따른 행사 인원과 비용은 천차만별이다. 사람들은 스포츠 이벤트를 통해 즐거움을 얻고 이를 통한 지역의 경제, 문화 등의 파급효과는 오늘날 스포츠 이벤트 개최의 가장 큰 목적 중 하나이다.

스포츠는 공식적인 규칙과 경쟁을 통하여 육체적 노력을 행하는 것으로서 유·무형의 목표를 달성하고자 하는 사람들에 의해 이루어지는 활동이라 정의되고 있는데, 스포츠 이벤트는 모험·건강·레크리에이션·스포츠를 통해 개인 삶의 질 향상을 도모하고자 하는 프로그램으로, 참여자가 스포츠의 관전, 스포츠 강습, 또는 스포츠 경기에 직접 참여하는 것을 목적으로 사람들이 모이도록 모임을 개최하여 정해진 목적을 실현시키기 위해서 행해지는 행사이다.

스포츠에 대한 욕구증대는 현대인들의 단조로운 생활의 반복에서 비롯되었다고 볼 수 있다. 스포츠는 틀에 박힌 단조로운 생활을 탈피, 기쁨과 감정의 고조, 승부의 불확실성 등으로 긴장이 고조되어 현대인의 정신적 건강회복과 긴장을 완화시키는 카타르시스적 효과를 가지고 있다. 스포츠 이벤트가 참여자에게 카타르시스적인 효과를 주는 이유는 스포츠 이벤트의 영역에서 알 수 있는데, 이는 SIT에 포함되는 모험관광 · 건강관광 · 레크리에이션 · 스포츠 · 이벤트에서 제공되는 프로그램이 결합해서 생성된다.

모험관광 · 건강관광 · 레크리에이션 · 스포츠의 공통점은 야외에서 행해지는 성격이 강하며 참여자가 직간접으로 참여하여 이들이 가지고 있는 건강미, 명랑함, 아름다움, 활동적 · 역동적인 감각이 단순 명쾌한 이미지 아래서 참여자에게 강력한 커뮤니케이션 도구로 작용하는 것이다.

참여자는 내적인 모험을 통하여 재창조와 자아계발에 중점을 두며, 외적으로 신체적 회복 및 건강증진 등을 도모하기 위하여 스포츠 이벤트에 참여한다. 이는 참여자의 주된 동기가 스포츠 이벤트에 직접참여(체험) 또는 간접참여(관전)하는 것으로서, 특정 장소와 특정 기간에 인위적으로 모인 스포츠 행사이기에 현대인에게 카타르시스적인 효과가 가능하다. 그럼으로써 국민들은 관광과 스포츠를 통하여 그들의 삶의 질을 향상시키고 건전한 여가문화로 여기고 있다.

2. 스포츠 이벤트의 역사

1) 세계 스포츠 이벤트

초기 문명(기원전 776년) 시대로 거슬러 올라가면, 4년마다 제우스신을 위한 제례행사로 관중 26만 명을 수용할 수 있는 카리쿠스 경기장과 9만 명을 수용할 수 있는 콜로세움 경기장을 건설하였다. 또 관람객과 선수들이 안전하게 여행할 수 있도록 휴전했던 예가 있다.

중세의 스포츠나 게임은 종교행사의 즐겁고 쾌활한 부수물로 취급하였으며, 11세기경에는 기사에 의해 시작된 마상시합이 있었고, 토너먼트(tournament)와 듀스(deuce)가 있었다.

르네상스 시대에는 건강과 레크리에이션의 목적으로 가톨릭에 의하여 체육이 인정되어 펜싱교실, 잔디볼링장, 테니스코트가 생겨났으며, 스포츠가 하나의 도박으로 여겨져 투계장이나 동물을 괴롭히는 오락센터가 등장함으로 인해 스포츠 이벤트가 행해졌음을 알 수 있다.

근대 이후 스포츠 이벤트는 대중화시대에 접어들게 되었다. 즉 국민들은 지역별로 동호회, 스포츠클럽 등의 조성을 바탕으로 사회체육과 스포츠 조직을 완성하였다. 국제적으로는 국제조직과 대회의 내용을 정비 및 확충하였으며, 그 좋은 예로 1896년 제1회 그리스 올림픽 개최로 각 국가는 안으로는 국민의 평생스포츠를 구현하고자 하였으며, 밖으로는 '총칼 없는 전쟁'으로 불릴 만큼 세계평화를 목적으로 스포츠외교에 참여하고 있다.

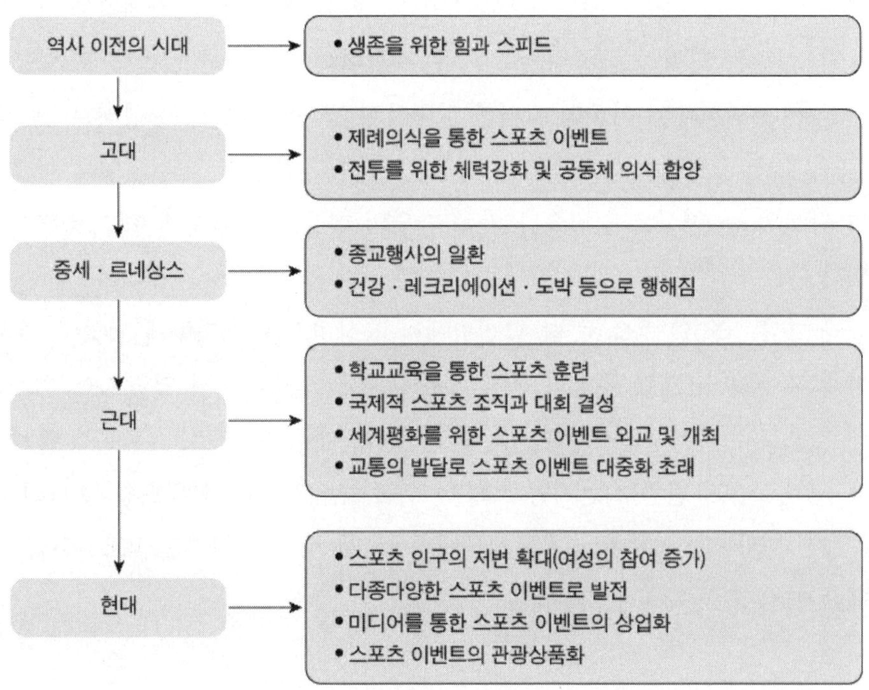

▸▸ 그림 7-1 **스포츠 이벤트 역사 및 비교**

현대의 스포츠 이벤트는 매스 미디어의 발전으로 스포츠 이벤트의 대중화가 정착된 시기로 단순히 스포츠에 참여하는 자만이 아니라 전 국민이 참여하고 있으며, 특히 여성의 스포츠 참여인구가 늘어난 점을 들 수 있다.

스포츠의 저변 인구가 늘어남에 따라 스포츠 이벤트가 다양해졌으며, 기업에서는 광고·홍보 목적으로 스포츠구단과 스폰서를 제공하거나 스포츠 마케팅활동을 적극적으로 전개하여 스포츠 이벤트 활성화에 커다란 몫을 하고 있다. 또한 지방자치단체나 국가에서는 스포츠 이벤트 개최를 통하여 자국의 경제, 사회·문화 등의 발전과 이미지 제고를 위하여 관광상품화하는 실정이다.

2) 우리나라 스포츠 이벤트

우리나라의 스포츠 이벤트 역사는 고대시대의 제천의식에서 찾을 수 있다. 이는 일 년 농사에 대해 하늘에 감사하는 마음을 표현하는 것으로, 노래와 춤을 추었으며 다른 부족들과의 패권을 위한 무술연마 등이 활발히 이루어졌다.

고구려는 전국 규모의 수렵대회와 무인을 선발하기 위한 국가대회를 개최하였으며, 신라는 화랑들을 중심으로 각종 무술대회를 비롯한 일반 스포츠도 성행하였다. 고려시대에 이르러 활터를 설치하여 병사와 일반인을 상대로 연습하게 하였으며, 궁술대회를 개최해서 상품을 주기도 하였다. 조선시대에 이르러 국가 규모의 큰 행사는 없었으나 마을 단위의 향촌 씨름대회 등이 개최되기도 하였다.

근대 이후 1896년 동소문 밖 삼선평에서 육상경기를 개최하게 되었다. 또한 해방 이후 국민의 체력 증진과 국가 체육을 위한 전국체전이 열렸으며, 1982년 국내 최초로 프로야구가 출범한 후 축구, 농구, 배구 등 프로 스포츠가 활기를 띠게 되었고, 1986년 아시안게임, 1988년 서울올림픽, 2002년 월드컵, 2011년 세계육상선수권대회, 2017년 평창동계올림픽 등 전 세계 메이저 스포츠 이벤트를 국내에서 모두 개최하게 되었다.

▸▸ 그림 7-2 **카타르 2022월드컵과 1988서울올림픽**

3. 스포츠 이벤트의 특성

스포츠와 관광, 즉 스포츠 이벤트를 이해하기 위해서는 왜 많은 참가자들이 스포츠 이벤트에 참여하는지에 대하여 알아볼 필요가 있다. 과거의 노동집약적 산업과 일 중심 사회에서 벗어나 현대는 생활수준의 향상과 함께 사회구성원들이 자아개발을 위해 체력 및 건강증진의 신체적 차원뿐만 아니라 기분전환과 삶의 즐거움을 동시에 균형적으로 추구하는 워라밸 가치 실현 등 여가중심 사회로 변모하면서 관심을 가지게 되었다.

스포츠 이벤트는 본인이 참여하는 것 외에 관점을 통해서도 자신이 이루지 못한 대리 만족을 느끼기도 하고, 이를 통해 극도의 승부감과 카타르시스를 경험하게 된다. 이처럼 스포츠 이벤트는 다른 이벤트에서 찾아볼 수 없는 여러 가지 특성을 가지게 되는데, 이를 정리하면 다음과 같다.

1) 현장성

스포츠 이벤트는 특정 장소와 특정 시간에 의해 일어나는 특성이 있어 관광객이 경기가 개최되는 곳으로 이동하여야 한다. 그곳에서 관중, 선수, 심판 등과 어울려 현장의 상황에 따라 자기도취와 스릴을 최대한 만끽할 수 있다.

2) 진실성

관중들이 관람석에 앉아서 경기를 관람하는 것은 운동선수들 각자가 최고 수준을 발휘하여 경쟁하였을 때 어떠한 결과를 가져오는가를 보려는 것이지, 결코 사전에 짜인 각본으로 움직이는 것을 보고자 하는 것은 아니다. 이는 누구의 조작도 있을 수 없으며 자신이 그동안 수련한 노력만큼의 결과가 나오게 된다.

3) 공존성

스포츠 이벤트는 대개 사람들이 모여서 이루어지는 경기이며, 이는 서로 간의 공동체의식과 소속감을 가지게 하여 이를 통한 팀플레이를 우선시하게 된다. 스포츠를 통해서 공존, 공감의 인간관계를 만들고, 대량동원을 하는 것이 가능하다. 개인적인 스포츠 이벤트 경우에도 이를 참관한 관중들과의 공존성을 같이 느끼게 됨으로써 선수와 관중들이 하나의 소속감을 가지게 된다. 국가대표의 경기나 지역 대표의 스포츠 이벤트의 경우 이것들을 잘 느낄 수 있다. 현대사회의 프로 스포츠들이 대부분 연고지를 보유하고 있는 것은 바로 이런 이점 때문이다.

4) 대중성

현대는 매스컴에 의한 사회적 관심이 많이 표출된다. 또한 매스컴에 의해 사회적 관심이 유도되기도 한다. 스포츠 이벤트는 이런 많은 매스컴에 의한 퍼블리시티(publicity) 효과를 기대할 수 있다. 따라서 무엇보다도 대중성을 중요한 가치로 여기는 기업 및 지자체 등의 협력을 얻기 쉽다. 또한 과거 스포츠 이벤트는 소수 특정 남성에게 한정되었으나 오늘날 스포츠 이벤트는 남녀노소 누구나 참여 가능한 이벤트로 발전하게 되었다. 실제로 경기장에서 활동하지 않더라도 매스컴이나 직접 관전을 통해 대중들이 자유롭게 스포츠에 참여하게 된다.

5) 건강성

오늘날 여가시간의 증대와 소득수준의 향상으로 인해 많은 사람들이 건강에 대한 관심이 매우 높다. 병이 들어 치료하는 것이 아닌 평소 꾸준한 관리로 자신의 건강을 유지하는 현대인들이 급격히 증가하고 있다. 이들은 지역의 동호회나 소규모 그룹을 만들어 스스로 스포츠를 즐기고 있으며, 스포츠 이벤트를 통해 아름다운 신체와 건강한 정신을 보유할 수 있다.

6) 교육성

스포츠는 항상 룰(rule)이 존재하며 그 바탕에는 상대에 대한 예절이 수반된다. 스포츠를 통해 규칙을 배우고 서로에 대한 존경과 배려를 배움으로써 사회의 규범과 인간의 존엄을 같이 배울 수 있는 좋은 체험기회가 된다. 또한 항상 결과를 예측할 수 없는 스포츠의 특성상 자기 자신을 꾸준히 수련하고 연마하여 좋은 경기를 위한 준비를 해야 하는 자기절제의 과정이기도 하다. 오늘날은 스포츠를 통한 심리치료 등도 많이 등장하고 있으며, 사회 전반적으로 스포츠는 교육의 한 일부분으로 자리 잡고 있다.

7) 감동성

영원한 승자도 없고 영원한 패자도 없는 것이 스포츠의 현실이다. 챔피언도 언젠가는 그 자리에서 내려와야 하며 패자도 언젠가는 챔피언 자리에 올라갈 수 있다. 우리는 스포츠를 통해 지난날 어두웠던 과거를 딛고 정상의 자리에 서는 순간들을 보며 그 감동을 자신과 같이 느끼게 된다. 누구도 예상하지 못했던 일들이 스포츠 경기에서 일어나며 사람들은 이를 통해 어디에서 느끼지 못한 진한 감동을 느낄 수 있다. 지난 2002년 월드컵 당시 누구도 상상하지 못한 신화를 이루었을 때 온 국민의 마음을 모두 기억할 것이다.

제2절 스포츠 이벤트의 유형

1. 스포츠 이벤트의 스폰서십

스포츠 스폰서십 프로그램은 재원 확보를 위해 노력하는 스포츠 조직에게 있어서 하나의 중요한 수단이다. 기업의 입장에서 스포츠 스폰서십은 마케팅 믹스로서 촉진을 위한 훌륭한 도구일 뿐만 아니라 기업 마케팅 커뮤니케이션 도구이다. 이러한 이유에서 세계시장을 목표로 하는 많은 기업들은 스포츠 스폰서십을 상업지향적 마케팅도구로 활용하고 있으며, 여러 국가의 많은 기업들은 스포츠 스폰서십에 엄청난 비용을 들이고 있다.

샤프(Schaaf, 1995)는 스포츠 스폰서십의 3가지 핵심 주체를 프로 스포츠 관중(spectator), 스포츠단체/이벤트(sport organization/event), 그리고 스폰서(sponsor)라고 하였다. 이 세 영역은 스포츠 스폰서십 프로그램에서 핵심을 이루는 주체로서 상호 유기적인 관계를 형성하고 있다. 프로 스포츠 관중의 스폰서십에 대한 인식과 태도 및 경기관점 요인을 정확하게 파악함으로써 스포츠단체는 관중 유인전략을 수립하여 이벤트의 가치를 제고시킬 수 있고, 기업은 가치 있는 스포츠 이벤트에 스폰서로 참여하여 촉진효과를 얻을 수 있다.

스포츠 이벤트는 스포츠는 제반 활동을 통해 흥미를 유발시키는 커뮤니케이션이라고 할 수 있다. 스포츠의 제반 활동이라 하면 스포츠팀 보유뿐만 아니라 관중들이 함께 할 수 있는 스포츠행사의 주최나 올림픽 참가 또는 스포츠행사의 후원 등을 포함한 스포츠와 관련된 모든 활동을 의미한다.

기업은 자사의 PR과 광고 또는 이미지 제고를 위해 올림픽 · 월드컵과 같은 국제적 스포츠 이벤트에 스폰서, 각종 경기단체 스폰서, 스타선수의 스폰서, 스포츠팀 운영과 같은 스포츠 스폰서십을 수단으로 이용하고 있다. 스포츠 이벤트 스폰서십의 경우 올림픽 · 월드컵 · 아시안게임과 같은 세계적 스포츠 이벤트에 관심이 집중되어 왔다.

여러 연구결과에 따르면 기업이 스포츠 이벤트에 스폰서함으로써 참가자의 특성에 따라 참가 전·후 기업 이미지에 유의한 차이가 있는 것으로 나타나고 있는데, 이는 향후 기업이 이미지 제고를 목적으로 참가형 스포츠 이벤트에 스폰서할 경우 시장세분화를 통한 차별화된 전략을 사용해야 함을 시사한다.

2. 스포츠 마케팅

스포츠 마케팅은 스포츠(자체)의 마케팅(marketing sports)과 스포츠를 이용한 마케팅(marketing with sports)의 두 분야를 포괄하는 개념으로 스포츠 마케팅을 집행하는 주체가 누구인가에 따라 구별되는 것이다.

1) 스포츠의 마케팅

먼저 스포츠의 마케팅은 스포츠경영학의 시각으로 관람 스포츠(주로 프로스포츠)와 참여 스포츠(레저스포츠, 스포츠센터 등)에서 많은 관중이나 회원을 확보하기 위한 활동이다. 또한 스포츠 제조업 분야에서 스포츠용품이나 시설 및 교육 프로그램(골프나 에어로빅 등)을 판매하기 위한 마케팅활동이며, 각종 스포츠단체가 재원을 확보하기 위해 집행하는 마케팅활동을 의미한다.

2) 스포츠를 이용한 마케팅

스포츠 마케팅은 경영학의 마케팅이나 기업의 입장에서 볼 때 스포츠 스폰서십이라고 할 수 있다. 여기서 스폰서십은 기업이 현금이나 물품 또는 노하우, 조직적 서비스를 제공함으로써 스포츠 스타, 팀, 연맹 및 협회, 스포츠행사를 지원하여 기업의 이미지 제고 및 상품홍보 등의 다양한 마케팅 커뮤니케이션 목표를 달성할 목적으로 기획·조직·실행·통제하는 모든 활동이라고 정의할 수 있다. 스포츠를 이용한 마케팅은 스포츠를 매개체로 이용하는 마케팅방법이다.

아직까지 우리나라에서 스포츠 마케팅 전문인력은 비교적 부족한 상태이며, 관광 측면에서의 스포츠 이벤트 마케팅의 전문인력은 매우 부족한 상태라고 해도 과언이 아닐 것이다. 이에 새롭게 부각되고 있는 스포츠 이벤트 마케팅에 관심을 가지고 연구 및 스포츠활동에 참여하는 것 또한 바람직한 일이 될 것이다.

3. 스포츠 이벤트의 분류

스포츠 이벤트는 참가자가 스포츠를 직·간접적으로 참여하거나 즐길 수 있는 활동으로 건강증진, 기업홍보, 지역경제 활성화 및 지역 이미지 제고 등 다양한 목적으로 개최되며, 참가자의 입장에 따라 분류하면 크게 관전형 스포츠 이벤트와 참여형 스포츠 이벤트로 분류할 수 있다. 하지만 요즘 스포츠 이벤트에 참가하는 사람들의 특성에 맞는 다양화, 차별화, 세분화 양상을 보이고 있어 교육을 목적으로 하는 강습형 스포츠 이벤트로 다시 세분화시킬 수 있다.

1) 관전형 스포츠 이벤트

스포츠 이벤트 관전을 통하여 즐거움, 오락, 교양 등을 얻고자 스포츠 이벤트에 간접적으로 참여하는 것으로써 국내·외의 각종 스포츠대회 관전을 통해 개인이나 단체로 올림픽, 월드컵 및 국가, 지방자치단체 또는 특정 단체에서 개최하는 스포츠 경기에 참여하는 이벤트다.

2) 참여형 스포츠 이벤트

특정 스포츠 이벤트에 직접 참여하여 행동을 통해 자기 욕구를 충족시키는 형태로 국내·외 경기에 개인 및 단체로 직접 스포츠 경기에 참여하는 것이다. 최근 들어 일반인이 참여하는 마라톤대회가 급속도로 증가하는 것은 바로 참여형 스포츠 이벤트가 증가하고 있음을 나타낸다.

3) 강습형 스포츠 이벤트

특정 스포츠 이벤트에 대하여 관전형과 참여형 스포츠 이벤트가 혼합된 형태로, 특정 스포츠에 대한 지식을 습득하는 것이다. 이는 우리나라의 태권도를 배우기 위하여 입국하는 외국인이나 테니스, 골프 및 축구 등 특정 스포츠를 배우기 위하여 강습회, 스포츠교실 등에 참여하는 형태이다.

▸▸ 그림 7-3 **미국 메이저리그와 테니스 4대 메이저대회**

제3절 스포츠 이벤트의 발전방향

사회의 발전과 더불어 스포츠 이벤트 또한 하나의 산업으로 그 발전속도가 가속화될 것이다. 오늘날 스포츠 이벤트가 현대인에 미치는 영향은 매우 크다. 우리의 일상생활 주변에는 스포츠 이벤트와 관련된 선수나 조직을 비롯한 사람들의 관심을 끌 수 있는 숱한 스포츠 화제 등 무수한 것들이 상품으로 자리 잡고 있다. 따라서 이러한 스포츠 이벤트를 활성화하기 위한 여러 방법이 모색되고 있다. 조배행(1999)은 지역주민 참여 활성화, 사전 · 사후 영향평가 시스템 도입, 지속적인 스포츠 관광상품 개발 강화, 지역 스포츠 이벤트 활성화, 사후시설 운영관리 강화, 추후 정책 연구과제 등을 제시하여 미래 스포츠의 긍정적인 발전방안을 제시하였다. 이를 정리하면 다음과 같다.

1. 지역주민 참여 활성화

스포츠 이벤트는 지역주민들의 많은 참여가 필수적이다. 현대는 대중화 사회이며 스포츠 이벤트 또한 시대의 요구에 부응해야 한다. 시대의 흐름 속에 있는 원인의 필연성을 포함하여 영향력을 갖는 사회현상을 근거로 할 필요가 있다. 따라서 이들 지역주민의 적극적인 참여와 성원이 가능하도록 하는 제도적인 장치가 필요하다. 주민참여가 결여된 이벤트는 개최 이후 지역의 경제, 사회·문화, 자원환경 등의 측면에서 지속적으로 유지, 존속되기 곤란하고 지역사회나 주민들에게 외면받을 수 있다.

2. 사전·사후 영향평가 시스템의 도입

스포츠 이벤트 역시 그 개최목표와 행사내용 등을 실행하기 위해 조직 운영위원회 등과 실행기구들이 설치되어 행사를 운영하게 되는데, 이들이 한시적으로 운영되는 것이 아니라 지속적으로 발전되기 위해서는 스포츠 이벤트가 어떻게 관광적 측면과 통합되는지를 이벤트 개최 이전단계와 이벤트 개최 당시, 그리고 이벤트 개최 이후 각각 그 영향에 대한 평가를 통해서 확인하고 재검토할 필요가 있다. 이러한 사전·사후 영향평가를 통해서 이벤트관광의 최종 목표 달성 정도를 각각 확인할 수 있는데, 실질적으로 그 최종 목표는 각 분야에 대한 성공 여부를 판단하는 지표들의 분석을 통해서 가능할 수 있으며 이들 지표는 〈표 7-1〉과 같다.

▸▸ 표 7-1 **스포츠 이벤트의 성공지표**

분야	최종목표	성공지표
조직적 측면	• 자원봉사자의 참가 최대화 • 행사의 효율성 증대 • 네트워크의 개발과 확대	• 참여율 및 이탈률 분석 • 행사재원 절감 확인 • 행사 지지도와 참가단체의 수
경제적 측면	• 행사 수익의 극대화 • 지역경제 수익의 극대화 • 지역주민들의 혜택 극대화 • 지역사회 비용부담 최소화	• 경제성 평가, 비용편익 분석 • 관광객 지출 분석 • 승수효과 분석(소속, 고용효과 등) • 외부비용 측정

사회·문화적 측면	• 스포츠 활성화와 여가기회 창출 • 지역사회 유대 강화 • 문화유산 보존의 촉진 • 지역주민 지지와 자긍심 촉진	• 스포츠에 대한 인식조사, 참가자 수, 관련 행사 개최 수, 시설 사후 활용도, 참여단체의 수, 재정규모 등 분석 • 행사를 위한 기부금 등 모금 액수
환경적 측면	• 공해와 생활환경 파괴 극소화 • 환경보존에 기여 • 지역시설의 개선	• 야생물 조사 • 대기·수질변화 추세 분석 • 사회 간접자본 투자분석
관광마케팅 측면	• 통합 마케팅으로 총관광객 증가 • 고객시장 확장과 숙박관광객 증가 • 관광시즌 및 방문객 체재일수 연장 • 매력적인 관광지 이미지 확산	• 표적시장의 확장 및 시장 다변화 분석 • 숙박 관광객의 비율 및 객실점유율 • 소비자 인식 및 행태분석 • 행사 관련 보도자료 분석 등

자료: 조배행, 1999.

3. 지속적인 스포츠 관광상품 개발 강화

스포츠 이벤트는 단순하게 경기만 운영하는 것이 아니라 경기 관람 이외의 볼거리를 제공해야 한다. 초대형 스포츠 이벤트를 성공시키기 위해서는 광고, 인적판매, 판매촉진, 홍보와 같은 다양한 마케팅수단이 활용될 수 있지만 무엇보다 중요한 것은 전국 및 세계매스컴의 이목을 집중시킬 수 있는 다양한 이벤트를 지속적으로 개최하는 것이다. 여기에는 스포츠행사를 위한 전용경기장의 착공이나 공사 진척, 그리고 개장을 축하하는 문화 이벤트와 특집 프로그램의 제작을 위해서 전 세계 기자들을 초청하는 팸투어 기획 등의 관심 고조 및 분위기 조성 활동, 그리고 한국의 멋과 풍류를 알리는 프로그램의 지속적인 개발 등이 이루어져야 한다. 현대인의 스포츠에 대한 관심은 일상생활뿐만 아니라 휴가 때도 발생할 수 있고, 이에 따라 스포츠활동에 참가하거나 스포츠 경기관람을 목적으로 하는 관광활동이 늘어나는 추세이다.

4. 지역 스포츠 이벤트 활성화

국내 스포츠 이벤트는 대부분 대도시 이벤트 중심 성향을 보인다. 특히 수도권에서 이벤트 집중 현상을 나타내고 있다. 물론 도시형 이벤트의 장점은 저변에 많은 팬을 확보하고 있으며 교통이 편리하고 대규모 이동이 가능하며, 매스

컴과 접촉하기 쉬워 홍보에 유리하고 전국 규모의 방송망을 포착하기 쉽다는 것이다. 그러나 앞으로의 스포츠 이벤트는 지방의 이행을 적극 유도하여 전국적인 스포츠 이벤트가 활성화되도록 해야 한다.

5. 사후시설 운영관리 강화

스포츠 이벤트 관련 시설 등은 개최 이후 특정 도시의 이미지를 다른 도시와 구별짓는 특징적인 것으로 관광객을 매료시킬 수 있는 매력적인 문화관광자원으로 활용될 수 있다. 도시 이미지의 강화에 올림픽이나 월드컵과 같은 초대형 스포츠 이벤트의 사후시설이 활용될 수 있도록 스포츠 이벤트의 계획단계부터 이러한 관련 시설의 활용에 대하여 사전에 치밀한 기획이 필요하다고 하겠다. 현재 월드컵 경기장 등이 각 지자체별로 부수적 용도로 많이 사용되고 있으며, 이와 같은 활용으로 인해 관리 비용을 위한 수입 개선을 꾀할 수도 있다.

6. 추후 정책연구

스포츠 이벤트 개최로 인한 지역 관광산업의 발전에 대한 유·무형의 파급효과가 많으므로 스포츠 이벤트의 개최 때 이에 대한 지속적인 모니터링과 사전·사후 영향 평가체계의 도입을 위한 각종 조사분석이 시행될 필요가 있다. 특히 개최지역 주민의 인식 및 태도 조사, 지역 개최의 경제성 평가, 행사 개최의 재무분석, 관광자의 인식 및 관광행태 등에 대한 사전·사후 평가연구가 반드시 수행되어야 한다. 이를 통해 스포츠 이벤트 개최단계는 행사 진행을 위한 기획자료와 필요한 관련 시설의 확인 또는 행사와 관련된 사전정보를 입수하여 관광마케팅활동을 전개함으로써 성공적인 스포츠 이벤트 개최를 위한 중요한 자료로 활용해야 한다.

CHAPTER

8

문화공연 이벤트

CHAPTER 8 문화공연 이벤트

제1절 문화공연 이벤트의 이해

1. 문화산업의 성장배경

오늘날 문화산업은 황금알을 낳는 고부가가치 산업으로서 그 중요성이 갈수록 높아지고 있다. '문화'라는 주제가 주목받고 있는 배경에는 현대사회가 점점 성숙사회로 이행되면서 생활인 물질적 충족보다는 정신적 충족에 대한 욕구를 추구하고 있기 때문이다. 즉 생활 그 자체가 하나의 문화로서 인식되는 현상이다.

문화적 가치가 있는 상품이 잘 팔리게 됨으로써 기업의 존재방식도 크게 변화하고 있다. 기업 간 경쟁이 격화되는 속에서 기업은 무엇보다 생활인 의식으로의 접근을 모색하게 되고, 상품 및 서비스에 문화적 부가가치를 부여하는 것이 요구되고 있다.

예술은 사회적 기능과 역할에 따라 다양한 모습으로 사회와 결합해 왔다. 특히 예술을 구성하는 그 시대의 기술과 기법 그리고 예술가의 창의성에 따라 새로운 모습으로 나타나며, 소비자를 형성한다. 최근에는 문화산업의 중심적 위치로 자리매김하며 문화 콘텐츠로서 인문학과 예술, 공학과 사회과학이 결합된 총체적 산업의 역할을 하고 있다.

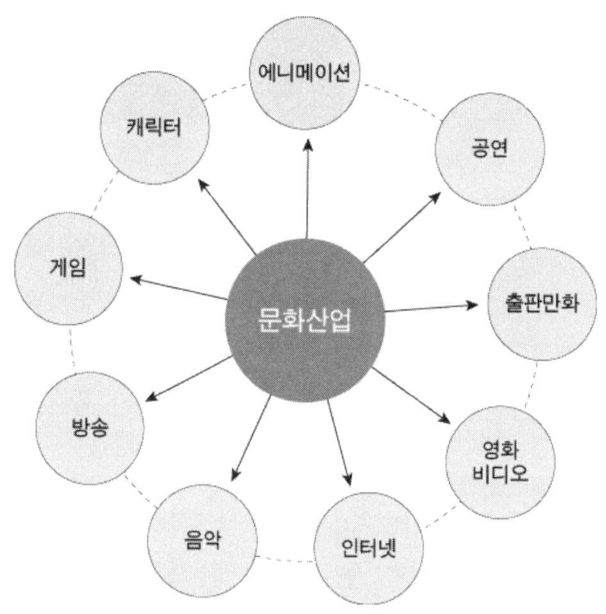

자료: 문화관광부, 2004.

▶▶ 그림 8-1 **문화산업의 원소스 멀티유즈**

문화산업이라는 용어는 프랑크푸르트학파의 거두인 호르크하이머와 아도르노(Horkheimer & Adorno, 1993)가 1947년에 발표한 『계몽의 변증법』에서 문화산업을 사회적 문제로 제기하면서 처음 언급하였다. 당시 대중문화 현상을 비판하면서 이의 대체어로 문화산업이란 용어를 사용하였다. 그들의 주장에 의하면 대중문화는 대중들이 자발적으로 만들어낸 문화가 아니며, 조작된 욕구에 의해 생산되는 문화이기 때문에 최초에 가졌던 그 원래의 의미가 상실되었으므로 문화산업이란 용어로 대체되어야 한다고 주장하였다. 이와 같은 문화산업은 다음과 같은 사회적 환경에 의해 급속하게 발전하고 있다.

첫째, 과학기술 수단과 정보통신기술의 발달로 문화의 산업화가 용이해지고,

음악 · 미술 · 연극 등과 같은 다양한 방면의 문화예술활동이 활발해지고 있다. 또한 의료보건기술의 발전으로 인간의 평균수명이 크게 늘어나고 본격적으로 고령화 사회로 진입하면서 각종 문화예술활동이 활발해지고 문화산업을 확대시키고 있다.

둘째, 소득수준의 향상에 따라 문화에 대한 향수 욕구가 커지면서 지적 · 미적 욕구를 충족시키기 위한 문화활동이 활발해지고, 소득이 증가하면서 근로시간이 혁신적으로 축소되며, 여가시간의 증가는 문화적 욕구를 만족시키기 위한 제반 활동을 증대시키고 그에 따라 문화산업은 활성화된다.

셋째, 정보화가 진전되고 상품 · 자본 · 기술 · 정보 · 사람 · 문화 등의 교류가 국제화 · 세계화되면서 전통문화의 보편성과 지속성이 유지 · 발전되고 타 문화와의 융합에 의해 새로운 문화 · 문화산업이 생성 · 발전하고 있다.

사회환경의 급격한 변화 속에서 문화산업의 특징은 단순히 '문화의 산업화' 현상에 그치지 아니하고 '산업의 문화화'라는 현상을 동시에 가지고 있다. 따라서 소비자들의 욕구가 다원화되면서 특정한 제품의 경제성 · 실용성뿐만 아니라 심미적인 측면을 요구하는 시대가 되었다. 문화의 산업화와 산업의 문화화현상은 문화의 시대 또는 문화전쟁의 시대가 도래하였음을 말해준다.

문화부문의 경제적 효과 창출이라는 측면에서 문화에 접근하게 된 것은 최근의 일로서 영화 · 애니메이션 같은 엔터테인먼트 산업이 높은 부가가치를 창출할 수 있는 파급효과가 큰 산업으로 거론되면서 문화산업의 경제적 효과가 부각되기 시작하였다. 영화 · 애니메이션 등 엔터테인먼트 그 자체의 상품에 생산국가의 가치관 · 문화 등의 정서를 포함하고 있어서 생산국가의 문화 전파 및 이미지 제고에 크게 기여하게 된다.

영화와 애니메이션은 영상 엔터테인먼트 산업의 대표적인 영역으로 대중성과 예술성 그리고 흥행성에 있어서 문화산업 중에서 창구효과가 가장 큰 중추적인 분야이다. 영상 엔터테인먼트 산업은 자체가 막대한 경제적 효과가 있을 뿐만 아니라 컴퓨터게임, 캐릭터 · 팬시상품과 관광 · 레저산업에 이르기까지 파급효과가 큰 미래 전략산업이다.

2. 예술과 엔터테인먼트

전통적으로는 클래식 · 오페라 · 연극 · 발레 · 회화 · 조각 등의 작업과 활동을 예술이라고 하였으나 오늘날에는 현대무용 · 영화 · 대중음악과 기타 다양한 영상예술 등도 광범위하게 포함되고 있다.

전통적으로 고급 예술이라고 표현되는 것들은 '고전음악 · 오페라 · 발레 · 연극 · 순수예술'이다. 고급 예술로서의 문화에 대한 정의는 말 그대로 순수 예술영역의 창작가치와 유일성에 대한 정의로 받아들일 수 있다. 대중문화에 대한 반의어의 개념을 내포하는 예술영역들로서 현대의 예술과 문화, 그리고 산업적 측면에서 바라보면 '비생산성'과 '의사소통의 난해함'을 의미할 수도 있는 정의이다. 그러나 현대에 이르러서는 문화산업과 대중예술에 대한 독창성과 원천적 자원으로서의 가치를 인정받고 있는 고급 예술로써의 문화는 그 자체로서 의미하는 바가 크다고 하겠다.

자료: 박정배, 2008.

▸▸ 그림 8-2 **예술시장의 핵심 편익**

예전에는 예술가의 관점에서 상업적인 엔터테인먼트와 예술을 뚜렷하게 구별하고자 하는 견해들이 있었으나, 최근 문화산업의 중요성이 커지면서 예술과 문화의 산업화를 중시하게 됨에 따라 예술의 대중화에도 크게 기여하였다.

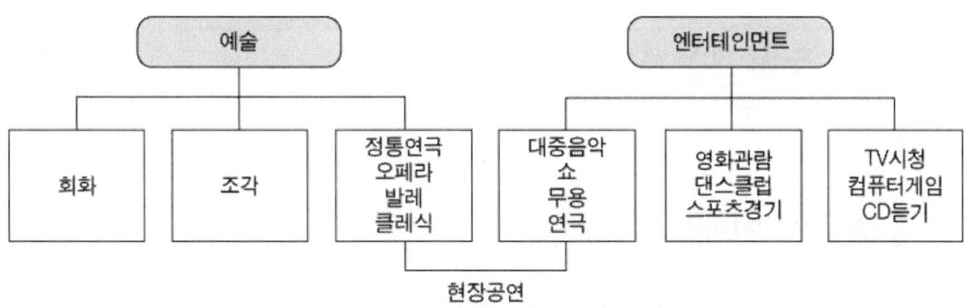

자료: Hughes, 2000.

▸▸ 그림 8-3 **예술과 엔터테인먼트**

실버(Silver, 2004)는 예술과 엔터테인먼트를 모두 문화 아이콘의 범위에 포함시켜 〈표 8-1〉과 같은 영역으로 구분하였다.

▸▸ 표 8-1 **문화 아이콘의 영역**

엔터테인먼트 매체	역사	위치
• 필름 • TV • 음악 • 문학 • 극장 • 스포츠	• 노스탤지어 • 역사적 사건과 이벤트 • 실제 또는 상상의 사건 • Current 이벤트 • 개인적 체험 • 정치	• 토착적 제례의식 • 토착지역 • 토착건축물 • 토착적 매력물 • 국제적 도시와 지역 • 전통예술과 공예품
상황별	**개념별**	**패션**
• 개인 · 라이프사이클 이벤트 • 종교의식 • 축제 • 휴가 • 계절 이벤트	• 감성과 가치 • 오감 • 철학적 개념 • 심리적 개념 • 신체적 개념	• 색감 • 의상 • 인테리어 디자인 • 기술 • 미술품과 공예품

자료: Silver, 2004.

제2절 문화공연 이벤트의 개요

1. 문화공연 이벤트의 정의

현대사회는 문화의 결정체라 할 수 있다. 즉 문화의 수준이 그 사회의 수준을 가늠하며 그 지역과 사회를 알기 위해서는 먼저 문화를 인지해야 한다. 문화공연 이벤트는 문화와 예술을 담당하는 사회조직이 자신들의 사회적 입지의 강화와 문화·예술을 확대하기 위한 하나의 방법으로 실시하는 이벤트이거나 다른 사회조직들이 자신들의 친사회적 이미지 구축을 위한 방법으로, 문화와 예술을 주된 내용으로 실시하는 이벤트를 말한다.

문화와 예술은 그 중심 공간이 일정한 공연능력을 갖춘 전문공연장을 중심으로 진행되기도 하며, 때로는 거리나 공원 등의 야외에서 이벤트 공간을 조성하여 진행할 수도 있다. 또한 일방적인 공연뿐만 아니라 참가자와 공연자가 서로 협력하여 어떠한 문화행위를 실시할 수도 있다. 자치단체와 공공단체의 경우도 문화공연 이벤트를 통해 지역주민들과의 커뮤니케이션을 구축하고 지역문화를 육성하는 한편, 지역활성화를 위한 수단으로 이용하고 있다.

문화산업이 새로운 21세기 미래산업으로 등장하는 현시점에서 문화를 통한 우리 사회의 발전전략을 추진하기 위해서는 무엇보다도 문화적 인프라 구축이 선행되어야만 한다. 다양한 문화적 인프라를 토대로 전국 각 지역의 독특한 문화적 유산을 기초로 한 예술·공연 이벤트를 개최함으로써 국가의 문화·지식산업의 발전을 도모하고, 해외의 관광객을 유치하며, 문화적 감수성을 기초로 한 창의적인 사회 분위기를 조성하여 21세기의 새로운 사회 모델을 완성해야만 하는 것이다.

▸▸ 그림 8-4 **발레공연과 오페라공연**

2. 문화공연 이벤트의 구성요소

문화 이벤트를 구성하는 요인들은 매우 많다. 그러나 이러한 요인들은 상호 복합적으로 구성되어 있다. 문화 이벤트를 구성하기 위해서는 기술적 측면만이 아니라 그 지역사회의 문화적 요인, 환경적 요인 등이 서로 결합되어야 성공적인 문화공연 이벤트를 완성할 수 있다. 조현호 외(2006)는 이들 구성요소들을 다음과 같이 정리하고 있다.

첫째, 문화적 배경이다. 문화 이벤트를 개최하고자 하는 지역은 그 지역만의 고유한 문화를 가지고 있어야 한다. 이런 문화를 가지지 못한 곳에서는 다른 성격의 이벤트 개최는 가능하겠으나 문화 이벤트의 개최는 불가능하다. 이 문화적 배경에는 그 지역의 역사 · 설화 · 놀이 · 풍속 등 다양한 내용이 포함될 수 있다.

둘째, 그 지역의 환경적 요인이다. 그 지역이 가지고 있는 정치 · 경제 · 사회 · 문화 등 외적 환경요인은 물론이고, 접근성과 주민들이 이벤트를 대하는 태도와 사회적인 기반시설의 정도까지 많은 요소들이 복합적으로 환경적 요인을 구성한다.

셋째, 이벤트 자체적인 것으로 연출가의 능력이나 전문성 및 이벤트 개최에 필요한 기술력 등을 지적할 수 있다.

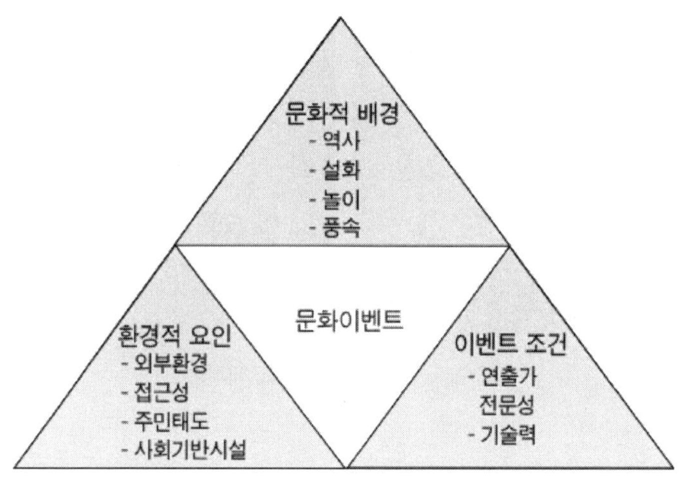

자료: 조현호 외, 2006.

▸▸ 그림 8-5 **문화 이벤트 구성요소**

이경모(2002)는 이벤트의 구성요소를 기술적인 측면에서 주 구성요소와 기타 구성요소로 구분하고, 주 구성요소는 연출자(배우), 장소(무대), 참여자(관객), 이벤트 프로그램으로 구분하였으며, 기타 구성요소로는 무대장치, 무대조명, 음향, 소품의 유형으로 구분하여 다음과 같이 설명하고 있다.

1) 주 구성요소

(1) 연출자(배우)

문화공연을 구성해 가는 인적 요소인 배우와 연출자, 즉 문화공연 이벤트의 핵심으로 문화공연 이벤트가 살아 있는 예술임을 밝히는 가장 중요한 요소이다.

(2) 장소(무대)

배우의 공연이 이루어지는 공간적 장소로써, 무대는 공연 이벤트에 없어서는 안 될 중요 요소이다. 장소로는 옥외의 놀이판, 굿판에서 현대식 극장무대에 이르기까지 다양한 형태가 있다.

(3) 참여자(관객)

공연 이벤트의 참여자인 관객(audience)은 단순한 구경꾼을 포함해 무대에서 연기하는 공연자에 적극 협력하여 훌륭한 이벤트를 만들어낼 수 있도록 공연자와 함께 호흡하며 공연에 창조적으로 참여하는 경우에 이르기까지 서로 다른 역할을 한다. 공연자와 관객의 호흡은 공연의 성과를 좌우한다.

(4) 이벤트 프로그램(시나리오)

관객 입장에서 공연 이벤트의 실체적인 상품이라 할 수 있는 프로그램은 방송, 연예와 음악 · 예능 · 연극 · 영화 등 주제에 따라 다양하며, 주제별로 상이한 프로그램과 경험이 제공된다. 연극의 경우 희곡은 즉흥적 성격의 단순한 줄거리 정도의 것에서부터 고도의 문화적 표현을 담은 극문학에 이르기까지 성격이 다양하며, 등장인물을 중심으로 그들 간의 관계가 꾸며내는 일정한 이야기가 필요하기 때문에 매우 중요한 역할을 한다.

2) 기타 구성요소

(1) 무대장치

정보의 전달, 감정에 대한 반응 강화, 극 행위의 관점으로 유도, 연기자를 부각시키고 역동성을 유발한다.

(2) 무대조명

가시화, 물리적 환경 조성, 공연 분위기 조성, 공간 설정, 입체적, 공연의 리듬 제공, 작품 주제 등을 이해하게 한다.

(3) 음향

음향이란 공연에서 중요한 요소인 소리 울림에 관련된 사항을 다루는 기술분야를 말한다.

(4) 소품의 유형

소품에 관해 이야기할 때에는 편의상 소품의 크기, 용도 그리고 기능에 의해 분류한다.

제3절 문화공연 이벤트의 발전방안

1. 문제점

한류가 빠르게 성장하고 있는 반면에 반한감정도 급속도로 높아지고 있다. 또한 2000년대 초반부터 시작된 한류열풍 속에서 끊임없이 제기된 문제는 한류 소재의 식상함이다.

공연 이벤트의 경우 우리나라에서는 출연자의 섭외에서 너무 유명 인물에 집착하는 경향이 있다. 이벤트 연출자로서 당연하다고 생각할 수 있으나 그 공연물에 가장 적절한 출연자를 섭외하는 것이 중요하다.

또한 클래식 공연이나 뮤지컬의 경우 고가의 가격문제, 이벤트 개최 장소의 부족 그리고 창의적 아이템 개발의 부재가 문제점으로 지적된다.

2. 미래 발전방안

우선 한류의 문제점을 해결하기 위해서는 다음과 같은 노력이 뒷받침되어야 할 것이다.

첫째, 한국의 TV드라마 · 음악 등의 대중문화가 더욱 활성화되고 자생적 · 창의적인 경쟁력을 갖출 수 있도록 자유경쟁 시스템과 시장질서의 확립이 필요하고 세계시장을 겨냥한 문화상품이 될 수 있는 보편성과 질적 수준을 확보해야겠다.

둘째, 한류가 한국의 관광목적지 이미지에 미치는 영향력을 더욱 강화할 수 있는 방안이 필요하다. 현재 한류의 주류를 이루고 있는 드라마나 음악뿐만 아니라 영화 · 게임 · 출판 · 애니메이션 · 공연 등 다양한 문화 콘텐츠가 현지에 진출할 수 있도록 하는 정보지원정책과 민간 네트워크 구성을 통한 체계적인 마케팅 프로그램 수행이 필요하다. 또한 세분시장별 문화상품과 관광상품을 유기적으로 연계하여 시너지효과를 극대화해야겠다.

공연 이벤트의 성공요소는 첫째, 공연의 질로서, 경쟁 공연제작사의 작품과 비교하여 작품의 질이 높으면 높을수록 공연 마케팅을 통한 경쟁력은 높아진다. 둘째, 효용성 정도로서 작품생산 · 관객개발 · 후원자모집 등의 효율성이 높으면 높을수록 공연 마케팅의 경쟁력은 커진다. 셋째, 시장정보는 관객에 대하여 알면 알수록 시장지배력은 더욱 커진다. 넷째, 마케팅효과로서 공연제작사가 마케팅에 적극적이면 적극적일수록 관객 개발이나 기금 조성에 있어 효과는 더욱 커진다.

관광 이벤트의 측면에서 관광지향성과 관광객 유인력의 정도에 따라 예술상품은 달라질 수 있다. 우선 관광대상의 유인력과 관광지향성이 약할수록 지방에서 개최되는 소규모인 경우가 많으며, 관광지향성이 강해질수록 개최지의 규모 및 관광객의 체류기간이 길어질 수 있다. 리조트 공연과 도시축제 등은 관광을 지향하는 성향이 강하지만 유인력에서는 그다지 높지 않은 것을 알 수 있으며, 1회성 연예인 공연은 유인력은 강하나 관광객지향성이 그리 높지 않은 것을 알 수 있다. 따라서 관광지향성과 예술 · 엔터테인먼트의 유인력을 적절히 조화시킬 수 있는 문화공연 이벤트가 개최되어야 할 것이다.

제 3 편

이벤트 운영 및 관리

제9장 이벤트 기획
제10장 이벤트 운영
제11장 이벤트 마케팅
제12장 이벤트 평가

CHAPTER

9

이벤트 기획

CHAPTER

9 이벤트 기획

제1절 이벤트 기획

기획이란 아직까지 없거나 어떤 새로운 일을 이루기 위해 미리 안을 짜는 것을 의미하는 것으로, 어떤 문제를 해결하기 위해 필요한 활동의 이미지를 만들어 제안하는 것이라 할 수 있다. 따라서 기획은 목표를 설정하고 그 목표들을 어떻게 달성할 것인가에 초점을 맞추는 실천적이고 지속적인 집행과정으로, 목적과 목표 실행을 위한 구체적이고도 미래지향적인 접근과정이다. 즉 어떤 목적과 목표를 달성하기 위해 일어나는 행동의 순서, 시간계획, 자금의 분배, 조직의 구성, 장소 선정과 배치, 스케줄 등을 늘어놓고 맞추어 나가는 것이다.

현대의 경영 및 마케팅에서는 사업기획, 광고기획, 제품기획, CI기획 등 모든 분야에서 기획이라는 단어가 사용되고 있다. 이는 이벤트 분야에서도 예외일 수 없다. 성공적인 이벤트를 개최하기 위해서 미리 그 사업의 중요성과 특성을 파악하고 이에 맞는 기획이 이루어져야 향후 더욱 발전된 이벤트로 성장할 수 있을 것이다.

기획은 전략, 전술과 구별되지 않고 쓰이는 경우가 많은데, 이를 좀 더 세부적으로 분석하면 차이가 있음을 알 수 있다. 전략은 헤드워크(head work), 전술은 풋워크(foot work), 기획은 핸드워크(hand work)라고 할 수 있다. 헤드워크는 머리싸움으로 경영자들이 갖추어야 할 능력을 의미하며, 풋워크는 행동이나 직접적 업무의 구조를 이루어내는 것이며, 핸드워크는 구체적인 연구라고 볼 수 있다.

기획과 관련된 개념으로 계획이 있다. 사전적 의미로 기획이란 일을 계획하는 것을 의미한다. 따라서 '기획'은 무엇을 할까에 중점이 있고, '계획'은 어떻게 할까에 중점을 두는 경우가 많다. 이러한 차이에서 보면 '계획'은 일의 내용이나 체계가 결정되어 있어 그것들을 어떻게 실시해야 하느냐의 경우에 사용되는 것에 반해, '기획'은 일의 내용 자체를 크게 결정해 가는 경우에 사용된다고 볼 수 있다.

기획의 본질인 일의 내용이나 체계를 결정하는 것은 무엇인가, 그것은 문제를 해결하기 위해서 생긴 지금까지 없었던 새로운 방법, 말하자면 아이디어(발상)를 말한다. 계획의 특징이 현실적, 논리적이라면, 기획이란 말이 가지는 이미지가 어딘지 모르게 창조적인 것은 그 때문이다.

이벤트의 성공적 개최를 위해서는 적절한 계획이 중요한데, 여기에는 적절한 자원의 배분, 예상되는 문제점에 대한 대비, 목표를 달성하기 위한 전략 등의 내용이 포함되어야 한다. 이런 업무를 종합적으로 관리하는 업무가 기획이다. 이벤트를 성공시키기 위해서는 좋은 기획이 전제가 된다.

이에 따라 어떤 목표를 설정하고 그 목표를 실현하기 위해서는 창조적 사고, 논리적 사고, 현실적 사고의 3요소가 필요한데, 기획은 이를 유기적으로 결합시키는 활동이며 그 제안내용과 제안을 정리하기까지 이르는 과정의 작업을 기획이라 한다.

기획의 3요소 중 첫 번째인 창조적 사고는 목표달성 · 문제해결을 위한 방법을 창조하는 것으로, 보다 창의적이고 독자적인 것을 의미한다. 두 번째인 논리적 사고는 독창적이고 실현 가능한 문제해결 달성 및 문제해결 방법을 논리에 맞게 체계적으로 정리하는 능력으로 창조적 사고를 구체화시키는 것이라 할 수 있다. 세 번째인 현실적 사고는 창의적이고 논리적인 사고를 현실화시킬 수 있는 요소로서, 결국 기획은 세 가지 요소를 바탕으로 이루어지게 된다.

기획이란 창조적인 아이디어를 구체적인 계획으로 전개하는 일련의 과정이라 할 수 있다. '기획력'은 단순히 새로운 가치를 창조한다는 것에 그치지 않고, 그것을 알기 쉽게 정리하여 상대방에게 제안하는 능력까지도 포함된다. 따라서 기획력은 읽고 쓰고 말하는 3가지의 사고활동에서 이루어지는 종합적인 능력이며 구체적으로는 ① 발상력, ② 기획서 작성력, ③ 프레젠테이션 능력이라는 3가지 요소로 구성된다.

단순한 아이디어는 기획이 아니다. 그것이 논리적으로 목적에 합치하는가, 현실적인가 아닌가의 기준을 판단하지 않으면 아이디어는 기획이 될 수 없다. 따라서 좋은 기획을 하기 위해서는 창조력 이외에 정보력과 문제의식이 반드시 필요하다. 정보력은 기획에 필요한 여러 가지 소재를 조달하는 힘으로서 데이터의 수집과 분석을 할 수 있는 능력이다. 문제의식은 문제나 목적에서 새로운 문제를 발견하고 구체화시키며 해결해 나가는 능력으로, 기획의 전 단계에 필요한 에너지라고 할 수 있다(홍선의, 2011).

1. 이벤트 기획과정

이벤트에서의 기획은 주어진 여건하에서 이벤트의 목적과 목표를 달성하고 과제를 해결하기 위한 전략과 내용을 요약·제안하여 이벤트 개최를 결정하게 하는 창조적 작업을 말한다. 따라서 기획은 모든 이벤트 과정의 출발점이며, 이벤트 실행을 위한 기준점이 된다고 볼 수 있다.

이벤트의 성공적인 개최의 원동력이자 가장 기초가 되는 것이 기획단계라고 할 수 있다. 이벤트의 성공적 개최를 위해서는 적절한 계획이 중요하며 이러한 계획에는 적절한 자원의 배분, 예상되는 문제점에 대한 대비, 목표를 달성하기 위한 전략 등의 내용이 포함되어야 한다.

그러나 이벤트는 일반 사업과 달리 계획된 대로 진행되지 않을 경우 대개 실패로 사업을 종료하게 되는 경우가 많고, 시행착오를 수정하여 개선된 이벤트를 동일한 대상에게 다시 제공하기가 그리 쉽지 않다는 특징이 있다. 이에 따라 이벤트의 전략적 계획의 수립은 매우 중요한 과정으로 수행되어야 한다.

현대의 이벤트사업을 둘러싸고 있는 환경을 가장 잘 특징짓는 것은 바로 환경의 불확실성이다. 이러한 환경의 불확실성은 환경에 서로 다른 요소들이 얼마나 많이 존재하는가에 대한 정도인 복잡성 차원과 환경을 구성하는 요소들이 얼마나 많이 변화하는가에 대한 정도를 나타내는 변화 정도의 차원으로 구분할 수 있다.

환경의 불확실성은 이벤트의 목표달성 여부를 좌우할 수 있으므로 기획자는 항상 환경변화에 주목하고 분석하여 대응전략을 찾는 노력을 기울여야만 한다.

따라서 성공적인 이벤트를 개최하려면 무엇보다도 개최하고자 하는 이벤트만의 독특한 강점을 최대한으로 살리면서 환경변화에 적응하는 사업계획을 수립하는 것이 무엇보다 중요하다.

전략적 이벤트 사업계획의 과정은 8단계로 이루어져 있는데, 1단계는 개최목적 설정, 2단계의 환경분석과 3단계의 시장조사는 환경변화를 예측하고 이에 대응하기 위한 과정이며, 4단계의 목표설정과 5단계의 기본계획수립은 이벤트 수행목표와 정책을 수립하기 위한 과정이라고 할 수 있다. 6단계의 운영계획수립과 7단계의 실행, 그리고 8단계의 평가는 이벤트 운영에 필요한 각 부문의 활동을 조정하고 통제하여 목표한 성과표준을 제시하기 위한 과정이라고 할 수 있다.

각 단계별 과정은 독립적으로 존재하지 않고 밀접한 관련성을 지니고 있다. 따라서 전략적 사업계획수립은 어느 과정도 소홀히 다루어서는 안 되는 것으로, 각각의 과정이 모두 중요하게 다루어져야 전체 이벤트 구성과 운영을 성공적으로 수행할 수 있다.

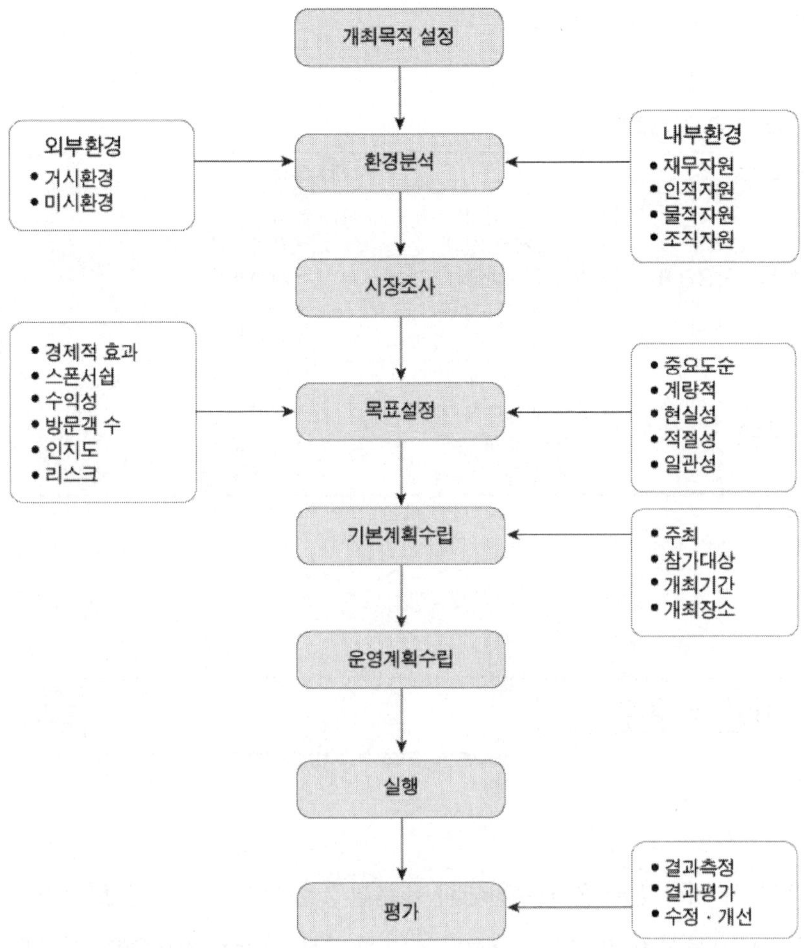

자료: 이경모, 2003 토대로 재구성.

▸▸ 그림 9-1 **전략적 이벤트 계획 수립과정**

2. 이벤트 개최목적

이벤트 개최를 결정하는 과정에서는 왜 이벤트를 개최하려 하는지의 필요성이 나타나게 된다. 이벤트의 개최목적은 개최자가 국가나 지방자치단체, 기업이나 특정집단, 개인 등 다양한 개최자 유형에 따라 다르다고 할 수 있다.

국가 또는 지역의 경우 이벤트 개최를 통해 국가(또는 지역)의 이미지 제고나 경제활성화 등이 목적인 반면, 기업의 경우 이벤트를 통한 기업홍보나 상품판매의 촉진 등의 목적을 달성하고자 할 것이다.

일반적인 개최목적은 〈표 9-1〉과 같다.

▸▸ **표 9-1 이벤트의 주요 개최목적**

개최자별	개최목적	
국가 · 지역사회 · 공공단체	• 국가경제 발전 • 지역경제 활성화 • 지역사회 발전 • 지역이미지 제고 • 국가 또는 지역 홍보	• 공공서비스 • 투자유치 • 환경개선 • 관광이미지 제고 • 관광객 유치
기업 · 민간단체	• 기업이미지 제고 • 상품 판매촉진 및 PR • 신상품 소개 • 수익 창출	• 정보전달 및 정보교환 • 교역 증진 • 국제교류 • 우호 증진

자료: 이경모, 2003.

제2절 이벤트 환경분석

이벤트 개최 시 이를 둘러싼 외부환경과 내분환경을 분석하는 것을 일반적으로 환경분석(SWOT분석)이라 한다. 환경분석은 주어진 상황을 전략적인 시각으로 분석하여 기회와 위협의 요인들을 도출하고, 이렇게 도출된 기회와 위협을 강점을 통하여 활용하고 약점을 보완하거나 회피할 수 있도록 전략의 방향과 세부전술을 수립함을 목적으로 한다.

이벤트는 변화에 민감해야 하고 변화에 대처하기 위해서는 이벤트 환경을 꾸준히 분석하고 평가해야 한다. 급변하는 변화에 적절히 대응하지 못할 경우 성공에 위협을 받을 수 있다.

환경분석은 이벤트의 성공가능성을 예측함에 있어 외부환경과 내부환경의 중요한 요인들을 바탕으로 전략수립을 가능케 하는 분석도구로써 〈표 9-2〉와 같은 요인들을 예시할 수 있다.

▸▸ 표 9-2 **이벤트의 환경분석 변수**

구분	요인	예		
외부환경	거시환경요인	• 경제적 요인 • 인구통계 요인 • 법적 요인	• 사회적 요인 • 정치적 요인 • 자연적 요인	• 문화적 요인 • 기술적 요인
	미시환경요인	• 참가자	• 공급업체	• 경쟁자
내부환경	재무자원	• 개최자 자금 • 기금	• 보조금 • 신용도	• 스폰서십
	인적자원	• 역량 있는 관리자	• 헌신적 종사자	• 훈련된 봉사자
	물적자원	• 행사장소	• 행사장 시설	• 이벤트 운영장비
	조직자원	• 이미지와 교섭력	• 매체와의 관계	• 스폰서와의 관계

자료: Getz, 1994.

1. 이벤트 개최 환경분석

1) 외부환경

이벤트의 개최목적과 목표를 달성하기 위해서는 이벤트 개최를 둘러싼 다양한 환경을 파악하고 있어야 한다. 일반적으로 이벤트에 영향을 미치는 외부환경은 거시환경 요인과 미시환경 요인으로 나눌 수 있다.

이러한 외부환경은 거시환경 요인(인구통계적, 경제적, 사회적, 문화적, 기술적, 정치적, 자연적 요인)과 미시환경 요인(참가자, 공급업체, 경쟁자)이 이벤트 개최에 미치게 될 영향의 긍정적인 측면과 부정적인 측면을 분석하는 것이라고 할 수 있다. 이벤트 개최의 성공가능성을 높일 수 있는 긍정적인 측면의 외부환경은 기회요인이고, 이벤트 실패로 이끌게 할 가능성이 높은 부정적인 측면의 외부환경을 위협요인이라 말한다.

(1) 거시환경 요인

① 인구통계적 환경요인

인구통계적 환경이란 인구수 · 인구밀도 · 주거지 · 연령 · 성별 · 인종 · 직업 · 교육수준 등의 통계치와 관련된 환경요인을 말한다. 인구통계는 사람을 포함하고 있고 사람은 시장을 구성하므로 특히 이벤트 전략을 수립하기 위해서는 인구 변화와 추세를 모르고서는 정확한 표적시장을 알 수가 없다. 따라서 이벤트관리자는 이벤트 참가대상자의 특성뿐 아니라 사회 전체의 인구통계적 변화를 인식할 수 있는 안목을 지녀야 한다.

이벤트관리자는 여러 가지 정보원천으로부터 인구통계적 자료를 얻을 수 있다. 통계청과 같은 정부기관은 인구통계에 대한 주요 자료의 공급원천이다. 또한 여론조사 및 마케팅조사 전문기관들도 유용한 인구통계적 정보를 제공한다.

② 경제적 환경요인

경제적 환경이란 소비자의 구매력과 소비유형에 영향을 미치는 요인들로 국민소득, 경제성장률, 물가상승률, 실업률, 임금인상률, 이자율 및 인플레이션 등을 들 수 있다. 대부분의 경제지표들은 이벤트의 개최목적, 개최목표 및 주요 참여대상의 선정 등에 많은 영향을 미치는 매우 중요한 환경이다.

따라서 경제적 환경은 계속적으로, 때로는 급격히 변화하는 양상을 보이기 때문에 이벤트관리자는 경제적 여러 변수의 변화를 정확하게 파악하고 예측할 수 있는 혜안이 필요하다.

③ 사회적 환경요인

사회적 환경은 연령, 인종, 성, 사회계층, 사회적 규범이나 라이프스타일 등에 따른 구성원 집단 또는 특정 사회집단의 사회생활이 이벤트에 긍정적 또는 부정적 영향을 미치는 것을 의미한다. 이는 사회의 다양한 집단들에 의해 주도되며, 사회단체, 예술단체, 종교단체, 스포츠단체 등이 좋은 예라고 할 수 있다. 특히 이러한 사회적 환경요인과 함께 특정 지역의 사회집단에 의해 기금조성, 후원, 캠페인 등의 목적으로 다양한 이벤트가 개최되기도 한다.

④ 문화적 환경요인

이벤트는 일반적인 사업과 달리 문화적 경험을 제공하는 계획된 활동이므로 문화적 환경요인이 매우 중요하다. 또한 이벤트 자체를 문화활동의 한 분야로 간주하는 계층이 있을 정도로 이벤트는 문화적 배경과 매우 밀접한 관련이 있다.

이는 문화적 환경이 변화함에 따라 이벤트의 개최목적, 목표, 운영방법 등이 모두 바뀔 수 있기 때문에 문화적 환경요인은 이벤트 수행에 있어 지배적인 영향요인으로 작용하고 있다. 따라서 특정 집단의 생활양식 변화를 이벤트 계획 수립 시 충분히 반영하는 것이 바람직하다.

⑤ 정치적 환경요인

이벤트 개최에 있어 정치적 환경의 변화에 의해서도 크게 영향을 받는다. 정치적 환경은 법률, 정당, 정부기관 및 각종 압력단체 등으로, 이벤트 개최 시 법적인 문제, 중앙정부 또는 지방자치단체의 정치적 성향이나 이벤트 지원수준을 결정하는 거시적 차원에서부터 이벤트 운영의 세부적 운영지침을 결정하는 미시적 차원에 이르기까지 다양한 분야에 영향을 미친다. 따라서 이벤트 계획 수립 시 개최시기를 중심으로 한 법적 · 정치적 상황이 충분히 고려되어야 한다.

⑥ 기술적 환경요인

인류의 미래에 가장 큰 변화를 야기하는 요인이 있다면 그것은 기술이다. 기술적 환경은 새로운 시장기회의 개척과 신제품의 개발에 영향을 미치는 기술들로 구성되어 있다. 급변하는 기술환경 속에서 현재의 방법에 그대로 안주한다는 것은 곧 뒤처져서 도태된다는 것을 의미한다. 따라서 주변의 기술환경 변화에 각별한 주의를 기울이고 필요한 기술은 즉각 도입 · 적용하여 경쟁력을 갖추어야 한다.

이벤트에서 기술의 발전은 이벤트의 운영 측면에서뿐만 아니라 이벤트의 마케팅, 재무관리, 인적자원관리 등 다양한 분야에 영향을 미친다.

⑦ 자연적 환경요인

자연적 환경이란 이벤트 개최에 영향을 받거나 이벤트관리자에 의해 투입요소로 사용되는 자연자원의 변화를 말한다. 이벤트 개최 시 자연적 환경을 통제할 수는 없다. 환경을 변화시키기 위해 노력하기보다는 환경요인을 분석해서 환경의 변화로 인해 제고되는 기회는 효과적으로 이용하고, 위험요소는 능동적으로 회피할 수 있는 전략을 수립해 나가야 할 것이다. 특히 야외 이벤트를 계획할 때 기상환경 요인을 점검하는 것은 필수적으로 거쳐야 하는 절차이다.

(2) 미시적 환경

이벤트관리자가 통제하기 어려운 외부환경에는 다양한 거시적 환경요인 외에도 이벤트 참가자, 경쟁자, 이벤트 운영에 대한 협력자 및 업무네트워크 등의 미시적 환경요인이 있다.

① 경쟁자

경쟁환경은 이벤트 개최과정에 있어 많은 영향을 주며 표적시장에 접근하기 위해 경쟁업자들의 기획전략, 프로그램전략, 운영전략, 마케팅전략 등에 대한 정보를 신속하게 입수하고 타 기업의 강점과 약점을 정확히 인식하여 사업계획을 수립하는 기초가 되어야 한다.

모든 이벤트는 다양한 형태의 경쟁을 한다. 경쟁에서 이기기 위해 이벤트관리자는 경쟁기업보다 고객의 욕구를 더 잘 충족시킬 수 있어야 한다. 단순히 고객의 욕구에 부응한다는 생각을 넘어 고객의 마음속에 경쟁사보다 더 강력한 위치를 점유할 수 있는 전략적 우위를 확보하여야 한다.

② 협력업체

이벤트 개최에 있어 이벤트 마케팅, 운영 및 연출을 하는 데 필요한 사업상의 다양한 서비스 제공업자를 말한다. 예를 들면 이벤트 시설이나 장소(또는 회의시설이나 전시시설), 디자인업체, 식음료업체, A/V업체, 출판이나 화훼업체 등의 결합으로 구성된다.

이벤트 개최는 각 구성요소의 가격, 품질, 상태 등에 영향을 받기 때문에 이벤트관리자는 구성요소의 가격, 품질, 상태뿐만 아니라 주요 투입요소에 대한 동향에 주의를 기울여야 한다.

③ 공중

공중이란 이벤트 개최에 있어 이해관계를 맺고 있는 소비자, 투자자, 금융기관, 언론기관, 정부, 사회단체, 지역사회 등을 말한다. 공중은 여론이나 구체적인 행동으로, 이벤트 운영에 직·간접적으로 크게 영향을 미친다.

따라서 이벤트 개최를 성공적으로 수행하기 위해서는 공중과의 업무네트워크는 중요한 변수가 되기 때문에 이벤트관리자는 외부의 미시적 환경요인에도 주의를 기울여야 한다.

2) 내부환경

이벤트관리자는 내부적으로 지닌 자원, 즉 재무자원, 인적자원, 물적자원, 조직자원 등 내부적 자원을 분석하여 이벤트 개최에 있어 개최조직의 강점과 약점을 파악할 필요가 있다.

이와 같은 내부환경분석은 강점을 성공의 기회로 연결시키고 약점을 보완하거나 약점으로 야기될 수 있는 위험을 미리 예견하여 이에 대비할 수 있는 기회를 마련하기 위함이다.

(1) 재무자원

이벤트에서의 재무자원은 이벤트 개최를 위해 필요한 개최자 소유자금, 기금이나 보조금, 스폰서십이 포함될 수 있다. 이러한 재무자원은 이벤트의 계획, 이벤트 운영 등의 전 과정에 필요한 자원으로, 이벤트 개최에 있어 내부적으로 매우 중요한 자원으로서 이벤트의 품질을 향상시키는 핵심요인으로 작용하고 성공여부에 영향을 미치기도 한다.

따라서 재무자원을 충분히 활용하기 위해서는 재무자원의 가용성과 현금흐름 및 재무적 안전성이 뒷받침되어야 한다.

(2) 인적자원

인적자원은 이벤트 개최에 있어 무엇보다 중요한 내부자원이라고 할 수 있다. 이벤트에 필요한 주요 인적자원으로는 관리자, 유급종사자 및 자원봉사자 등이 있는데, 이벤트관리자는 이벤트의 운영조직, 즉 인적자원을 관리함으로써 내부에서 실행되는 업무를 관장하게 된다.

따라서 훌륭한 인적자원, 즉 리더십을 갖춘 관리자, 헌신적으로 업무를 수행해 나가는 유급종사자, 그리고 충분하고도 잘 훈련된 자원봉사자를 갖추고 있다는 것은 이벤트 운영에 필요한 준비가 완료된 것이나 다름없다.

(3) 물적자원

이벤트 개최에 필요한 내부자원 중 물적자원은 이벤트 개최시설이나 운영장비처럼 외부 미시적 환경의 협력업체에 의해 대체될 수 있는 성질의 것도 있으나 그렇지 않은 것도 있다.

물적자원 중 가장 중요한 것은 개최장소나 시설, 운영장비 등을 들 수 있다. 개최장소(또는 행사장소)는 참가자 수용능력, 행사장까지의 접근성 등을 결정하는 요소이며, 개최시설(또는 행사장시설)은 참가자를 위한 서비스 운영시설 및 이벤트 운영시설을 포함하기 때문에 중요한 자원이다. 또한 기계, 장비, 조명, 음향, 무대 및 예약 · 발권 · 정보처리에 필요한 컴퓨터시스템 등의 이벤트 운영장비도 중요한 물적자원이라 할 수 있다.

(4) 조직자원

이벤트 개최 시 무형의 자원으로서 중요한 역할을 하는 것이 조직자원이라고 할 수 있다. 경쟁력 있는 조직력을 갖기 위해서는 좋은 평판과 이미지, 우호적 교섭력과 네트워크능력을 지니고 있어야 한다.

행정지원을 포함한 다양한 지원을 기대할 수 있는 행정당국과의 관계, 홍보지원을 기대할 수 있는 매체와의 관계 및 재무지원을 기대할 수 있는 스폰서와의 관계 등이 있다.

SWOT분석을 통해 현재 상황(ST · SO · WT · WO)을 명확하게 파악하게 되고, 이에 따라 적절한 마케팅전략을 수립할 수 있게 된다. 각 상황에 따른 마케팅전략을 살펴보면 다음과 같다.

① ST(강점 · 위협 전략) : 외부환경에 위협요인이 있긴 하지만 상대적인 강점도 있으므로 자사의 강점을 적극 활용하여 공격적인 시장침투 전략이나

아이템 확충 전략을 전개할 수 있다.

② SO(강점 · 기회 전략) : 가장 유리하게 전략을 전개할 수 있는 경우로서 최선의 결합이 가능하며, 급성장을 통한 성공가능성이 가장 크다. 따라서 시장기회를 선점하는 전략이나 시장다각화 전략을 추구할 수 있다.

③ WT(약점 · 위협 전략) : 가장 치명적이고 위협적인 경우로서 약점을 극복하기 위해 시장을 재구축하여 시장에 집중화하는 전략을 전개하거나 일시 축소나 철수 전략을 고려할 수 있다.

④ WO(약점 · 기회 전략) : 기회는 존재하나 강점이 부족한 경우이다. 따라서 핵심역량을 강화하여 기회를 포착하거나 핵심역량을 보완하는 전략적 제휴전략을 선택할 수 있다.

▸▸ 표 9-3 SWOT분석에 따른 마케팅 전략방안

ST	SO
• 시장침투 전략 • 아이템 확충 전략	• 시장기회 선점 전략 • 시장다각화 전략
WT	**WO**
• 철수 전략 • 시장집중화 전략	• 핵심역량 강화 • 전략적 제휴

2. 목표설정

1) 시장조사

이벤트의 다양한 목표를 설정하기 위해서는 이벤트에 관심을 가지고 참여하고자 하는 이벤트 수요자를 대상으로 개최하고자 하는 이벤트의 수요특성이 감안된 시장조사(market research)가 선행되어야 한다.

이벤트 개최를 위하여 선행되는 시장조사의 목적은 크게 두 가지로 구분할 수 있다. 먼저 이벤트 개최와 관련하여 누구를 대상으로 하고, 대상자들의 관심사항은 무엇인지, 이벤트 개최 시 일반 대중과 언론은 어떤 반응을 보일지, 지역사회와 해당지역에는 어떤 파급효과가 있을지 등에 관한 개최환경을 조사하는 것이다.

시장조사의 또 다른 목적은 이벤트의 프로그램 기획과 운영에 필요한 정보를 얻기 위하여 실시된다. 이는 이벤트 개최를 통해 달성하고자 하는 목표수준의 설정, 재무적 성과와 실행가능성, 이벤트 프로그램과 서비스 운영에 필요한 아이디어의 수집, 이벤트 홍보를 위한 효율적인 촉진 프로그램의 설계, 시장조사를 통해 스폰서가 필요로 하는 수요자의 특성을 파악함으로써 스폰서십의 용이한 접근 등의 목적을 갖는다.

다양한 목적으로 이벤트 개최 전 시장조사를 실시하게 되며, 목적에 따라 조사의 내용도 달라지게 된다. 또한 조사목적과 조사내용에 따라 조사하는 방법도 서로 다를 수 있다.

참여대상자의 인구통계적 특성을 파악하기 위해서는 주로 설문조사 방법을 이용하게 되며, 이벤트에 대한 태도와 의견 등 개최 전 반응을 조사하기 위해서는 초점집단(focus group) 면접방법을 이용하기도 하고, 개최하고자 하는 이벤트의 상대적 특성을 파악하기 위해서는 관련 이벤트의 사례연구(case study) 방법을 통해 조사하기도 한다. 또한 이벤트의 계획과 운영에 관련된 자료를 얻기 위해서는 복합적인 방법을 사용하기도 한다.

2) 목표설정

이벤트를 개최하기 위해서는 환경분석과 시장조사를 실시한 후 이를 바탕으로 이벤트의 구체적인 목표를 설정하게 된다.

▸▸ **표 9-4 이벤트의 주요 목표**

구분	이벤트 전체	방문객 관련	재무 관련	운영 관련
관련 목표	• 인지도 증가율 • 이미지 포지셔닝 • 시장에서의 위치	• 방문객 수 • 특정수요 참여율 • 방문객 수 성장률	• 개최지 경제효과 • 수입 지출 규모 • 이벤트 운영 수익성 • 스폰서십 확보규모 • 수입성장률	• 자원봉사자 규모 • 리스크 억제율 • 프로그램 만족도 • 만족도

자료: 이경모, 2003.

이벤트 개최의 목표는 단일목표인 경우가 매우 드물고, 대부분 다양한 목표들이 복합적으로 구성되는 것이 일반적이라 할 수 있다. 이러한 이벤트의 다양한 목표는 각각 설정된 목표를 별도로 수행하는 것이 아니라 각 목표들이 서로 연계되어 주어진 기간 내에 달성되도록 동시에 추구하는 것이다.

이벤트관리자는 목표들을 설정하고, 그 목표에 의해서 수행될 업무를 관리하여야 한다. 이러한 목표를 설정하는 데 있어 다음과 같은 목표 설정방법(SMART objective)이 병행되어야 한다.

(1) 명확하고 뚜렷한 목표(Specific)

이벤트의 목표는 이벤트의 개최목적에 충실하게 명확하고 뚜렷하게 설정되어야 한다. 예를 들어, 이벤트의 개최목적이 지역경제 활성화라면 이벤트의 운영목표는 경제효과, 재정수입, 개최지 상품의 거래량 증가 등 개최목적과 관련된 목표로 명확히 설정되어야 하는 것이다.

(2) 측정가능한 목표(Measurable)

이벤트 운영의 목표는 계량적으로 표시되는 것이 좋다. 이는 애매모호한 목표는 목표로서의 의미가 없다고 할 수 있으므로 정량화된 목표에 따라 재무자원과 인적자원 등 내부환경요인을 투입하고, 이에 따른 성취된 목표량을 계량하여 이를 평가하고 다시 목표에 반영함으로써 이벤트 계획, 실행 및 운영관리를 수행할 수 있는 토대가 마련될 수 있기 때문이다.

(3) 달성가능한 목표(Achievable)

목표는 현실을 바탕으로 설정되어야 한다. 외부환경 및 내부환경 등을 고려하지 않고 무리한 욕심으로 참가자 유치나 성과목표를 무리하게 설정했다가 실제 달성하지 못하거나 이로 인해 해당 이벤트의 신뢰도까지 하락하는 경우를 종종 볼 수 있다. 따라서 거시적, 미시적 환경을 고려해 현실적으로 달성 가능하다고 판단되는 적절한 목표를 설정하여야 한다.

(4) 개최환경에 적절한 목표(Relevant)

목표는 이벤트 개최를 둘러싼 외부환경 및 내부환경을 바탕으로 일관성 있게 설정되어야 한다. 거시환경과 역행되는 목표 또는 내부환경의 인적자원과 재무자원이 고려되지 않은 목표 등은 목표달성이 어려울 뿐만 아니라 이벤트의 이미지를 실추시키는 결과를 초래하기도 한다.

또한 이벤트 개최 시 동시에 극대화되기 어려운 목표, 예를 들면 '높은 성장률'이라는 목표와 '낮은 리스크'라는 목표는 서로 상쇄관계(trade-off)에 있는 목표이기 때문에 목표를 설정할 때 목표 간에 일관성이 있도록 계획하는 것이 중요하다.

(5) 시간계획에 따른 목표(Time-specific)

개최목적에 따라 설정된 목표는 정해진 시간 내에 달성되어야 하고, 시간계획의 각 단계별로 계량화된 목표가 분배되어야 한다. 시간계획에 따라 달성 가능할 수 있도록 일별, 주별, 월별 또는 분기별 등에 따른 목표치를 배분해서 체크해야 하는 것이다.

(6) 중요도순의 목표

이벤트 운영에서의 다양한 목표는 복합적으로 구성되기 때문에 목표의 중요도에 따라 계층적으로 설정되어야 한다. 중요도를 정하는 데 있어서는 개최목적 · 개최환경 · 운영전략 등이 고려되어야 하며, 목표는 가장 중요한 것부터 덜 중요한 것으로 계층적으로 정리한다.

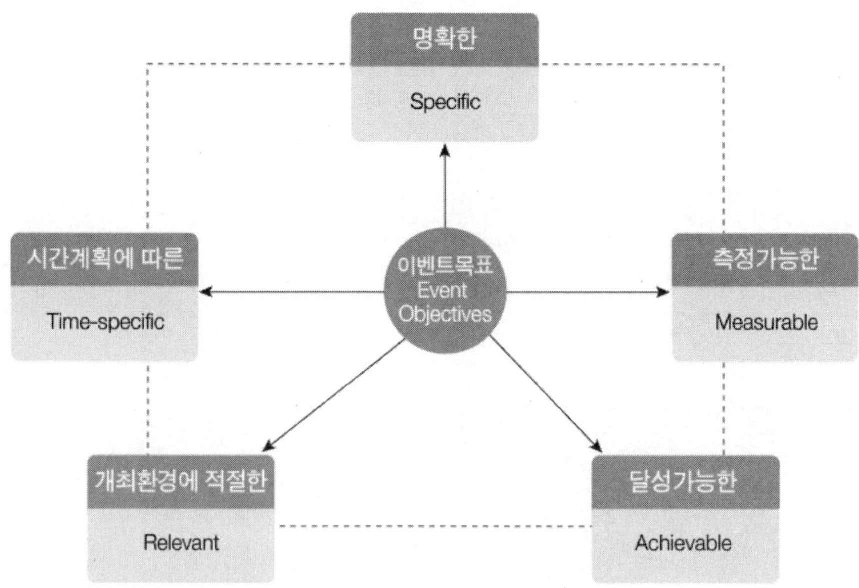

▸▸ 그림 9-2 **이벤트 목표설정방법**

CHAPTER

10

이벤트 운영

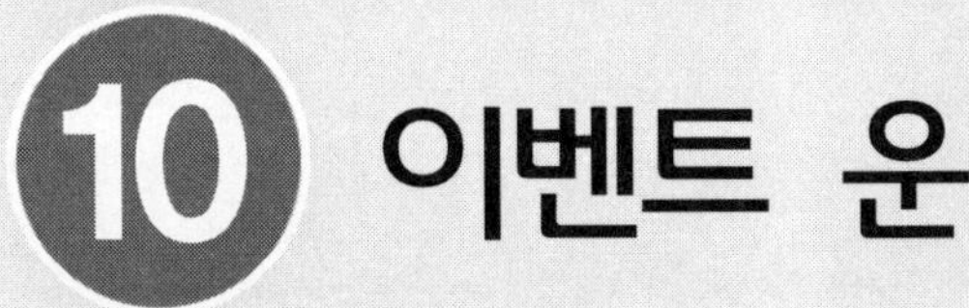

CHAPTER 10 이벤트 운영

제1절 이벤트 운영 개요

1. 이벤트 운영

운영이란 조직이나 기구, 사업체 따위를 운용하고 경영하거나 어떤 대상을 관리하고 운용하는 것을 의미한다. 이벤트의 원활한 운영을 위해서는 사전 및 사후의 많은 준비와 노력을 해야 한다. 사전준비는 기획서를 바탕으로 시작된다. 여기에는 이벤트 행사와 관련된 많은 과정과 내용이 포함되는데 이벤트 운영의 기초는 바로 이러한 기획의 완벽한 준비가 우선이다. 기획서와 관련한 사항은 9장에서 자세히 언급되어 있다.

이벤트의 원활한 운영을 위해서는 사전 및 사후에 많은 준비와 노력이 필요하고 각각의 다양한 조직 및 구성원들을 비롯한 모든 행사와 관련된 사항들이 조직적으로 짜여야 하는데 이는 조직, 프로그램, 서비스 행사장, 인력을 비롯한 각

각 이벤트의 특성에 맞게 구성되어야 한다. 모든 행사는 준비 단계에서 철저한 조사를 시작으로 마무리 단계까지 원활한 시스템으로 이루어져야 한다.

2. 프로그램 운영

이벤트의 특성을 가장 잘 나타내는 것이 프로그램이다. 따라서 프로그램을 운영하는 것은 그 이벤트의 특징을 표현하는 것과 동일하다고 할 수 있다. 프로그램이란 이벤트를 구성하고 있는 다양한 요소들을 표현하는 것으로 이러한 프로그램은 이벤트 참가자들에게 위락적 내용뿐 아니라 그 외의 여러 기능을 제공한다. 또한 프로그램의 기획과 내용에 따라 참가자들이 느끼는 심리적 만족은 서로 다르게 나타나며 이벤트의 이미지 형성에도 큰 작용을 한다. 따라서 기획자의 프로그램 기획과 실행 조직들의 관리가 성공적인 이벤트의 중요 열쇠가 된다.

이벤트 프로그램이란 이벤트를 구성하고 있는 다양한 요소들을 일컫는 말로써 참가자들을 위해 미리 짜인 물리적 또는 활동적인 유·무형의 구성을 말한다. 이벤트는 무형의 상품을 참가자에게 제공하는 과정으로 이벤트 프로그램은 서비스관리와 함께 참가자에게 상품으로 인식되는 핵심적 요소이므로 각별한 관리를 필요로 한다.

이벤트는 그 특성상 서로 다양한 프로그램을 보유하게 되는데, 프로그램 기간에 따라 상설 프로그램과 비상설 프로그램으로 나눌 수 있으며 활동 영역에 따라 체험 프로그램과 관람형 프로그램으로 나눌 수 있다.

1) 상설 프로그램

상설 프로그램은 이벤트가 진행되는 동안 지속적으로 이루어지는 프로그램을 말한다. 상설 이벤트는 주로 그 행사의 성격을 가장 잘 나타내는 프로그램이 주를 이루며 이런 상설 프로그램의 활성화에 따라 이벤트가 활기를 띠게 된다. 대표적으로 전시 이벤트, 기념품 판매 이벤트, 체험형태의 이벤트, 지역 홍보 이벤트 등 그 이벤트의 특성을 표현하기 위해서 다양하게 나타난다.

2) 비상설 프로그램

비상설 프로그램은 단기간의 프로그램을 말하며 이는 이벤트 기간 중 일정 기간에만 실시하고 그 후에는 실시하지 않는 프로그램을 말한다. 이는 일시적인 특별 행사에 필요한 프로그램을 말하며 전야제, 개회식, 폐회식, 시상식 등을 들 수 있다. 비상설 프로그램은 비록 단기적이고 짧은 행사이지만 오히려 상설 프로그램보다 더 많은 참가자들의 흥미를 끌 수 있으므로 잘 구성된 프로그램을 설정한다면 좋은 결과를 낳을 수 있다.

▸▸ 그림 10-1 2022 카타르월드컵 개막식

3) 체험 프로그램

현대사회의 관광 형태는 수동적인 형태에서 능동적인 형태로, 관람형 관광행위에서 체험형 관광행위로 변해가고 있다. 현대사회의이벤트 역시 많은 참가자들이 직접 와서 관람하는 것 이외에 직접 만지고 체험하는 형태의 프로그램이 선호되고 있다. 문화체육관광부 선정 최우수 축제의 경우 대부분이 참가자들을 위한 체험형 프로그램을 충실하게 운영하는 축제들이다. 체험 프로그램은 참가자들이 그 축제를 직접 느낄 수 있는 가장 좋은 방법의 하나이다.

▸▸ 그림 10-2 **보령머드축제와 화천산천어축제 체험 프로그램**

4) 관람형 프로그램

이벤트 특성에 따라 관람형 프로그램이 더 효과적인 경우가 많다. 특히 전시 이벤트나 문화공연 이벤트의 경우 관람형 프로그램만으로도 충분한 이벤트의 즐거움을 느낄 수 있다. 관람형 프로그램의 내용은 음악, 무용, 연극, 민속 공연, 유물전 등 다양하게 나타난다.

▸▸ 그림 10-3 **관람형 프로그램: 오페라와 클래식 공연**

◎ 제2절 이벤트 프로그램 기획

1. 프로그램 기획

이벤트 프로그램은 그 행사의 성격을 가장 잘 나타낼 수 있도록 설계되어야 한다. 따라서 그 행사의 특성을 가장 잘 이해하고 콘셉트를 가장 잘 연결할 수 있는 창의적이고 열정적인 사람들이 모여 행사 하나하나마다 성격에 맞는 프로그램을 구성해야 한다. 오늘날 국내의 수많은 축제이벤트를 보면 행사의 이름은 각기 다르지만 행사 프로그램은 전문성을 찾기 힘든 경우가 많다. 서로 창의적이지 않은 프로그램들이 혼재되어 있어 그 행사가 무엇을 의도하는지 알지 못하는 경우도 있다. 따라서 프로그램 기획자들은 그 이벤트의 성격에 가장 잘 부합하고 이미지를 가장 잘 부각시킬 수 있는 프로그램을 기획하여야 할 것이다. 이러한 프로그램 기획의 첫 출발은 아이디어의 창출에서 시작되어 실행 및 평가의 단계를 거쳐 다시 피드백 과정을 거치게 된다.

이벤트 프로그램 기획 시 아이디어의 창출 방법에는 여러 가지가 있다. 먼저 이벤트 이해관계자 및 외부로부터 아이디어를 얻는 방법과 이벤트에 참여하는 수요 또는 현장을 직접 조사하는 방법 등이 있고 이벤트기획 담당자 또는 개최조직 내 관련 담당자의 기획회의를 통해 구체화시키는 방법이 있을 수 있다. 이벤트 프로그램 기획에 있어 창의적 아이디어 발상(creative idea generation)의 중요성은 누구나 인지하는 사실이다. 그러나 독창적인 아이디어는 갑자기 찾아오는 것이 아니고 이벤트에 대한 평소의 관심과 지식을 갖추어야 함이 우선이다. 이벤트 기획자가 창의성을 배양하기 위해서는 그 외에도 개인적으로 사물에 대한 호기심이 있어야 하며 창출된 아이디어를 언어적으로 표현할 수 있는 능력을 갖추어야 하고 또 시각적으로 구성할 수 있는 능력을 지녀야 한다.

창의적 아이디어를 위해서는 기존의 요소를 새롭게 결합하는 능력과 상호 유기적인 관계를 이해하는 능력을 길러야 한다. 이벤트 기획자 역시 이벤트의 특성에 맞는 요소들을 하나씩 결합하여 이들을 각기 유기적이고 독창적인 프로그램으로 개발하여 참가자들을 이끌어야 한다. 창의적 아이디어를 창조하기 위해서는 단계적으로 실행해야 하며 이를 5단계로 분리하면 다음과 같다.

1) 자료수집 단계

이 단계는 이벤트 프로그램에 관한 아이디어의 자료가 될 수 있는 자료를 수집하는 단계로서 간단하게 생각할 수도 있지만 이것을 무시할 수도 없다. 자료의 수집은 두 가지 유형으로 나누는데 이는 특정자료와 일반자료로 구분할 수 있다.

특정자료는 이벤트와 관련한 자료를 말하며 이는 그 이벤트 외에 다른 유사 이벤트의 프로그램 등 전문적이고 세부적인 자료 등을 모두 포함한다. 이러한 특정 자료의 수집은 경쟁관계에 있는 이벤트 또는 유사 이벤트의 자료를 대상으로 프로그램 내용을 분석하여 수집하거나 과거 이벤트 참가자의 불만이나 희망사항, 개선사항을 직접 조사하여 체계적으로 자료를 수집할 수도 있다. 일반자료는 이벤트 이외의 자료를 말하며 이는 인구통계학적인 자료, 주변 지역 자료, 역사 문화 자료 등 이벤트 외적인 자료를 포함한다.

2) 감각 단계

이 단계는 머릿속으로 이 자료들을 검토하는 단계로서 모든 것이 생각 속에서 뒤죽박죽이고 사방에 명확한 것이 하나도 없는 단계를 말한다. 즉 머릿속으로만 아이디어가 맴돌 뿐 구체적으로 정확하게 돌출되는 아이디어는 아직 없는 단계이다.

이 단계에서는 수집한 다양한 이벤트 관련 자료를 예민한 생각의 촉각을 가지고 있는 그대로 느끼는 것이 중요하다. 이런 과정을 통해 불확실하거나 파편적인 아이디어들이 천천히 생각나도록 관련 자료들을 퍼즐 맞추듯이 지속적으로 생각해야 한다.

3) 자료의 통합 단계

이 단계는 무의식에 자료들이 통합되도록 하는 단계로서 절대적으로 어떤 의식적인 노력을 해서는 안 된다. 이벤트와 관련된 주제를 통째로 놓아두고 가능한 한 완전하게 문제를 잊기 위해 노력해야 한다. 이를 위해 음악을 듣거나 영화관에 가는 등 상상력과 감성을 고무시키는 일이라면 무엇이든 자극을 해야 한다. 일단 문제를 무의식에 맡기고 잠자는 동안에도 머리 안에서 아이디어가 이루어지도록 해야 한다.

4) 탄생 단계

이 단계는 프로그램 등의 아이디어가 실제로 탄생하는 단계로서 대부분의 창의적인 아이디어는 아이디어가 나올 것이라고 거의 기대하지 않을 때 떠오르게 된다. 즉, 한밤중이나 화장실에서나 목욕할 때나 운전할 때 등 주로 무의식적일 때 나오는 경우가 많다. 하지만 중요한 것은 해당 이벤트와 관련된 아이디어에 관한 생각을 계속해야 한다는 것이다.

5) 정교화 단계

이 단계는 아이디어가 실제로 이용될 수 있도록 다듬고 발전시키는 단계로서 이제 막 탄생한 작은 아이디어를 현실의 세계로 데리고 나와야 한다. 아이디어가 처음 나올 때는 일반적으로 아주 훌륭하다는 생각은 하지 못하겠지만 아이디어를 가다듬고 정확한 조건이나 긴박한 현실상황에 맞추기 위해서는 큰 인내심을 가지고 작업해야 한다. 또한 창의적이고 좋은 아이디어를 위해서는 이벤트 프로그램 전문가와 상의하거나 타인과의 토론을 통해 비편을 받아들이고 이를 개선·발전시켜 나가는 것이 좋다.

▸▸ 그림 10-4 **창의적 아이디어 절차**

이벤트기획 담당자 또는 개최조직 내 관련 담당자와의 기획회의(creative meeting)를 통해 구체화시키는 방법은 브레인스토밍이나 형태학적 분석 등의 이용이다. 브레인스토밍(brainstorming)은 다양한 아이디어 중 새롭고 기발한 아이디어를 채택하는 방법으로 비판금지, 자유로운 토의, 다량의 토의내용 원칙 등으로 잘 알려진 방법이다. 형태학적 분석(morphological analysis)이란 이벤트의 목표하는 문제의 명시적 정의를 설정하고 시간, 장소, 프로그램의 내용 등 중요 매개변수를 정한 다음 매개변수의 가능한 조합을 열거하여 대안의 타당성을 검토하는 것으로 프로그램의 기획과 구성에 동시에 사용할 수 있는 방법이다.

상기와 같은 아이디어 발상 단계를 거쳐 창의적인 아이디어가 완성되면 프로그램 관리자는 이를 현실화시킬 수 있도록 구체적인 실행방법을 찾아야 한다. 아이디어가 아무리 독창적이고 참신하다고 할지라도 너무 추상적이고 비현실적이면 실행하는 데 많은 어려움이 따르게 된다. 창출된 아이디어를 구체화시키기 위해서는 그 아이디어가 이벤트의 개최 목적과 일치하는지의 여부, 이벤트의 전반적인 경쟁력 여부, 법률적으로 타당성 여부와 현실적으로 실행 가능한지를 면밀히 검토해야 한다.

또한 프로그램을 운영하는 데 이것들이 경제적으로 타당성이 있는지 또는 내부적으로 충분한 운영능력이 있는지도 세부적으로 검토해야 한다. 즉 시설과 장비제작 가능성 및 비용, 조직의 프로그램 운영능력, 프로그램 운영을 위한 적합한 장소 이용가능성, 기타 프로그램 운영비용 등이 검토되어야 한다. 이런 실행가능성이 충분히 검토되면 창출된 아이디어로 기획된 다양한 프로그램을 어떻게 구성할 것인가가 계획되어야 한다. 따라서 이를 구체화시킬 수 있는 능력을 배양하는 것도 이벤트 프로그램 기획자의 중요한 몫이다.

2. 프로그램 구성

다양한 이벤트 프로그램을 운영함에 있어 그 목적을 간과해서는 안 된다. Getz는 이벤트 프로그램 포트폴리오 개발목적을 수익발생, 지역사회 공헌, 표적시장 유인, 커다란 홍보효과로 제시하고 있다. 이벤트 또한 하나의 경제 활동 행위로 본다면 이런 활동들은 이익을 내고 주요 방문객들을 유혹하거나 상당한 홍보효과를 발휘하는 모티브로서 활용하게 된다.

일반적으로 이벤트에서 운영되는 프로그램들은 전야제, 개회식, 폐회식, 시상식, 리셉션 등의 의식(ritual), 스포츠, 경연대회, 오락게임 등의 게임, 향토음식 판매, 기념품 판매, 지역특산품 판매, 경매코너, 기업홍보 등의 전시와 판매, 음악, 무용, 연극, 민속 등의 공연, 체험, 전시, 행위시범, 역사재현, 유물전, 주제강연 등의 교육프로그램 등이 있으며, 그 외에도 매우 다양한 프로그램을 개발하여 운영할 수 있다.

이러한 프로그램들은 이벤트의 유형과 특성에 따라 프로그램 채택 여부와 프로그램의 구성비율이 다르게 나타난다. 다수의 이벤트 프로그램이 운영되는 경우 방문객의 인구통계적 특성에 따라 세분시장별로 구성비율을 다르게 하기도 하고, 프로그램의 규모별로도 운영시간을 조절하며, 장소에 따라 프로그램을 구분하기도 한다.

1) 규모별 프로그램 구성

프로그램 규모별로 각각의 프로그램을 언제 어디에서 운영할 것인지가 결정되어야 한다. 즉 전야제, 개회식, 폐회식, 대규모 퍼레이드 등의 대규모 프로그램과 주제강연, 각종 공연 등의 중간규모 프로그램 및 행위시범, 역사재현, 전통놀이 참여, 캐릭터 쇼 등의 소규모 프로그램 및 체험형태의 개인 참여형 프로그램의 비율을 적절히 구성해야 참가자들이 체재 기간 중 효율적으로 시간을 활용할 수 있을 것이다.

2) 구역별 프로그램 구성

이벤트 프로그램에 참여하는 참가자의 편리를 도모하기 위해서는 이벤트의 각 프로그램을 구역화(zoning)할 필요가 있으며, 이는 방문객이 행사장 내에서 이동하는 동선과 함께 계획될 필요가 있다. 이는 일정 규모 이상의 이벤트에서 다양한 방법으로 구성될 수 있는데, 행사장을 구역별로 나누어 주제를 설정하는 방법이 있을 수 있으며 유사한 프로그램을 집단화하는 방법도 있을 수 있다. 중요한 것은 프로그램을 구역화하는 것은 개최자의 편의를 중시하는 접근이 아니고 참가자의 편리함을 위해 계획되어야 한다는 것이다.

3) 세분집단별 프로그램 구성

이벤트 프로그램은 참가자가 동질성(homogeneity)을 지닌 단일집단이 아닌 경우 각각의 세분집단별로 참가자들의 특성에 따라 구성되어야 한다. 국제회의와 같은 회의이벤트에서 동반자 프로그램(spouse program)을 운영하는 것도 세분집단의 욕구를 충족시키기 위한 것이다. 일반적으로 세분집단별 프로그램에서 구분의 기준이 되는 변수는 연령, 성별, 거주지별인 경우가 많다.

규모와 행사구역 및 세분집단별로 구분된 다수의 이벤트 프로그램이 동시다발적으로 운영될 경우 프로그램 운영시간과 동선의 배치에 따른 추천코스(model course)를 작성하여 장·단기 체재방문자 또는 재방문자에게 제공함으로써 프로그램 참여의 편의를 증진시킬 수 있다.

제3절 이벤트 행사장 운영

이벤트는 많은 사람이 모이고 이동하는 장소이다. 따라서 행사장의 관리에 무엇보다도 신경을 기울여야 한다. 이를 위해서는 이벤트의 특성에 맞는 행사장을 선정해야 하며 교통수단을 적절히 운영하고 관리하여 이동에 민첩하게 대응해야 한다. 또한 사고의 위험이 없는지 면밀히 검토하여 현장을 적절히 통제 또는 해제시켜야 한다.

1. 이벤트 행사장 위치 운영

1) 행사장 부지

행사장의 부지는 행사를 개최하는데 있어 가장 우선되어야 할 선제 요건이다. 이러한 행사장 부지를 선정하는 데 있어 다음과 같은 요소들을 충분히 검토해야 한다.

(1) 수용력

행사와 관련한 방문객들을 충분히 예측하여 수용력을 파악해야 한다. 적은 참가인원에 지나치게 넓은 행사장 부지를 선정한다면 행사가 초라해 보일 것이며 많은 행사인원에 비해 좁은 행사장 부지를 선정해도 행사가 어렵게 된다. 따라서 충분한 사전 예측을 통해 많은 행사인원이 행사장을 충분히 활용할 수 있는 행사장 부지를 선정해야 한다.

(2) 비용성

행사장의 부지가 비용적으로 합당한지를 결정해야 한다. 접근성만 강조한 나머지 지나치게 비싼 비용으로 임대한다든가 행사의 수익성에 비해 너무 고가의 행사장 부지를 선정한다든가 하면 성공적인 이벤트가 되기 어렵다. 따라서 이벤트의 경제성을 고려하여 적절한 부지를 선정해야 한다.

2) 행사장 부지

이벤트는 장소가 반드시 있어야 하는 행사이다. 따라서 이런 장소를 어떠한 위치에 설정하느냐는 방문객 유치에 있어 매우 중요한 변수가 된다. 이러한 이벤트 행사장 위치에 대한 중요성과 관련된 특징을 보면 다음과 같다.

(1) 접근성

행사장에 대한 접근성은 무엇보다도 중요하다. 아무리 좋은 행사를 한다고 해도 방문객들에게 접근성이 떨어진다면 성공하기 쉽지 않을 것이다. 만약 접근성이 떨어진다면 이를 위한 대비적인 수단을 강구해야 할 것이다. 사전에 도로에 대한 준비 또는 주차에 대한 준비를 충분히 확보하여 고객의 접근성을 원활히 유도해야 한다.

(2) 가시성

이벤트 참가자들이 이벤트 분위기나 흥미를 느낄 수 있는 가시적인 행사장 위치가 중요하다. 특히 폐쇄된 공간이 아닌 실외에서 실시하는 이벤트 행사의 경우 행사 참가자 이외의 다른 통행자들에게도 흥미를 이끌 수 있는 가시적이고 독특한 공간의 설정이 필요하다.

(3) 중심성

이벤트 참가자들을 많이 유인하기 위해서는 행사장의 위치가 시내 중심 또는 지역의 중심부에 위치하는 것이 유리하다. 변방 또는 너무 외곽에 위치하면 많은 관람객을 끌어들이기 쉽지 않을 것이다.

(4) 밀집성

이벤트는 그 행사 이외의 다른 업무도 동시에 치를 수 있도록 주변시설이 밀집된 위치라면 행사를 더욱 수월하게 진행할 수 있다. 이는 그 행사에 대해 충분히 알지 못했지만 다른 업무로 인해 행사장 주변에 있다가 흥미를 가지고 참여할 수도 있기 때문이다.

(5) 적정성

이벤트를 개최하는 데 행사장 위치가 법률적인 문제는 없는지, 행사로 인해 주변의 다른 시설 및 업무에 해를 미치지는 않는지를 고려해야 한다. 또한 그 장소가 환경적, 사회문화적으로 어떤 영향을 받는지를 면밀히 검토해야 할 것이다.

(6) 적합성

행사의 목적과 분위기, 이미지가 그 행사장과 잘 결합되는지를 고려해야 한다. 문화행사는 문화 관련 지역에, 축제이벤트 행사는 그 분위기와 이미지가 맞는 지역을 선택해야 한다.

3) 행사장 설치

행사장을 운영하기 위한 설치는 참가자들의 안전과 즐거움을 위해서 신경 써야 하는 부분이다. 더욱 쾌적한 행사장을 설치하기 위해서는 다음과 같은 요소들이 필요하다.

(1) 안전성

행사장 설치에 있어서 무엇보다 중요한 것은 안전성이다. 행사장 무대와 주변 관람석 또는 참여 프로그램 행사장 역시 방문객들의 안전에 이상이 없는지를 반드시 체크해야 한다. 문화축제 행사 시에 안전성을 외면한 채 행사를 진행하다간 큰 낭패를 당할 수 있다.

(2) 집중성

이벤트 행사장은 무엇보다도 관중 또는 참가자들이 집중할 수 있는 시설 등을 구비해야 한다. 화려한 조명이나 색다른 장비를 활용하여 참가자들이 프로그램에의 집중을 유도함으로써 행사에서 만족을 느끼고 좋은 이미지를 갖도록 해야 할 것이다.

(3) 분산성

하나의 행사장은 그 행사장에만 집중이 필요하지만 여러 행사장이 산재해 있는 경우 이를 분산시킬 수 있도록 동선 관리 및 배치를 해야 한다. 따라서 여러 행사장을 골고루 볼 수 있는 행사장 구조가 이루어져야 한다. 동선 관리는 원활한 행사 진행을 위해 충분히 고려되어야 한다.

2. 행사장 서비스 운영

행사장 운영과 관련하여 방문객들에게 좋은 품질의 서비스를 제공해야 한다. 특히 행사장의 분위기와 서비스는 방문객의 서비스 만족과 직결되므로 항상 행사장 서비스에 많은 관심과 노력을 기울여야 한다. 또한 이런 서비스는 하나씩 독립된 개체들이 아니라 서로 유기적으로 결합된 하나의 통합 시스템으로 관리해야 한다. 일반적으로 행사장 운영과 관련된 서비스는 다음과 같이 구분할 수 있다.

1) 교통 서비스

교통안내 서비스, 교통시설 제공 서비스, 교통정리 서비스, 주차 서비스, 방문객 수송 서비스 등

2) 안내 서비스

행사장 안내 서비스, 홍보물 제공 서비스, 통역 서비스, VIP 접객 서비스, 관람

객 동선 관리, 매표 관리 등

3) 편의, 위생 서비스

식음료 서비스, 상점 서비스, 휴식 서비스, 화장실 서비스, 쓰레기 관리 등

4) 안전 서비스

긴급사태 응답, 커뮤니케이션, 응급 의료 서비스, 방송 서비스, 분실물 신고 등

5) 기술제공 서비스

행사장 음향, 행사장 조명, 상 · 하수 시설, 가스시설 등

3. 행사장 운영관리

1) 운영본부

행사장 내에서 운영을 총괄하는 조직으로, 행정업무의 중심지이기 때문에 모든 운영요원들과의 연결과 의사소통이 이루어져야 하는 커뮤니케이션 센터로서의 역할도 수행한다. 내 · 외부 어느 곳으로부터도 접근성이 용이한 장소에 위치하는 것이 좋고 이벤트 운영요원이나 자원봉사자를 위한 휴식공간을 마련하는 것도 바람직하다.

2) 운영매뉴얼

운영매뉴얼은 이벤트 행사장에서 운영계획과 진행조건, 운영요원의 행동지침 등을 규정한 매우 중요한 자료이다. 운영매뉴얼은 프로그램의 기획에 근거하여 작성된 것으로, 모든 이벤트 운영관련자에게 배포하여 그 내용이 숙지되어야 한다.

이벤트의 운영매뉴얼에는 행사일정이 상세히 기재된 스케줄 및 해당업무 담

당자, 행사장 관리에 필요한 각종 장비설치계획 및 이와 관련된 연락처, 행사진행요원의 근무시간, 복장, 행동요령 및 배치와 관련된 사항, 출연진, 초청연사 및 유력인사의 영접 및 안내계획, 관람객 유도 및 관람객이 이동하는 동선의 계획, 청소, 쓰레기처리, 위생 및 비상상황 처리요령 등이 포함되는 것이 일반적이다.

3) 기반시설

이벤트 행사장 운영에서 기반시설이 확보된 경우 많은 운영비용을 절감할 수 있으며 효율적인 프로그램 운영을 도모할 수 있기 때문에 기반시설은 중요한 성공요인 중 하나라고 할 수 있다. 이벤트 운영에 필요한 행사장의 주요 기반시설로는 동력과 냉난방, 조명, 음향 등 프로그램 운영에 필요한 시설, 식용수와 화장실에서 사용할 수 있는 급수시설과 하수설비 및 가스공급시설 등이 있다.

4) 입장권 관리

기업이벤트나 지역주민의 단합을 위한 축제이벤트의 경우에는 행사장 입장료가 책정되지 않고 무료입장이 가능하지만 이벤트 참가자의 입장료 수입이 주된 수입원이 되는 이벤트의 경우 입장권 판매는 이벤트의 성공여부에 큰 변수로 작용한다.

5) 안전 관리

이벤트 행사장에서 안전관리를 위해 기본적으로 필요한 것은 긴급상황 대처와 대피요령에 대한 운영 스태프이고 자원봉사자에 대한 교육, 비상구급에 필요한 물품의 비치 등이다. 아울러 안전사고의 리스크가 많은 경우 경찰 또는 안전요원의 배치도 필요하며, 이벤트에 따라 미아처리 담당자와 분실물 처리 담당자가 필요하다. 이 밖에도 위생안전을 위한 관리도 반드시 신경 써야 할 부분이다.

6) 식음료 관리

이벤트 행사장 내의 식음료 판매는 이벤트 개최조직에게 재정수입을 증가시키는 도구로 활용될 수 있으며 방문객에게는 미각의 즐거움을 제공하고 만족을 높이기도 하지만 행사장 내 다른 시설물이나 프로그램의 수에 비해 너무나 많은 수의 식음료 판매시설이 위치하거나 품질이 낮은 경우 이벤트의 이미지를 실추시키게 된다.

따라서 이벤트관리자는 식음료 판매시설 수의 적합성 여부, 행사장 내 최적위치의 지정, 영업시간, 위생안전, 음식물 처리 등에 대한 조사를 충분히 하여 방문객의 만족을 높이고 이를 통해 재정수입을 향상시킬 수 있는 방안을 모색해야 한다.

제4절 이벤트 서비스 운영

1. 이벤트 서비스관리

이벤트에 참가하는 방문객은 개최조직의 이벤트 행사장 운영과 이벤트에 구성된 각 프로그램의 내용으로 만족을 얻는다. 이벤트는 서비스상품으로서 행사장 운영과 프로그램의 내용을 핵심상품으로 방문객에게 제공하는 무형의 상품이라고 할 수 있다.

행사장 운영과 프로그램 운영 측면에서 완벽한 서비스를 방문객에게 제공하기는 쉽지 않기 때문에 이벤트관리자는 방문객에게 더 나은 서비스를 제공하기 위해 부단한 노력을 기울여야 한다.

이벤트의 서비스품질을 평가하는 데는 이벤트 행사장의 운영요인과 프로그램 관련 요인 및 이벤트 전체 이미지에 관련된 요인이 있다.

1) 행사장 운영 서비스

행사장 운영과 관련된 요인으로는 충분한 편의시설의 확보, 안내표지판, 동선, 세팅의 효율적 배치 등이 있다. 행사장 운영과 관련되어 방문객의 만족도를 높이기 위해서는 행사장과 무대세팅이 이벤트의 주제에 적합하고 독특해야 하며, 안내판을 비롯한 각종 설치물을 지속적으로 관리해야 한다. 또한 각 프로그램의 물리적 접근성을 높여야 하고 운영시간이 방문객의 기대에 부응하는 편리성이 있어야 하며 관람 대기시간 및 관람 편의시설의 불편함이 없어야 한다.

2) 프로그램 서비스

프로그램과 관련된 요인으로는 프로그램 내용, 정시 운영성, 결점이 없는 운영, 프로그램 참여 대기시간 등이 있다. 프로그램과 관련된 방문객 만족도를 높이기 위해서는 결정이 없는 프로그램과 원만한 진행, 정시에 운영되는 프로그램, 창조적이고 충실한 프로그램의 내용 등이 중요하다.

3) 이미지 서비스

이벤트 전체 이미지 관련 요인으로는 운영직원 · 자원봉사자의 대응성, 전문성 및 서비스 일관성과 행사장소의 안전성 · 청결성 · 접근성 및 주어진 정보의 정확성 등이 있다. 이벤트의 전체적으로 긍정적인 이미지 창출을 위해서는 충분히 교육된 운영요원, 방문객 요청에 대한 충실한 응답, 서비스 제공에 대한 즉각적인 준비자세가 필요하고 제공정보가 정확하고 이해하기 쉬워야 한다.

2. 인력 운영

1) 내부 인력 운영

내부 인력 운영은 이벤트 행사 개최 전 · 후 과정에서 지속적으로 그 이벤트를 관리하고 향후 동일 이벤트를 준비하는 인력을 말한다. 인력 운영은 인력관리로 표현되기도 하는데 인력관리(HRM; Human Resource Management)란 조직체의 목표를 추구하기 위해 구성원들을 효과적으로 고용해서 조직하는 과정을 말한다.

Stone & Meltz는 인력관리를 계획 수립(수요 측정, 예측), 직무 분석, 직원 모집과 고용, 오리엔테이션, 연수교육, 간부 소질 개발, 보상과 특별한 수당, 건강과 안전 대책, 근로관계, 상담과 구직 알선 프로그램을 포함한다고 하였다. 그러나 오늘날 이벤트 인력은 대부분 자원봉사, 단기 운영요원 등 외부 인력에 의존하고 있으며 정규 직원인 내부 인력은 수적으로 소수에 불과하다.

2) 외부 인력 운영

이벤트 운영의 큰 특징 중 하나는 자원봉사자들의 역할이 대단히 크다는 점이다. 대부분의 행사는 자원봉사자들에 의해 진행되며 전문적인 내부 인력 또한 흔히 계약제 또는 파트타이머들이며, 이들 또한 자원봉사자들로부터 배출된 경우가 많다. 또한 행사 주최자들과 지역 공동체의 좋은 관계는 자원봉사자들을 잘 뽑을 수 있도록 하는 데 매우 중요한 역할을 한다.

자원봉사자란 보수를 바라지 않고 자발적으로 어느 기관 및 단체에 자신의 서비스를 제공하거나 활동에 참여하는 사람을 의미한다. 자원봉사자는 자원봉사 활동을 통해서 얻을 수 있는 개인적인 목적을 가지고 있다. 자원봉사자는 여러 경로를 통해 모집되는데 대부분 관련 후원단체들을 위주로 모집된다. 이들 관련 단체들은 그 이벤트의 성격에 더욱 잘 부합되기 때문에 전문적인 경영, 재무기획, 마케팅, 기술 등 다양한 능력을 갖춘 임시 근로자를 제공해 줄 수도 있다. 또한 국내에서는 대학과 같은 교육기관 등으로부터 자원봉사를 모집하기도 하며 그 외에 사회봉사 단체나 이익단체, 전문성 있는 개인들을 통해서 모집하기도 한다.

3. 인력 교육

1) 오리엔테이션

이벤트 종사원들의 업무를 숙지시키고 좋은 성과물을 얻기 위해서는 오리엔테이션을 실시하는 것이 중요하다. 특히 이벤트는 정규적인 업무가 아니라 단기간의 비정규 업무이기 때문에 충분한 업무숙지가 필요한데 오리엔테이션은 이에 대해 매우 필요한 과정이다.

Getz는 오리엔테이션 프로그램을 효율적으로 진행하려면 이벤트에 대한 기본정보를 제공해야 하며 행사장과 공급업체 등을 방문하여 업무를 익히고 다른 직원 및 자원봉사자에게 자기를 소개하고 조직문화, 역사, 작업환경에 대한 교육을 받아야 한다고 하였다. 이를 통해 지속적인 분위기를 이어갈 수 있으므로 오리엔테이션에서 이벤트의 분위기를 반영시키는 것이 중요하다.

2) 업무 교육

이벤트 종사자들이 효율적으로 업무를 수행하기 위해서는 자신이 속한 일정 형태의 교육을 받아야 한다. 특히 교육은 자신의 업무와 직접적인 관련이 있는 교육도 있지만, 간접적인 공통 교육 프로그램 등을 받는 것이 중요하다. 자신의 업무뿐 아니라 다른 종사원의 업무를 파악하는 것도 조직의 효율성을 위해 중요하기 때문이다.

이러한 교육은 직장동료가 수행하는 비공식 현장교육부터 광범위한 교육기법을 사용한 공식 교육프로그램에 이르기까지 다양한데 안경모(2002)는 교육의 형태와 깊이는 현재의 업무능력과 필요한 업무능력 간의 차이에 따라 결정된다고 하여 이러한 차이를 다음의 활동을 통해 확인할 수 있다고 하였다.

- 기존 직원의 업무능력 평가(필요한 교육 확인)
- 직무능력 분석(직무명세서에 명시된 기술)
- 직원대상 조사(직원이 필요하다고 말하는 기술)

이벤트의 성격상, 자주 개최되지 않고 단기간 진행되므로 자원봉사자에 대한 교육은 대부분 현장에서 이벤트 매니저나 감독관의 지휘 아래 진행된다. 이러한 상황에서 교육이 효과적으로 이루어지려면 다음 사항을 포함해야 한다.

(1) 학습목표

교육 종료 후 교육생이 수행할 수 있는 업무내용의 개요를 파악한다.

(2) 적절한 교과과정

교육내용은 학습목표와 적합해야 한다.

(3) 적절한 교육전략

그룹 토의, 강연, 강연/토론, 사례연구, 실연, 현장교육과 같은 형태를 이용한다.

(4) 효율적인 교육

교육자는 위에서 지시를 내리는 전문가가 아니라 기술을 이해하고 설명하면서 교육생의 행동을 관찰, 실수를 교정해 주는 조력자의 역할을 한다.

(5) 평가

교육생이 적절한 교육을 습득하였는지 평가해야 한다.

CHAPTER

11

이벤트 마케팅

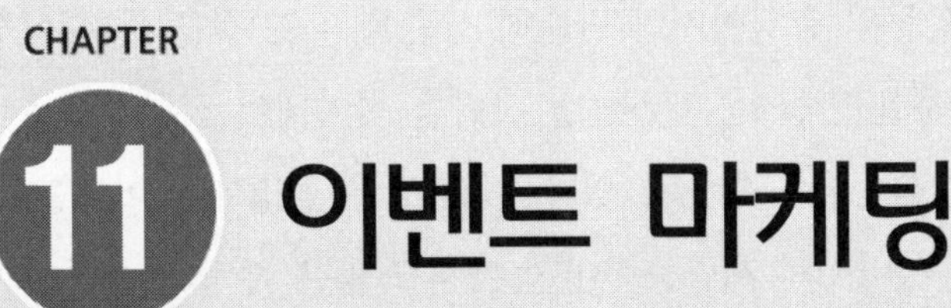

제1절 이벤트 마케팅 개요

1. 이벤트 마케팅의 정의

마케팅 개념은 시대와 함께 변화하고 있고, 또한 학자에 따라 다양하게 정의되고 있다. 현재 가장 많이 인용되고 있는 것은 코틀러(P. Kotler)의 마케팅 정의이다. 코틀러에 의하면, 마케팅이란 "개인과 집단이 제품과 가치를 창조하고 타인과의 교환을 통하여 그들의 욕구와 욕망을 충족시키는 사회적 또는 관리적 과정"으로 정의하고 있다.

이러한 코틀러의 정의를 근간으로 하여 마케팅 연구자의 모임인 AMA(American Marketing Association)에서 1985년에 새로운 정의를 제시하였다. 즉 마케팅이란 "개인 및 조직의 목표를 만족시켜 주는 교환을 실현하기 위하여 아이디어와 재화 그리고 서비스의 개념구성 · 개발, 가격설정, 프로모션 및 유통을 계획하고 실행하는 과정"이라고 정의하였다.

마케팅이란 판매활동의 총칭이지만 단순히 상품을 파는 것을 뜻하는 것이 아니고, 팔 수 있는 상품을 만들어 그것을 살 사람을 찾아내어 적극적으로 작용하는 것과 같은 폭넓은 활동을 포함하고 있다. 이와 같은 설명에서 이해할 수 있듯이 상품의 생산이나 서비스의 제공능력이 높아지고 많은 수량의 상품을 소비자에게 제공할 수 있는 시대가 되어 만들어진 새로운 개념이다.

오늘날 마케팅은 기업성공의 핵심요인이 되고 있으며, 또한 그것은 과거와 같이 생산된 물건을 판매(selling)하는 것이 아니라 소비자의 욕구를 만족시키는 것으로 인식되어야 한다.

이상에서 살펴보면, 마케팅이란 "마케팅 주체(개인 · 기업 · 비영리조직 등)가 경쟁하에서 생존과 성장목표를 달성하기 위하여 제품(재화 · 서비스 · 아이디어 등)의 개발 · 가격결정 · 촉진 · 유통 등을 계획하고 실행하는 데 관련되는 모든 활동"이라고 할 수 있다.

이러한 정의를 이해하기 위해서는 욕구(needs), 욕망(wants), 수요(demand), 기대(expectation), 상품(products), 교환(exchange) 및 거래(transaction), 잠재시장(potential market), 그리고 관계(relations)와 같은 기본적인 용어를 먼저 이해해야 한다.

1) 욕구

욕구(needs)는 마케팅에 내재된 가장 기본적인 개념으로, 인간의 욕구란 인간이 무엇인가 결핍을 느끼는 상태를 말한다. 인간은 매우 복잡하고 다양한 기본적인 욕구를 갖고 있는데, 이에는 의 · 식 · 주, 안전, 편함 등과 같은 생리적 욕구, 소속감 · 애정과 같은 사회적 욕구, 자존과 자기표현 등과 같은 개인적 욕구가 있다. 이러한 인간의 기본적 욕구는 외부의 자극에 의해 창조되는 것이 아니라 인간 내부에서 자연히 발생하는 인간 형성의 기본적 부분이다.

욕구가 만족되지 못하면 인간은 불행을 느낀다고 한다. 중요하고 열망하는 욕구일수록 불행의 정도는 강하다. 불행을 느끼는 사람은 욕구를 충족할 수 있는 물건을 획득하기 위한 노력을 기울이거나 욕망을 소멸시키는 행위를 선택한다.

2) 욕망

욕망(wants)이란 문화와 개성에 의해서 형성되는 욕구를 충족시키기 위한 형태이다. 예를 들어 발리섬 사람들은 배가 고플 때는 망고, 새끼 돼지 또는 콩을 원하지만, 한국 사람은 배가 고플 때 밥, 된장국, 김치찌개, 매운탕 등을 원하게 된다. 욕망은 욕구를 충족시킬 수 있는 대상과 관련된 개념으로서 사회가 진보됨에 따라 그 구성원들의 욕망은 증가하게 된다. 사람들은 그들의 호기심과 욕망을 자극하는 수많은 대상들에 노출되므로 마케터는 이러한 인간의 욕망을 충족시킬 수 있는 제품과 서비스를 제공하여야 한다.

3) 수요

수요(demand)는 욕구가 구매력에 의해서 뒷받침되었을 경우를 말한다. 즉 '여름휴가에 무엇인가를 해야겠다'고 하는 것은 필요이고, 그것을 해결하기 위해서 '여행을 하고 싶다'고 하는 것은 욕구이고, 여행을 하고 싶은 의사도 있고 또 구매할 돈도 있을 경우에 관광기업에게는 '수요'가 된다. 즉 '과시하고 싶은 필요'를 충족시키기 위해서 '최고급 해외여행을 하고 싶은 욕구'를 가지는 사람은 많으나 그것을 구매할 의사가 있고 또 구매할 정도의 경제적 여유가 있는 사람(수요)은 많지 않을 것이다. 따라서 여행사는 자기 회사의 여행상품을 원하는 사람이 얼마나 되는가를 측정하는 것도 중요하지만 더 중요한 것은 그중에 몇 사람 정도가 자기 회사 여행상품을 살 수 있는가를 아는 것이 더욱 중요하다.

- 욕구(needs) ➡ 기본적인 무엇이 부족한 상태
- 욕망(wants) ➡ 필요가 구체적인 형태 또는 해결방법으로 표시된 것
- 수요(demand) ➡ 욕구+구매의사+구매력

이렇게 용어의 뜻을 정리하고 보면 여행사 또는 호텔기업이 수요를 부추긴다 등의 사회적 비판은 재고해야 함이 분명하다. 관광기업이 필요를 창조할 수는

없다. 왜냐하면 필요는 기업이 마케팅활동을 하기 이전에 이미 인간에게 존재하는 것이기 때문이다. 관광기업은 욕구에 영향을 미치는데, 그것은 기업뿐만 아니라 여러 가지 사회적 환경이 모두 다 욕구에 영향을 미친다. 다만 관광기업은 여가의 필요성을 느끼는 사람에게 “그것을 위해서는 해외여행이 적합합니다”라고 욕구에 영향을 미칠 뿐이다. 그리고 한 걸음 더 나아가서 수요에 영향을 주기 위해서 패키지상품을 더 세련되게 하고 가격도 적절하게 책정한다. 즉 관광기업은 인간의 필요를 창조할 수 없지만 필요에 의해서 생긴 욕구와 수요에 영향을 미친다.

4) 제품

필요와 욕구를 충족시키기 위해서 주어지는 것을 제품이라고 한다. 즉 여가가 필요하다는 필요를 위해서 해외여행을 하고 싶다는 욕망이 생기는데, 이것을 충족시키기 위하여 6박 7일짜리 하와이 여행이라는 구체적인 제품을 기업이 제공한다.

일반적인 제품은 유형적인 형태를 취하지만 관광제품은 서비스제품으로서 물리적인 형태를 갖지는 않는다. 하지만 일반 제품과 마찬가지로 사람의 필요와 욕구를 충족시킨다. 심심하면 음악회에 가고, 건강을 위하여 친구와 테니스시합을 하며 친목도모를 위하여 등산그룹에 가입하거나 자기만의 인생관을 위한 새로운 ‘행복론’을 주장하는 것 등은 모두 서비스를 통해서 사람의 필요와 욕구를 충족시키는 경우이다.

관광객의 욕구는 관광서비스를 경험해야만 충족된다. 따라서 관광서비스란 넓은 의미에서 보면 관광객의 욕구를 만족시키기 위해 제공되는 다소의 유형적인 것과 서비스의 모든 것이 포함된다.

여기서 유형적인 것이란 관광객이 호텔객실과 전세버스, 항공좌석, 박물관의 전시물과 같은 시설과 준비물을 이용하거나 관람함으로써 편익과 즐거움을 느끼게 해주는 포괄적인 대상물을 의미하며, 관광 시에 제공되는 식음료도 포함된다.

5) 가치 · 비용 · 만족

효용이란 소비자가 제품을 통해서 얻고자 하는 편익(benefit)을 말한다. 즉 다른 사람과 구별되는 여름휴가를 보내고 싶다는 필요를 위해서 해외여행에 대한 욕망이 발생하는데, 그것을 위해서 알래스카 9박 10일 여행 정도의 최고급 여행 상품을 바라는 효용을 가지고 있다고 하겠다.

그러나 효용은 무상으로 주어지는 것이 아니고 비용(cost)이 든다. 이러한 효용에 값을 부여한 것이 가치(value)이다. 알래스카 9박 10일 여행을 구매하기 위해서는 약 5백만 원 이상의 돈이 필요한데, 소비자는 자신이 원하는 이상적인 편익을 위해서 이만한 비용을 지급해야 한다. 이것은 소비자에게 주어지는 가치이다.

만족(satisfaction)이란 그 제품에서 바라는 가치와 또 그 제품에 대해 지급해야 하는 비용을 함께 고려하며 자기에게 가장 적절하다고 느껴지는 제품을 선택했을 때를 말한다. 해외여행의 경우 가치와 비용을 함께 생각할 때 '사이판 여행' 정도가 적합하다고 생각하게 되면 이 제품이 그 소비자의 만족을 극대화시키게 된다. 따라서 소비자가 바라는 효용과 그것을 위해서 지급해야 할 비용을 고려한 가치 및 그 두 가지를 통해서 얻을 만족도의 극대화 이 세 가지는 마케팅의 중요한 개념이다.

6) 교환 · 거래 · 관계유지

교환(exchange)이란 상대방이 필요로 하는 대가를 주고 그로부터 원하는 것을 얻는 행위를 말하는데, 이것은 마케팅의 중심적인 개념이다. 교환이 이루어지려면 다음 조건을 갖추어야 한다.

첫째, 둘 또는 그 이상의 교환상대자가 있어야 한다.
둘째, 각자는 상대방이 원하는 것을 가지고 있어야 한다.
셋째, 각자는 자유롭게 의사교환을 할 수 있어야 한다.
넷째, 각자는 자유롭게 의사결정을 할 수 있어야 한다.

이러한 조건이 구비되면 교환이 이루어질 가능성이 있는데, 실제로 교환이 이루어지느냐 하는 것은 '교환조건'에 달려 있다. 교환조건의 기준은 교환함으로써 각자가 교환 전보다도 만족을 더 높일 수 있다고 생각하는 정도를 말하는 것으로, 교환은 가치를 증가시키는 창조적 행위라고 볼 수 있다.

이러한 교환은 거래를 통해서 이루어지는데 거래(transactions)란 두 당사자 사이의 가치의 교환행위를 말한다. 거래가 성립되려면 상대방이 교환할 가치가 있는 것을 가지고 있어야 하고, 교환수량 · 거래시간 · 거래조건 등에 합의해야 한다.

그런데 올바른 마케팅을 위해서는 거래가 한번에 끝나서는 안 되고 비슷한 거래가 계속 반복되도록 거래상대방과의 관계가 유지되어야 하는데, 이것을 관계유지(relations) 마케팅이라고 한다. 관계유지를 위해서는 장기적으로 기업과 고객이 서로 이익이 되도록 관계를 맺어야 하는데, 그러기 위해서는 언제나 상대방이 원하는 품질을 적절한 가격으로 제공해 주고, 사후 서비스를 안심할 수 있도록 잘해주는 장기적인 안목이 필요하다.

7) 시장

교환과 거래가 이루어지려면 시장이 있어야 한다. 시장(market)이란 어떤 상품에 대한 실제적 또는 잠재적 구매자의 집합을 말한다. 시장은 유사한 욕구나 욕망 및 화폐를 갖고 있는 일련의 사람들로 구성되어 있다.

시장은 제품, 서비스, 기타 가치 있는 모든 것들에 둘러싸여서 성장한다. 예를 들면 노동시장은 노동력을 제공하고 그 대가로 임금 또는 제품을 받으려는 사람들로 구성된다. 사실상 노동시장이 그 기능을 원활히 할 수 있도록 도와주는 고용안내소나 직업상담소와 같은 기관들은 노동시장 주변에 생겨나 성장해 가고 있는 것이다. 금융시장은 돈을 빌리고 빌려주며 저축 또는 보관하고자 하는 사람들의 욕구를 충족시키기 위해서 존재하게 된다. 그리고 기부금시장은 비영리조직의 재정적 욕구를 충족시키기 위해 생긴 시장이다.

관광상품에 대한 전체적 시장은 상용여행객과 위락여행객으로 구성되어 있다. 가끔 어떠한 그룹은 연령, 성(性), 지리적 위치, 소득, 생활양식(Life style) 및 태도 등과 같은 특성에 의해 전체적 시장에서 구별된다. 관광마케팅 전문가들은 이러한 요소를 개별적 또는 연합적으로 배합하여 전체시장의 특정 부분을 표적으로 삼아 마케팅 노력을 집중시키기도 한다.

이벤트에서의 마케팅 정의 또한 일반적 정의와 유사한 개념을 지니고 있다. 마이클 홀(Michael Hall, 1997)은 이벤트 마케팅이란 "이벤트의 참가자 및 방문자와 접촉을 유지하면서 그들의 필요와 동기를 알아내어 그것에 부응하는 상품을 개발하고, 이벤트의 목표와 목적을 표현하는 커뮤니케이션 프로그램을 수립하는 관리기능"이라 정의하고 있다.

또한 게츠(Getz, 1997)는 "이벤트 마케팅은 마케팅믹스를 이용하여 고객가치를 창조함으로써 조직의 목표를 달성하는 과정이며, 이를 실행하는 조직은 상호 호혜적인 관계가 수립될 수 있는 마케팅 지향성과 경쟁우위를 유지해야 한다"고 지적하고 있다.

마케팅은 전통적으로 기업이 생산하는 유형의 제품에 적용되어 왔다. 그러나 최근에는 유형의 제품은 물론 무형의 상품에도 마케팅을 적극적으로 적용하고, 그 중요성이 높게 인식되고 있다. 특히 서비스산업에서의 마케팅은 매우 중요한 경영도구로 인식되고 있다.

이벤트의 경영과 관리에서도 무형의 상품은 생산되고 있으며, 어떻게 생산되고 있느냐는 것이 참가자를 만족시킬 수 있는가에 관련된 문제라고 할 수 있다. 이벤트는 마케팅 측면에서 볼 때 행사참가자에 대해 서비스라는 무형의 상품을 제공하는 산업이라고 할 수 있다.

따라서 이벤트 참가자와 방문객의 필요와 욕구를 파악하여 이를 충족시키기 위해서 이벤트관리자는 다양한 마케팅활동을 수행해야 한다. 이를 위해서는 표적시장의 필요와 욕구 분석을 통해 이벤트의 핵심요소인 프로그램 계획을 수립할 필요가 있다.

또한 잠재수요의 특성을 비교 · 분석하여 시장을 세분화하고, 이미 설정된 방문객 수 또는 참가자 수의 달성목표와 함께 개최될 이벤트에서 주대상으로 하는 표적시장을 설정하고 이들의 프로필을 숙지할 필요가 있다. 규모와 표적시장이 결정되면, 구체적인 이벤트 프로그램을 결정하고, 입장료의 수준을 정하며, 입장권의 유통방법을 결정하고, 표적시장에 접근할 수 있도록 촉진활동의 규모와 방법을 결정한다.

2. 이벤트 마케팅의 특성

대다수의 마케팅 학자들이 서비스에 대한 마케팅도 일반 재화에 대한 마케팅과 별다른 차이가 없다고 인식해 오다가 최근에 와서 서비스의 고유한 특성으로 인하여 일반 제조기업의 제품 마케팅을 이벤트 등 서비스 분야에 그대로 적용할 수 없다는 주장들이 나오고 있다.

러브록(C.H. Lovelock, 1984)은 서비스는 본질적으로 제품과 다르므로 서비스 마케팅의 고유한 영역은 확보되어야 한다고 주장하면서 독자적인 서비스 마케팅 접근법을 제시하고 있다. 즉 서비스의 무형성, 재고불가능성, 변동성, 소유권 비이전성 등의 특성은 제품 마케팅 콘셉트 차원으로는 해결할 수 없다고 보고 제품 마케팅 콘셉트와 구분되는 이론의 정립이 필요하다는 논리를 전개하고 있다.

모리슨(A.M. Morrison)도 서비스 마케팅은 왜 다른가에 대해 일부는 모든 서비스조직이 가지는 특징들(일반적 차이점), 즉 무형성, 생산방식, 소멸성, 유통경로, 비용결정, 서비스와 공급자의 관계 등이고, 다른 것들은 서비스조직이 관리되고 규제되는 방식(구조적 차이점), 즉 좁은 의미의 마케팅, 마케팅기술의 인식 부족, 조직구조상의 차이, 경쟁력 있는 성과자료의 결핍, 정부 규제와 규제 철폐의 영향, 비영리 마케터들에 대한 제약과 기회 등 때문에 존재한다. 일반적인 차이점은 서비스산업의 모든 조직들에게 영향을 미쳐 없어지기는 힘들고, 구조적 차이점은 매우 독특하며, 경영상 · 행정상 · 규정상의 변화를 통해 없어질 수도 있다고 하였다. 그는 특히 관광(환대 및 여행) 서비스 마케팅은 ① 단시간에 서비스를 제공한다, ② 소비자의 감정에 호소한다, ③ 단서(evidence)의 관리가 중요하다, ④ 이미지를 강조한다, ⑤ 다양한 유통경로를 가진다, ⑥ 관련조직에 대한 의존성이 높다, ⑦ 서비스를 쉽게 모방할 수 있다, ⑧ 비수기 프로모션을 강조한다 등 8가지 구체적인 차이점을 제시하고 있다.

이처럼 서비스의 고유한 특성은 물리적 재화와 서비스 사이의 근원적인 차이점에서 기인한다. 재화와 서비스 사이의 근원적인 차이의 특성은 무형성, 생산과 소비의 비분리성, 이질성, 소멸성 등으로 요약된다. 이러한 특성과 그에 따른 마케팅 실행상의 문제점 그리고 이에 따른 해결방안 등에 대해서 살펴보기로 한다.

1) 무형성(Intangibility)

서비스를 재화와 구분하는 가장 기본적인 특성은 무형성이다. 이는 서비스와 재화를 구별하는 특성 가운데 가장 핵심적인 것으로 보고, 듣고, 만지고, 냄새를 맡아서 평가할 수 있는 물체(object)와 장치(device) 및 사물(thing)이 아니라 행위(deed)와 수행(performance) 및 노력(effect)이라는 것이다.

이벤트는 참가자에게 체험과 즐거움, 정보제공 등의 서비스를 제공하지만 물리적 재화를 제공하지 않기 때문에 무형성의 특성을 지닌다. 이러한 서비스의 무형성으로 인해 이벤트 참가자들이 어떻게 지각하고, 어떻게 서비스품질을 평가하는지를 파악하기가 어렵게 된다.

무형성으로 인한 마케팅상의 문제점은 다음과 같다.

첫째, 저장이 어렵다. 이벤트의 무형성으로 인하여 이벤트는 저장될 수 없다. 그 결과 이벤트의 공급은 매우 높은 수요의 시기에도 완충역할을 할 수 있게끔 저장하는 것이 불가능하다. 사실상 이벤트 저장의 어려움은 이벤트관리자로 하여금 많은 어려움을 겪게 하는데, 이는 이벤트의 소멸성과 밀접한 관계를 가진다.

둘째, 특허보호가 어렵다. 무형적인 속성으로 인해 이벤트는 특허보호를 받을 수 없다. 실제로 이벤트 제공과정상의 유형적인 기기들이 보호받을 수는 있지만 그 프로그램이나 연출과정 자체가 보호받는 것이 아니다. 이러한 특허보호의 어려움은 이벤트가 경쟁자에 의해 쉽게 모방될 수 있다는 데 기인한다. 그에 따라 장기적으로 경쟁자에 비해 차별적인 서비스를 전개하기가 어렵다.

셋째, 이벤트의 진열과 커뮤니케이션의 어려움이다. 이벤트의 촉진은 이벤트 관리자에게 새로운 쟁점사항이다. 즉 고객들의 시선을 어떻게 끌게 할 것인지의 문제이다.

무형성 해소를 위한 해결방안을 제시해 보면 다음과 같다.

첫째, 유형적인 단서를 이용한다. 이벤트는 유형적인 속성이 결여되어 있기 때문에 제품과는 다르게 평가된다. 대개의 경우 참가자들은 이벤트를 평가할 때 이벤트와 관련된 물적 증거나 유형적인 단서를 이용한다. 유형적인 단서에는 브로슈어 같은 홍보물, 시설물, 행사장 디자인, 행사요원의 외모 등이 해당된다.

둘째, 개인적인 정보원천을 활용한다. 참가자들은 이벤트 평가 시 객관적인 평가수단이 결여되어 있기 때문에 친구와 가족, 그리고 의견선도자들에 의해 제공되는 주관적인 평가에 의존하게 된다. 더욱이 이벤트에 참가하는 경우 개인적인 정보원천은 대중매체와 같은 비인적 정보원에 비해 훨씬 더 중요한 역할을 하게 되며, 여기서 개인적 정보원은 구전광고의 원천이 되기도 한다.

셋째, 강력한 이벤트 이미지를 창조한다. 이벤트 무형성의 효과를 감소시키기 위해 활용되는 또 하나의 전략은 매우 강력한 이벤트 이미지를 창조하는 것이다. 잘 알려진 이벤트 이미지는 고객들에게 지각될 위험의 수준을 낮춰줄 수 있다.

2) 비분리성(Inseparability)

생산과 소비의 비분리성은 이벤트 개최과정에서 소비가 동시에 이루어짐을 의미한다. 대부분의 재화가 먼저 생산되고 그다음 판매 · 소비되는 순서를 거치지만, 이벤트의 경우 생산과 소비의 동시성으로 인해 생산되는 현장에 참가자가 존재하며, 심지어 생산과정에 참여할 수도 있다. 이처럼 이벤트는 참가하는 순간과 동시에 소비되기 때문에 이벤트의 품질은 이벤트관리자의 능력뿐만 아니라 이벤트관리자와 참가자 간 상호작용의 질에 따라 상당히 달라질 수 있다.

비분리성으로 인한 마케팅상의 문제점은 다음과 같다.

첫째, 이벤트 운영 및 연출 시 고객이 관여한다. 이벤트의 비분리성이라는 말에는 이벤트와 이벤트에 관련된 이해관계자가 이벤트 속에 통합되는 불가분성이 있다는 의미도 있다. 이벤트 프로그램이 아무리 훌륭하고 행사장이 멋지다 하더라도 이벤트 관계자의 태도가 나쁘면 이벤트 참여경험이 만족스러울 수 없다. 또한 이벤트 참가자들이 형성하는 분위기도 중요한 관건이 될 수 있다. 가령 다른 참가자들이 행사장에서 큰 소리로 떠들거나 교양 없는 행동을 한다면 전반적인 이벤트 운영 · 연출의 질과 이미지는 낮아질 수밖에 없다.

둘째, 이벤트 운영 및 연출과정에서 이벤트 관계자(행사요원 등 포함)의 현존이 필요하다. 대부분의 이벤트는 이벤트 관계자가 이벤트 운영 및 연출과정에 현존할 것을 필요로 한다. 이는 이벤트의 무형성으로 인해 이벤트 관계자의 존재는 참가자들에게 이벤트 평가의 물리적 단서가 될 수 있기 때문이다. 즉 이벤트 관계자는 그들이 사용하는 언어와 복장, 그리고 개인적인 상태나 대인관계 기술 등이 유형적 단서가 되어 평가를 받는다.

비분리성의 어려움을 해소하기 위한 해결방안을 제시하면 다음과 같다.

첫째, 목표수행에 적합하고 전문성 있는 인적자원에 대한 채용과 훈련이 필요하다. 참가자들은 이벤트 과정의 일부분이기 때문에 이들과 접촉하는 이벤트 관계자 역시 이벤트 경험의 일부분일 수밖에 없다.

이벤트 전체를 계획하고 운영하는 데 있어 리더십을 갖춘 이벤트관리자뿐만 아니라 헌신적으로 업무를 수행하는 종사자 및 잘 훈련된 자원봉사자 등이 필요하다. 따라서 유능하고 뛰어난 종사자를 선발하고 적절하게 훈련시키는 것이 반드시 필요하다.

둘째, 적극적인 고객관리가 필요하다. 이벤트의 비분리성으로 인하여 발생하는 문제는 효율적인 고객관리에 의해 극소화시킬 수 있다.

3) 이질성(Heterogeneity)

이벤트는 그 품질을 일정 수준으로 통제하고 표준화하는 데 어려움이 있다. 예를 들어, 이벤트의 표준화가 어려운 것에는 크게 3가지 요인이 작용하는데, 첫째는 생산과 소비가 동시에 발생하기 때문에 이벤트가 참가자에게 전달되기 전에 사전품질관리가 불가능하고, 둘째는 수요의 굴곡이 심해 참가자가 한꺼번에 몰리는 피크시간에는 이벤트품질을 유지하기 어렵기 때문이다. 또한 셋째로 이벤트의 특성상 인적 요소가 많이 가미되어 있기 때문이다. 가령 같은 프로그램이라 할지라도 이벤트 종사자에 따라 다른 품질의 서비스를 제공하기도 하며, 같은 종사자라 할지라도 시간과 기분에 따라 또는 참가자에 따라 다른 수준의 서비스를 제공하기도 한다.

이벤트의 이질성은 이벤트가 생산 및 전달되는 과정상 계속해서 완벽한 서비스품질을 달성하는 것이 불가능하게 하는 요소이다. 제조 공정의 경우에는 대개 문제점들이 공정 내의 같은 지점에서 발생하기 때문에 이러한 부류의 문제가 발생하더라도 장기적인 관점에서 잘못된 점을 찾아내고 바로잡는 것이 가능하다. 그러나 이벤트의 경우 실수가 언제 어디서 어떻게 발생할지를 예측할 수 없어서 이를 찾아내거나 바로잡는 것이 불가능하다.

이질성으로 인한 마케팅상의 문제점은 다음과 같다. 이벤트의 이질성으로 인해 나타날 수 있는 마케팅상의 주요 장애물은 바로 이벤트의 표준화와 품질의 통제를 달성하기 어렵다는 점이다. 이러한 문제는 이벤트 서비스가 사람에 의해 생산되는 경우가 많으므로 다양한 종사자들에게 일관된 품질의 서비스 생산을 기대할 수 없게 된다.

예를 들어, 이벤트 개최 시 다양한 프로그램에 다수의 종사자 또는 행사요원을 배치하게 되는데, 이들은 각각 다양한 개성을 가지고 있고, 자신들의 기분이나 다른 요인에 의해 매일매일 다르게 행동할 수도 있다. 따라서 아무리 유익한 프로그램을 만들어낼 수 있다고 해도 만약 종사자나 행사요원이 기분 나쁜 상태로 참가자를 맞게 되면 이는 참가자에게 정반대의 결과를 가져오게 된다.

이질성의 어려움을 해소하기 위한 해결방안을 제시하면 다음과 같다.

첫째, 맞춤 서비스를 제공한다. 이벤트의 이질성을 해소하기 위한 방안 중의 하나는 서비스 접촉별로 생길 수 있는 편차를 고려하여 서비스를 참가자의 특성에 맞춰 제공하는 것이다. 서비스 전달과정에 참가자와 이벤트 관계자가 함께 관여하기 때문에 참가자의 특별한 주문에 따른 서비스를 제공하는 것이 더욱 쉬워질 수도 있다.

둘째, 서비스를 표준화한다. 종사자들에 대한 강력한 교육·훈련 등을 통해 서비스의 표준화를 시도해 볼 수 있다. 훈련은 확실히 서비스 성과의 편차를 많이 감소시켜 줄 수 있다. 그러나 아무리 훈련해도 종사자들이 제공하는 서비스는 편차가 있을 수밖에 없다. 따라서 이러한 사소한 편차라도 줄이기 위해 도입할 수 있는 것이 종사자를 사람에서 기계로 대체하는 것이다. 이런 식의 서비스 표준화는 일부 참가자들로부터 자신들의 니즈에 신경 쓰지 않는다는 의심을 받을 가능성이 있기는 하지만 서비스 가격을 낮춰주고, 서비스 성과의 일관성을 유지해 주며, 서비스 전달시간을 단축하게 해주는 기능을 수행한다.

4) 소멸성(Perishability)

이벤트의 소멸성은 제품과는 달리 저장이 불가능하다는 것을 가리키는 것으로, 향후의 수요에 대비해서 저장할 수 없다는 것을 의미한다. 즉 일시적으로 개최되는 이벤트는 사라져 버리며, 이 때문에 재고로 보관할 수 없다. 예를 들어, 옷이나 냉장고 같은 소비재나 가전제품은 오늘 팔지 못하더라도 재고품으로 저장되어 미래의 어느 시점에서 판매될 수 있다. 그러나 특정 기간에, 특정 장소에서 개최되는 이벤트는 그 기간이 지나면 해당 이벤트의 즐거움과 체험은 할 수 없다.

이러한 저장 불가능성은 이벤트를 마케팅하는 데 있어 매우 심각한 영향을 미치게 한다. 대부분의 이벤트는 특정 기간에 개최되는데, 이벤트 마케팅 담당자의 관점에서 보면 언제 어디서 참가자들이 참가할 것인지가 소비자행동을 이해하는 데 중요한 문제일 수 있다. 또한 저장 불가능은 품질통제의 곤란함을 유발하기도 한다.

소멸성으로 인한 마케팅상의 문제점은 다음과 같다.

이벤트가 일종의 행위나 활동이라는 측면에서 파생되는 특성으로 인해 수요와 공급을 일치시키는 데 있어 많은 어려움에 직면한다. 사실 이벤트에 대한 참가자들의 예측 불가능한 수요 때문에 사안별로 수요에 대처할 수밖에 없다.

이벤트의 소멸성을 해소하기 위한 방안은 주로 이벤트의 수요와 공급을 어떻게 일치시킬 것인가 하는 문제이다. 소멸성으로 인한 손실을 방지하기 위해서는 사전예약제를 실시하고 대기행렬이나 프로그램 참가 같은 형태로 수요를 재고로 보관할 수 있어야 한다.

5) 계절성(Seasonality)

대부분의 이벤트는 계절의 영향을 받는다. 계절성은 매년 다른 시간대에서 이벤트의 수요변동을 말한다. 예를 들어, 동계올림픽의 경우 겨울에 북쪽 지방이나 추운 날씨의 지역에서 가능하며, 축제이벤트의 경우 특정 시기에 집중적으로 개최되는 것은 계절적 요인으로 이러한 현상을 탈피할 뚜렷한 대안이 없기 때문이다.

계절성은 일반적으로 기상조건에 영향받는 것을 말하지만 그 주의 요일 또는 그날의 시간대로부터 발생되는 수요의 변동에까지 적용되기도 한다. 보통 축제이벤트의 경우 대다수가 매년 4~5월과 9~10월의 4개월에 높게 나타나고, 주말이나 휴일 또한 이벤트 수요에 영향을 미친다.

계절성에 영향을 받는 이벤트에 대한 마케팅 대책은 가급적이면 다른 많은 이벤트의 개최시기를 피하여 개최하는 것이 효과적이며, 국가적 차원에서 보더라도 가능한 범위 내에서 일 년 내내 분산 개최할 수 있다면 이는 훌륭한 관광자원으로 활용될 수 있을 것이다. 따라서 이벤트 개최시기를 최소한 권역별로나 인근지역 간에는 중복을 피할 정도로 개최시기를 조정하여 수요능력을 조절할 필요가 있다.

제2절 시장세분화, 표적시장 및 포지셔닝

표적마케팅은 하나의 제품시장을 상이한 세분시장으로 구분하고 각 세분시장에 맞도록 제품과 마케팅믹스를 개발하는 과정이다. 표적마케팅을 수립하려면 시장세분화와 표적시장 선정 및 포지셔닝 구축이 필요하다.

1. 시장세분화

1) 시장세분화의 개념 및 의의

가치관의 다양화와 소비의 다양화라는 현대의 마케팅 환경에 적응하기 위하여 수요의 이질성을 존중하고 소비자, 수요자의 필요와 욕구를 정확하게 충족시킴으로써 경쟁상의 우위를 획득하고 유지하려는 경쟁전략이다. 제품차별화 전략이 대량생산이나 대량판매가 목표인 반면, 시장세분화 전략은 고객의 필요나 욕구를 중심으로 생각하는 고객지향적인 전략이다.

일반적으로 이벤트에 참여하고자 하는 수요시장은 인구통계적, 지리적, 심리적으로 서로 다른 이질적 성격을 지닌 다양한 방문객들로 구성되어 있다. 따라서 성공적인 이벤트 개최를 위해서는 관심 있는 대상자의 필요와 욕구를 충족시키기 위한 효율적인 마케팅활동이 수행되어야 한다. 이를 위해서는 서로 비슷한 유형의 특성을 지닌 사람들, 즉 동질성을 지닌 하나의 집단을 형성시키는 과정을 거칠 필요가 있다.

이벤트 시장세분화는 이벤트 조직의 모든 자원을 서로 다른 특성을 지닌 다수의 집단에게 모두 소진하는 것이 아니라 전체시장에서 구성하는 잠재고객을 일정한 특성과 동질적 특성을 지닌 하위시장들로 나누어 분류하는 과정이라고 할 수 있다. 표적시장 선정은 이렇게 구분된 잠재고객 중에서 이벤트 조직이 중점적으로 마케팅 노력을 쏟아붓고자 하는 집단을 선정하는 것을 말하며, 선정된 대상집단을 목표시장이라고 한다.

이벤트 시장세분화 전략은 이벤트 수요시장을 이해하여 동질성을 지닌 집단으로 나누어서 마케팅활동을 하는 것을 의미하며, 표적시장 전략도 역시 이벤트 수요의 표적시장을 선정하여 표적시장을 정확하게 공략할 수 있는 마케팅활동을 하는 것을 말한다. 시장세분화 및 표적시장 선정과 포지셔닝은 대부분의 이벤트 조직들에서 일관되게 이루어지고 이론적으로도 밀접하게 연관되어 있어서 이러한 전략들을 통칭하여 STP전략(Segmentation, Targeting, Positioning)이라고 한다.

또한 시장세분화의 목적은 적절한 기준에 의해 이벤트 개최목적에 부합되는 표적시장을 분류하고 선정하여 개최될 이벤트를 잠재적 수요자에게 인식시키기 위한 것이라 할 수 있다.

이벤트 시장세분화를 위해서는 우선 세분화의 기준을 설정해야 한다. 그 기준으로는 인구통계적 변수, 지리적 변수, 심리분석적 변수, 행동분석적 변수 등 다양한 세분화 변수들이 있으며, 이벤트의 개최목적과 목표에 따른 세분화 기준이 설정되면 세분화 변수에 따라 각 세분시장의 특성을 파악하게 된다.

시장세분화를 통해 다음과 같은 효과를 거둘 수 있게 된다.

첫째, 마케팅 기회의 발견이다. 시장의 경쟁구도분석을 통해 시장에서 충족하지 않은 욕구들을 발견하거나 기존 고객의 세분화 과정에서 고객의 마음속에 숨어 있는 욕구를 읽어내고 새로운 마케팅 기회를 발견할 수 있다.

둘째, 브랜드충성도(brand loyalty)를 높인다. 이벤트 잠재고객의 욕구를 정확히 충족시킴으로써 이벤트 브랜드에 대한 충성도를 높일 수 있다.

셋째, 경쟁우위 확보이다. 이벤트 조직의 강점을 최대로 활용하여 세분시장에 집중적으로 마케팅 노력을 투입함으로써 경쟁우위를 확보할 수 있다.

넷째, 적합한 마케팅 프로그램 개발이다. 이벤트에 대한 시장전략을 적절히 조정하여 특정 세분시장의 차별적 반응이라는 명확한 목표지향성에 부합되는 마케팅 프로그램을 수립할 수 있다.

세분시장 마케팅은 시장의 세분화, 표적시장 선정, 포지셔닝의 3단계로 이루어져 있다. 〈그림 11-1〉은 세분시장 마케팅의 주요 3단계를 보여주고 있다. 그 첫 단계는 시장을 서로 다른 욕구 · 특성 · 구매행동 등에 따라서 나누어 분류하는 시장세분화이고, 두 번째는 표적시장 선정단계로서 각 세분시장의 매력도를 평가하여 진입 가능한 하나 또는 그 이상의 시장을 선정하는 단계이다. 세 번째 단계는 경쟁적 우위를 가질 수 있는 곳에 위치시키고 각 표적시장에 맞는 마케팅믹스를 개발해 내는 포지셔닝 단계이다.

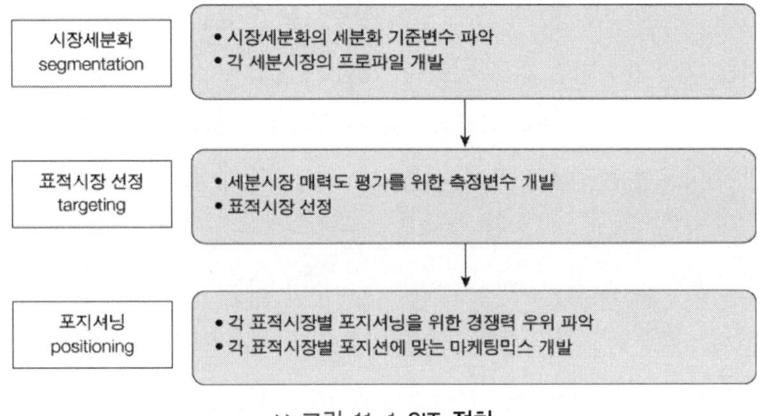

▶▶ 그림 11-1 SIT 절차

2) 시장세분화 변수

이벤트 시장세분화를 위해서는 집단의 특성이 어떠한 변수들로 구성되어 있는지, 또 어떤 변수에 의한 시장세분화가 중요한 기준인지를 인식하여야 한다.

시장세분화의 기준은 표준화되어 있지 않지만 일반적으로 고객특성 및 제품의 지각된 특징을 들 수 있다. 이벤트의 시장세분화는 매우 다양한 변수들을 사용할 수 있으나 커닝햄(W.H. Cunningham, 1972)이 제시한 변수를 소개하면, 지리적 변수, 인구통계적 변수, 심리통계적 변수, 추구편익 및 사용률 변수들이 있다. 이벤트 시장세분화 과정의 주요 변수들에 대해 알아보고자 한다.

(1) 지리적 변수(Geographic Variables)

지리적 변수에 따른 시장세분화는 비용이 적게 들고 비교적 쉬운 방법이기 때문에 자주 등장되는 세분화 기준 중의 하나이다. 지리적 세분화 변수로는 지역, 인구밀도, 도시의 규모(인구수), 기후 등이 흔히 사용된다.

이벤트 잠재시장의 지리적 세분화는 이벤트의 성격을 정하고 이벤트를 계획함에 있어 중요한 부분을 차지하고 있다. 이는 대부분의 이벤트 수요가 개최지 또는 개최지 인근지역에서 발생되는 경우가 많거나 이벤트의 성격에 따라 외래 방문객에 중점을 두어야 하는 경우도 있기 때문이다.

이처럼 산업에 따라서는 지리적 변수에 따라 고객의 욕구에 차이가 나타나는 분야가 있다. 예를 들면, 동계 스포츠 이벤트는 눈이 없고 얼음이 얼지 않는 열대 지방에서는 거의 개최하지 않을 것이다. 또한 계절성이 있는 이벤트 역시 그 지역의 기후에 따라 수요의 차이가 크다고 볼 수 있다. 지리적 세분화의 큰 장점은 세분화작업이 비교적 용이하고, 적은 비용으로 세분시장에 접근할 수 있다는 점이다.

(2) 인구통계적 변수(Demographic Variables)

인구통계적 세분화변수는 연령, 성별, 가족규모, 가족수명주기, 소득, 직업, 교육수준, 종교 등 사회를 구성하는 사람들의 특성을 나타낸다. 인구통계적 변수들은 고객의 욕구 및 구매행동과 밀접하게 관련된 경우가 많으며, 측정하기가 비교적 쉬울 뿐만 아니라 객관적이기 때문에 세분화변수로서 가장 널리 사용되고 있다.

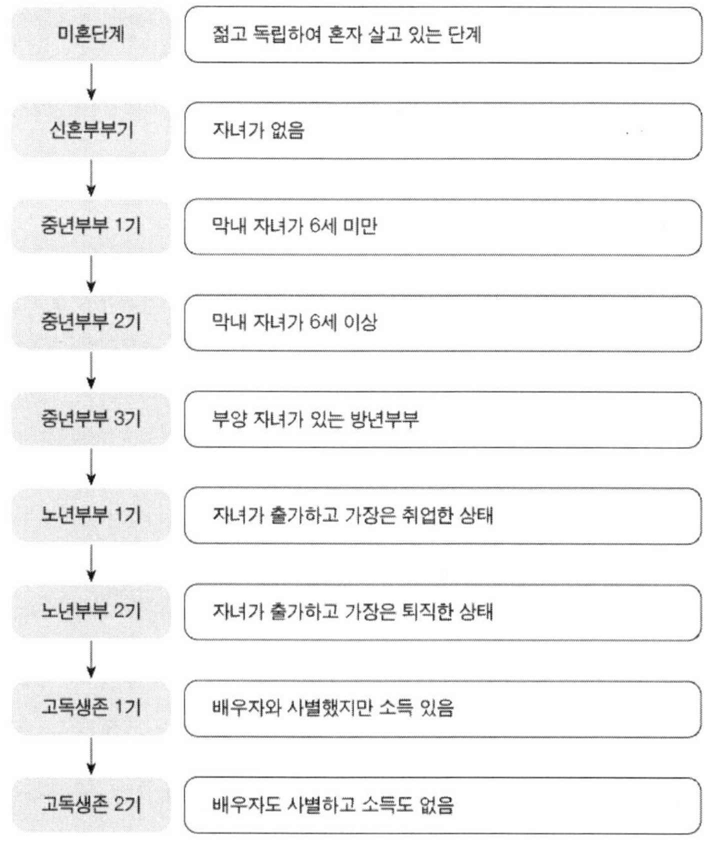

자료: Peter & Olson, 1987.

▸▸ 그림 11-2 **전통적 가족생활주기**

인구통계적 세분화는 대부분의 이벤트에서 중요하게 고려해야 할 변수이다. 특히 산업전시회 또는 특정 정보를 제공하는 이벤트의 경우 인구통계적 세분변수는 매우 중요한 역할을 하고 있다.

개성 또는 행위와 같은 다른 기준을 사용해서 표적시장을 정의했을 경우에도 그 시장의 규모를 평가하거나 그 시장에 효과적으로 접근할 수 있는 전략개발을 위해 인구통계적 특성에 대한 파악은 꼭 필요하다.

▸▸ 표 11-1 **가족생활주기 단계별 특성**

단계		특성	관광상품 구매성향
1	미혼 및 독신기	• 소득 대부분을 자기 자신을 위해 투자 • 가처분소득 및 자유재량처분소득 비중이 높음 • 다양한 관광활동을 즐김	자신의 취향이나 추구하는 목적에 적합한 관광상품 구매
2	아이가 없는 신혼기	• 맞벌이의 경우 자유재량처분소득이 높음 • 소비가 강한 시기 • 관광상품구매에 대한 소비가 높음	부부의 의사결정에 따라 관광상품 구매
3	어린 자녀가 있는 결혼 초기	• 자녀에 대한 지출비중이 높음 • 자유재량처분소득이 낮음 • 관광활동을 즐기기 어려움	어린 자녀에 적합한 교육 차원의 체험지향적 관광상품 구매
4	성장기 자녀가 있는 결혼 중기	• 자녀에 대한 교육비 비중이 더 높아짐 • 주택구매 등으로 지출이 늘어남 • 저축이 거의 없음 • 관광활동에 지출한 비용비중이 낮아짐	교육적 목적의 관광상품 구매
5	출가한 자녀가 있는 결혼 후기	• 경제적으로 여유로워짐 • 부부만을 위한 지출비중이 높아짐 • 관광활동이 활발해짐	부부 위주 및 친목모임 위주의 관광상품 구매
6	노년기	• 부부가 생존하거나 혼자 생존하는 경우 • 연금으로 일정 수준의 지출이 이루어짐 • 의료비 지출이 증대 • 근거리 관광활동만 가끔 이루어짐	취미나 건강증진에 관련한 관광상품 구매

자료: 이미혜, 2019.

(3) 심리분석적 세분화(Psychographic Variable)

이벤트에 참여할 대상들을 차별적인 시장으로 세분화할 수 있는 심리학적 변수로는 라이프스타일, 성격, 사회계층 등이 있다. 이러한 심리분석적 변수에 의한 세분화가 중요한 것은 동일한 인구통계학적 집단에 속한 사람들이 서로 다른 심리학적 집단을 형성할 수도 있기 때문이다.

① 라이프스타일

라이프스타일은 사람이 살아가는 방식을 뜻하며, 동일한 집단 속에서도 전혀 상이한 특성을 보이고 있어 세분화 기준으로 많이 이용되고 있다. 라이프스타일을 통한 세분화는 일반적으로 광고를 통하여 특정 라이프스타일 집단에 속한 사람의 생활을 묘사하여 같은 라이프스타일에 속하거나 속하고 싶어 하는 소비자들로 하여금 동질성을 느끼게 하여 제품구매를 유도하는 방식을 사용한다.

② 성격

이벤트관리자들은 이벤트 참여 대상자들의 성격 차이를 인식하고 그 차이에 따라 시장을 세분화하기도 한다. 특히 다양한 유형의 이벤트에 참여할 대상자들이 가지고 있는 독특한 성격에 따라 시장을 세분화하여 표적고객들의 성격에 부합하는 이벤트로 성공한 경우가 많다. 예를 들면, 스페인 발렌시아 지방의 작은 마을 뷰뇰(Buñol)에서 매년 8월 마지막 주에 열리는 토마토축제는 일상적인 생활에서는 경험할 수 없는 숨은 욕구를 가진 사람들에게 알려져 성공한 이벤트이다.

③ 사회계층

라이프스타일과 비슷하게 활용되는 것으로 사회계층 변수가 있다. 사회계층에 따른 이벤트 수요시장집단의 구분으로는 노동자계층, 자영업계층, 사무직계층, 경영관리자계층, 자본가계층, 전문가계층 혹은 오렌지족, X세대 등이 있다. 각 집단에 속한 소비자들은 자동차, 의복, 가정용품, 여가활동, 독서습관, 소매상점에 대한 선호가 비슷할 수 있다. 더 나아가서 잠재수요자들이 속하고 싶어 하는 준거집단이 무엇인지를 활용해서 잠재수요집단을 구분하는 경우도 있다. 예를 들면, 이벤트 잠재수요자들은 자신들이 속한 준거집단이 구매하는 이벤트에 참가하는 경향이 있기 때문이다.

④ 행동분석적 변수(behavioral variable)

행동세분화란 구매자들의 제품에 대한 지식, 태도 또는 반응 등을 기초로 하여 집단을 세분화하는 것을 말한다. 많은 마케팅 담당자들은 행동변수가 시장세분화를 구축하는 데 가장 좋은 출발점이라 믿고 있다.

① 구매동기

소비자들은 제품에 대한 필요성을 느끼거나 구매하거나 제품을 사용하게 되는 동기에 따라서 구별될 수 있다.

② 추구편익

추구편익은 소비자들이 제품을 소비하여 얻으려는 만족을 말하는 것으로, 최근 들어 세분화 변수 중에서 가장 많이 사용하는 변수이다. 편익에 의한 세분화를 하려면 어떤 제품계열 내에서 추구되는 주요 편익과 각 편익을 추구하는 사람들의 유형을 밝혀내는 것이 필요하며, 각 편익을 제공하는 주요 상품을 규명하는 것이 요구된다.

③ 사용경험 및 사용량

사용경험은 소비자들을 제품에 대한 사용경험 유무에 의해 구분하고, 또한 소비자들이 구매하거나 사용하는 빈도에 따라 소량, 보통, 대량 사용자집단으로 세분화된다.

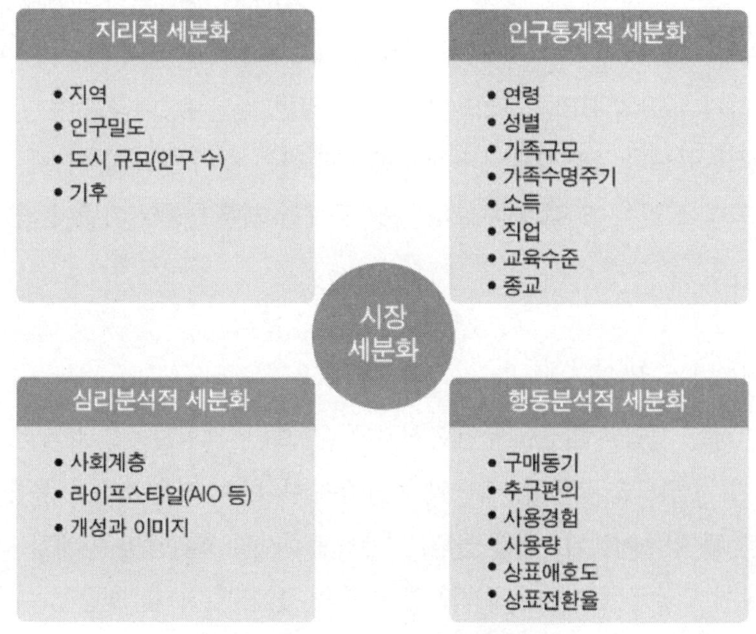

▸▸ 그림 11-3 **시장세분화 변수들**

④ 상표애호도 및 상품전환

상표애호도란 소비자가 구매 시 특정 상표를 일관성 있게 선호하는 정도를 말하며, 상표전환은 상품구매 시 상표전환이 얼마나 자주 일어나고, 또한 구매시점마다 상표선택이 달라지는 정도를 파악하여 소비자들을 세분화할 수 있다.

시장세분화의 변수들을 정리하면 〈그림 11-3〉과 같다.

3) 시장세분화의 성공조건

이벤트 시장을 세분화할 수 있는 방법은 매우 다양하다. 그러나 모든 세분화가 다 효과적인 것은 아니다. 따라서 시장세분화가 유용하게 사용되기 위해서는 갖추어야 할 몇 가지 조건이 있다.

(1) 측정가능성(Measurability)

마케터는 세분시장의 규모 및 소비자들의 구매력과 같은 세분시장의 특성들이 측정가능해야 한다. 예를 들면, 이벤트관리자는 '모든 이벤트에 참가하고자 하는 사람들'이라는 세분시장을 표적시장으로 삼으면 효과적인 마케팅을 수행할 수 있을 것으로 생각할 수도 있지만, 실제로 그들의 수나 그들의 구매력 등을 측정하기가 거의 불가능하기 때문에 효과적인 세분시장이라고 보기 어렵다. 세분시장의 규모나 소비자들의 구매력을 측정하는 것이 중요한 이유는 표적시장을 선택함에 있어 그 같은 자료가 가장 중요한 의사결정의 기준이 되기 때문이다.

(2) 접근가능성(Accessibility)

세분시장은 기업의 입장에서 세분시장에 대하여 마케팅활동을 효과적으로 집중할 수 있는 정도를 말한다. 접근이 용이해야 한다. 이 경우 접근은 유통경로나 매체를 통해 이루어진다. 예를 들면, 이벤트관리자의 효과적인 마케팅노력으로 세분시장에 도달하여 이들에게 적절한 수단을 통해 서비스를 제공할 수 있어야 한다.

(3) **유지가능성**(Sustainability)

기업이 어떤 세분시장에 진입하여 특정한 마케팅노력을 기울일 만한 가치가 있으려면 그 세분시장이 충분히 큰 동질적인 소비자들의 집단이어야 한다. 그래야만 기업은 규모의 경제나 경험효과를 충분히 활용할 수 있다. 예를 들면, 모든 참가자의 기호에 정확히 들어맞도록 기획된 '맞춤이벤트'는 참가자의 만족도를 높일 수 있겠지만 이벤트 주최자 입장에서 비용의 과다 등으로 인해 운영하기가 매우 어려울 것이다. 그러나 최근 정보통신기술의 발달로 비교적 저렴하고 효율적인 방법으로 쌍방향 커뮤니케이션이 가능해지면서 효과적인 세분시장의 크기가 점점 작아지는 것은 사실이다.

(4) **차별화가능성**(Differentiability)

세분시장들이 개념적으로 구분될 수 있어야 할 뿐만 아니라 마케팅 믹스에 따라 다른 반응을 보여야 한다. 만일 미혼과 기혼이 같은 이벤트에 유사한 반응을 보인다면 결혼 여부는 시장을 나누는 효과적인 기준이 될 수 없다.

(5) **실행가능성**(Actionability)

이는 세분시장에 공헌하기 위한 효과적인 마케팅 프로그램을 개발할 수 있어야 한다. 각 세분시장의 고객욕구에 충분히 부응할 수 있는 효과적인 마케팅 프로그램을 계획하고 실행할 수 있는 능력을 기업이 소유하고 있느냐이다. 예를 들면, 특정 기업이 충분히 시장성이 있는 5개의 세분시장 기회를 발견했다고 해도 자사의 여건상 각각의 세분시장에 적합한 마케팅 프로그램을 따로 개발할 수 없다면 이러한 세분화는 의미가 없다. 그런데 많은 마케팅들이 이러한 요건들을 고려해 시장을 세분화하는 과정에서 큰 딜레마에 부딪힌다.

기업이 흔히 사용하는 인구통계학적 변수나 지리적 변수는 비교적 쉽게 관찰, 측정할 수 있고 접근성이 용이하지만, 소비자행동과의 관련성이 낮은 경우가 많다. 이에 반해 행동적 변수들은 대체로 측정, 관찰이 어렵고, 그러한 행동적 특성을 보이는 소비자집단에 접근하기가 쉽지 않다.

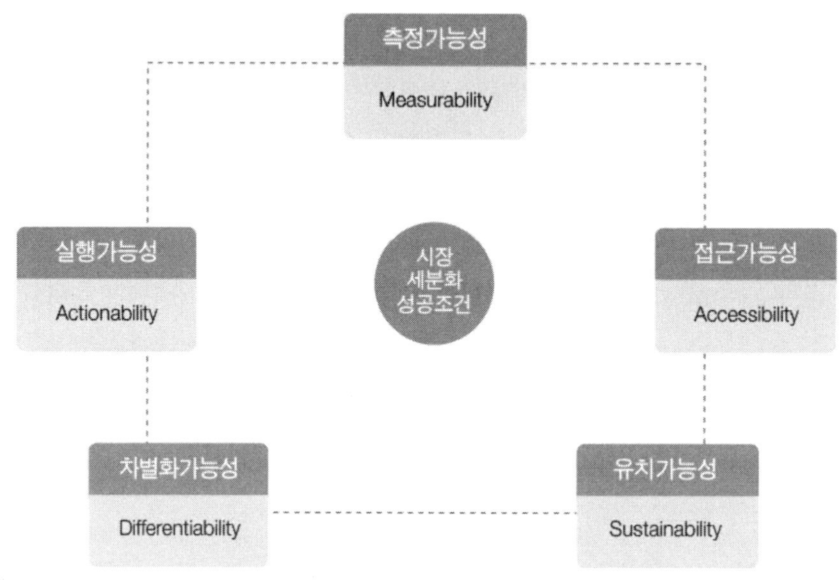

▸▸ 그림 11-4 **시장세분화의 성공조건**

2. 표적시장 선정

1) 표적시장 선정의 의의

이벤트 수요시장의 세분화과정을 마친 이벤트관리자는 어떤 세분화를 어떻게 공략할 것인지 결정해야 한다. 표적시장은 우선 공략대상 세분시장을 일컫는 말이다. 다시 말해 표적시장이란 "한정된 마케팅자원을 보유한 이벤트관리자가 이벤트 수요시장의 세분화과정을 통해 파악된 잠재력 있는 세분시장 중 집중적으로 마케팅자원을 투입하여 성과를 극대화할 수 있는 한 개 또는 여러 개의 세분시장"이다. 따라서 표적시장 선정은 '세분시장들 중에서 표적시장을 선정하는 과정'을 일컫는다.

이벤트 수요시장의 세분화가 제대로 이루어졌다면 표적시장은 시장세분화과정을 거쳐 도출된 세분시장들 중에서 선정된다. 만일 시장세분화과정을 거쳐 도출된 세분시장 이외에 세분시장을 표적으로 선정해야 한다면 앞서 시행한 시장세분화과정의 결함에 대한 재검토가 필요할 수 있다.

이벤트관리자는 이벤트수요의 표적시장을 어떻게 공략할 것인지를 결정하는 글로벌 표적시장 진입방법도 결정해야 한다. 일반적으로 표적시장 선정과 표적시장 진입방법의 결정은 선후보다는 병행적으로 이루어지는 종합적 의사결정을 통해 이루어지는 경향이 있다.

2) 표적시장 선정의 고려요인

세분시장 중에서 표적시장을 선정하는 것은 앞에서 언급한 것처럼 세분화에 이미 표적시장이 암묵적 혹은 명시적으로 포함되어 있는 경우도 있지만, 그렇지 않는 경우가 더 많다. 표적시장이 확연하게 정해진 것 같아도 실제적으로 표적시장을 선정하는 것은 어렵고 중요한 과정이다. 또 표적시장을 선정하는 과정에서 기업의 경쟁력이나 전략을 보다 명확히 하는 경우도 있다. 표적시장 선정 시 고려하는 기준은 크게 4가지로 나누어볼 수 있다.

(1) 시장규모 및 성장률

표적시장 선정 시 세분시장에 대한 판매량, 예상성장률, 예상수익률 등에 대한 자료를 수집하고 분석하여야 한다. 시장규모가 중요한 이유는 특정 시장을 대상으로 영업해서 수익성이 확보되어야 하기 때문이다. 또한 미래에 해당 세분시장의 성장률의 정도도 고려해야 할 것이다. 하나의 세분시장의 시장 크기가 충분히 크지 못하면 복수의 시장을 선정하게 된다. 또 너무 큰 시장을 표적시장으로 하면 표적시장의 통제력이 감소되고, 같은 시장을 공략하고자 하는 경쟁사의 경쟁이 치열할 수도 있다.

(2) 시장 특성과 자사 특성

세분시장이 앞으로 커질 것이라고 느낄 때 현재의 자사 이미지나 핵심역량을 고려하지 않고 의욕적으로 회사의 특징을 바꾸어서 커지는 세분시장에 접근하고자 하는 경우가 많다. 그러나 시장 특성이나 자사 특성이 동일한 시장에서 단기간 내에 크게 바뀌는 것은 쉽지 않으며, 특히 자사의 특성이나 핵심역량이 바뀐다고 해도 소비자들이 이를 인지하는 데는 시간이 걸리게 마련이다. 따라서 동일한 시장에서 급격한 자사 특성의 변화를 가정한 표적시장의 선정은 위험하다고 할 수 있다.

(3) 경쟁강도

적절한 시장규모나 성장률을 지닌 세분시장을 선택했다면 최선의 선택일 수 있으나 이에 못지않게 중요한 변수는 시장 내의 경쟁상황을 고려하는 것이다.

(4) 전략적 의도

성공적인 사업을 하기 위해서는 기업의 전략의도를 명확하게 하고, 그에 따른 경쟁력과 핵심역량을 규정하며, 이를 바탕으로 한 시장의 이해와 시장세분화를 하고, 또한 기업의 전략의도와 맞는 표적시장을 선정하며, 이를 토대로 시장을 점차 넓혀 나가는 것이 필요하다. 기업의 전략적 의도에 따라서는 여러 가지 회사 내·외부적인 상황이 맞지 않지만 특정 소비자 세분시장을 공략해야만 하는 전략적 의도도 있을 수 있다.

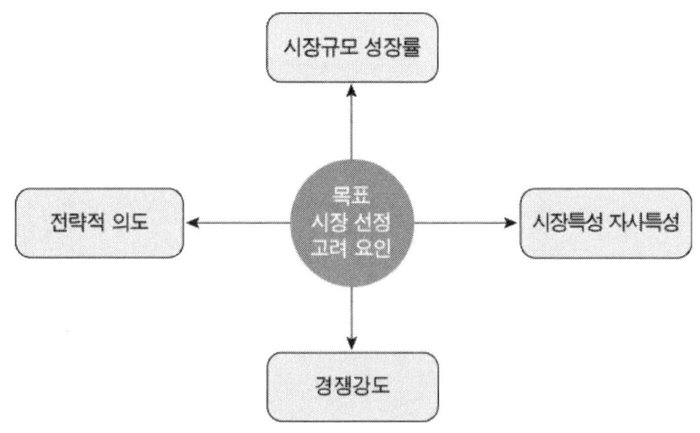

▸▸ 그림 11-5 **표적시장 선정 시 고려요인**

3) 표적시장의 결정전략

이벤트 수요시장의 매력도에 따른 세분시장들에 대한 평가가 수행된 뒤 이벤트관리자는 어떤 시장을 공략해야만 하는지, 또 몇 개의 세분시장을 공략할 것인지 등의 문제를 해결해야 한다. 이벤트관리자가 선택할 수 있는 마케팅전략은 비차별화 마케팅, 차별화 마케팅, 집중화 마케팅의 세 가지가 있다. 〈그림 11-6〉은 이벤트관리자가 채택할 수 있는 마케팅의 세 가지 시장공략 전략을 나타내고 있다.

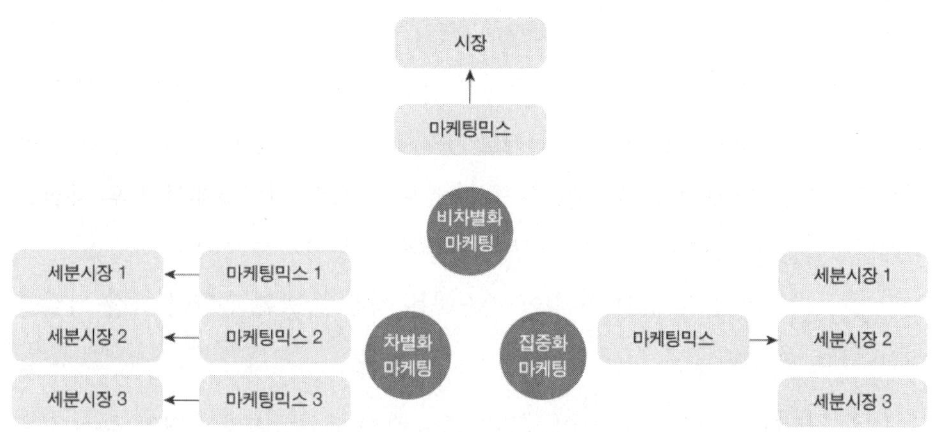

▸▸ 그림 11-6 **표적시장 결정전략**

(1) 비차별화 마케팅전략

비차별화(undifferentiated) 마케팅전략은 각 세분시장 간의 차이를 무시하고 하나의 제품으로 전체시장을 공략하는 전략이다. 즉 수요자 전체시장을 대상으로 구분되지 않은 이벤트 프로그램과 동일한 촉진방법에 의해 불특정 다수의 대중을 대상으로 표적시장을 선택하는 전략이다. 이러한 전략은 수요의 강도, 구매제품 사용 패턴에 있어서 전체시장이 동질적인 경우에는 비차별적 시장전략이 적절하며, 메가 이벤트나 대규모 지역축제들은 전형적으로 이 전략을 따르고 있다.

비차별화 전략의 장점은 규모의 경제가 적용된다는 것이다. 이벤트 수요시장의 세분화가 필요 없으므로 시장조사 및 세분화 과정에 소요되는 비용이 절감될 뿐만 아니라 홍보·판촉비 등에서 비용절감 효과가 크다.

이 전략은 동질성이 존재하는 시장에서는 합리적이지만, 시간이 지남에 따라 수요자 기호가 변화하는 환경에서는 적절하지 못한 경우가 있다.

(2) 차별화 마케팅전략

차별화(differentiated) 전략은 각각의 세분시장에 적합한 차별화된 마케팅믹스를 활용하는 전략이다. 즉 이벤트에 참여할 세분시장 중 몇 개의 표적시장을 결정한 후 각각의 표적시장에 부합되는 이벤트 프로그램을 기획 · 운영하고, 각각의 세분시장에 적합한 촉진도구를 이용해 세분시장에 접근하는 방법이라고 할 수 있다.

차별화 전략은 이벤트관리자가 각각의 집단에 대해 상이한 전략을 개발해야 하기 때문에 집중화 전략보다 더 복잡한 것이라고 할 수 있다. 이러한 전략은 박람회 및 지역축제에서 고려해 볼 수 있는 것으로, 특히 지역축제의 경우 차별화 마케팅전략을 도입하여 방문객 욕구만족 수준을 향상시킬 수 있다.

그러나 다음과 같은 상황(조건)이 존재하는 경우 차별화 전략이 가장 적절한 대안이 될 수 있다.

① 각 집단(세분시장)의 구분이 명확하고 수요의 교차탄력성이 거의 없는 경우
② 생산 · 마케팅 · 관리기술 및 전달해야 할 개념의 관점에서 집단들 사이에 긍정적인 시너지효과가 존재하는 경우
③ 기업에 대한 각 집단의 잠재적 크기가 만족스러운 수익을 제공할 경우 등이다.

2개 또는 그 이상의 세분시장이 이들 조건에 부합되는 경우, 기업은 각각의 세분시장에 진출함으로써 전체 매출과 이익을 증대시킬 수 있다. 이 경우 복수의 세분시장 사이에서 긍정적 시너지효과를 달성하는 것은 특히 중요하다고 할 수 있다.

(3) 집중화 마케팅전략

집중화(concentrated) 전략은 자원이 제한되어 있을 경우에 사용되는 전략이다. 즉 매력도가 높은 특정 단일시장을 표적시장으로 선택하고, 그들에게 적합한 이벤트 프로그램을 구성하며 선택된 시장에 도달할 수 있는 촉진도구를 활용해서 특정 시장만을 위한 집중화 마케팅활동을 수행하는 전략이다. 이는 큰 시

장에서의 작은 시장점유율을 획득하기보다는 하나 또는 소수의 작은 시장에서 높은 시장점유율을 달성하려는 전략이다.

이러한 전략은 단일 프로그램 또는 소수의 프로그램으로 구성된 이벤트 개최 시에 적합한 전략으로 국제회의, 패션쇼, 대중문화 이벤트, 문화예술 이벤트 등에서 사용할 수 있는 전략이다.

집중화 전략은 두 가지 조건하에서 그 가치가 정당화된다.

첫째, 기업의 현재 세분시장과 고려되는 새로운 세분시장 사이에 시너지효과가 없는 경우 집중화 전략이 필요하다. 세분시장 사이의 긍정적인 시너지효과는 비용절감을 촉진시키므로 이익을 증가시키게 된다. 역으로 긍정적인 시너지효과가 없으면 이익에 불리한 영향을 미치게 된다. 이는 또한 기업의 현재 또는 미래의 상대적 경쟁력을 보다 취약하게 만든다. 왜냐하면 기업은 각각의 다른 세분시장에서 보다 높은 효율성을 지닌 경쟁자들과 맞부딪치게 되기 때문이다.

둘째, 기업의 잠재적 시장규모가 큰 경우 하나의 세분시장으로도 기업의 이익목표를 충족시킬 수 있다. 고객집단이 크면 클수록 그것이 제공하는 기회도 더욱 좋은 것이다. 그러나 이런 상황에서 시장 전체의 잠재적 매출은 한 기업의 잠재적 매출액과는 명확히 구분되어야 한다. 잠재적 전체시장의 매출은 모든 기업에 의한 전 산업적 범위의 마케팅활동에 대한 반응으로서 제품이나 서비스의 전 산업적 범위의 구매로부터 생겨나는 매출단위 또는 액수를 말하는 것이다. 이에 대하여 잠재적 기업매출은 해당 기업의 마케팅활동에 대한 반응으로 당사의 제품이나 서비스의 구매로부터 나타나는 매출단위 또는 액수를 말한다. 격심한 경쟁은 시장세분화에 있어서 중요한 문제이다. 왜냐하면 비록 잠재적 시장매출이 매우 양호할지라도 잠재적 기업매출 및 이익에 나쁜 영향을 줄 수 있기 때문이다.

3. 포지셔닝

기업 간 경쟁이 치열해지면서 고객유치에 더욱 적극적인 자세를 보이지 않으면 안 되게 되었다. 그러나 등가성 등의 문제로 경쟁사와 어떤 점에서 어떻게 다르다고 확연히 제시할 수가 없다.

이러한 제약이 있음에도 불구하고 치열한 경쟁 때문에 개최하고자 하는 이벤트가 잠재수요자에게 어떻게 인식되고 평가되는지, 어느 수준의 서비스를 요구하고 있는지, 프로그램의 중요 속성에 대해 세분시장의 수요자들이 어떻게 인식하고 있는지를 파악하지 않으면 안 된다.

1) 포지셔닝 개념

이벤트 세분시장의 평가에 의해 표적시장으로 결정된 잠재적 이벤트 참가자들은 그들의 가처분소득과 시간을 다양한 활동에 할애할 수 있다. 따라서 이벤트관리자는 개최하고자 하는 이벤트에 참여하는 것이 다른 여가활동 또는 다른 이벤트의 참여와 상이한 차별적이고 특징적인 이미지를 구축할 필요가 있다.

포지셔닝은 '시장 내 고객들의 마음에 자사의 상표 등을 자리매김'한다는 의미를 갖는다. 상품이나 서비스에 대해 어떤 행동을 취하는 것이 아니라 잠재고객의 머릿속에 상품이나 서비스의 위치를 잡아주는 것이다. 즉 그 이벤트만의 차별적인 특징으로 인해 방문객의 욕구를 충족시킬 수 있다는 인식을 심어주고 표적시장 내에서 효과적인 마케팅활동을 수행하는 것이다.

이때 이벤트의 위치는 잠재수요자가 이벤트에 대해 어떻게 인식하는가를 말하며, 잠재 참가자는 이러한 속성들을 이용하여 여러 경쟁 이벤트나 여가활동 등과 비교한다. 따라서 이벤트의 포지션은 잠재수요자들이 일정한 속성을 기준으로 해서 경쟁 활동을 어떻게 인식하고 있는가를 의미하게 된다. 이벤트 포지셔닝 전략은 시장세분화를 기초로 해서 정해진 표적시장 내에서 고객들의 마음에 시장분석 · 고객분석 · 경쟁분석 등을 기초로 해서 얻은 전략적 위치를 계획한다는 의미를 갖는다. 즉 차별적인 특징으로 차별적 위치를 차지하여 참가자의 욕구를 잘 충족시키는 서비스를 표적시장에 제공하는 것이다.

표적시장을 선택한 이후에 이벤트관리자는 개최하고자 하는 이벤트를 어떻게 부각시켜서 잠재수요자들의 마음속에 차별적으로 자리 잡게 하느냐가 주요 관건이 된다. 즉 표적시장에서 개최하고자 하는 이벤트가 차지할 위치를 선정하고 경쟁에 비해 차별적 우위로 인식시키도록 만들어야 하는 것이다.

"특정 제품이 경쟁제품에 비해 소비자들의 마음속에 차지하고 있는 상대적인 위치"를 제품의 포지션(position)이라 하고, 포지셔닝(positioning)이란 "소비자들의 마음속에 우리 제품을 어떻게 차별적 우위로 인식시킬 것인가에 대한 전략"을 말한다. 따라서 경쟁제품에 비하여 차별적 특징을 갖도록 제품개념을 명확히 설정하고, 이에 따라 개발된 제품을 소비자들의 지각 속에 적절히 위치시키도록 노력하는 제품개발 및 촉진활동과 밀접한 관련이 있는 활동이다.

2) 포지셔닝 유형

잠재적 이벤트 참가자에 대한 포지셔닝은 기본적으로 두 가지 개념을 포함한다. 우선 잠재 참가자의 마음속에 자리 잡고 있는 이벤트의 위치를 의미하는 것으로, 이때 이벤트관리자가 생각하는 위치는 별 의미가 없고, 오직 잠재 이벤트 참가자가 생각하는 것만이 중요한 의미를 갖는다. 그리고 포지셔닝은 항상 경쟁 상황에 따라 달라질 수 있다는 점이다. 포지셔닝의 유형에는 여러 가지가 있는데, 대체로 그 방법은 이벤트 프로그램속성 포지셔닝, 이미지 포지셔닝, 경쟁에 의한 포지셔닝, 사용상황에 대한 포지셔닝, 이벤트 방문객에 대한 포지셔닝 등이 있으며 이는 다음과 같이 설명할 수 있다.

(1) 이벤트 프로그램 속성에 의한 포지셔닝

잠재수요자들의 이벤트에 대한 평가에 있어서 중요한 평가방법이 속성에 대한 지각이다. 프로그램에 의한 포지셔닝은 경쟁 이벤트나 기타 여가활동에 비해 차별적 속성을 지니고 있어서 그에 대한 효익을 제공한다는 것을 인식시켜 주는 전략을 말한다.

(2) 이미지 포지셔닝

잠재적 참가자들의 이벤트에 대한 평가에 있어서 또 하나의 중요한 평가요소가 바로 이미지이다. 기존의 정적이고 수동적인 관광활동에서 문화체험, 학습, 스포츠활동, 지식습득 등의 적극적이고 직접 체험하는 관광활동을 추구하는 관광자가 증가함에 따라 축제나 다양한 행사에서는 독특한 이미지 커뮤니케이션 전략을 통해서 차별적 콘셉트로 이벤트 잠재수요자의 시간을 바꾸어 놓고 있다.

(3) 경쟁에 의한 포지셔닝

잠재수요자의 지각 속에 경쟁 여가활동이나 이벤트와의 비교를 암시적으로 지각하게 만들어 그에 대한 차별적 편익을 강조하는 방법이다.

(4) 사용상황에 대한 포지셔닝

개최하고자 하는 이벤트의 적절한 사용상황을 소구함으로써 타 이벤트와 사용상황에 따라 차별적으로 인식시키려는 전략이다. 예를 들어, 화천 산천어축제의 경우 빙판 위에서 낚시로 산천어를 낚거나 맨손으로 산천어를 직접 잡는 모습을 보여줌으로써 대표적인 체험형 겨울축제로 자리매김할 수 있었다.

(5) 이벤트 방문객에 대한 포지셔닝

이벤트 참가자들을 유형과 특성에 맞게 설정하여 제시함으로써 타 여가활동에 비해 차별적으로 인식시켜 특정 참가자들을 자연스럽게 유도하기 위한 전략이다. 예를 들어, 축제를 통해 다양한 계층의 대상자에 소구하는 전략을 유지하는 한편 국제회의의 경우 주로 오피니언 리더를 대상으로, 발레공연이나 오페라 등은 고가시장으로 표적화하는 포지셔닝 전략을 추진한다.

3) 포지셔닝 전략의 개발

포지셔닝 전략이란 "동태적인 환경 내에서 시장 내 고객과 경쟁제품에 대한 분석을 기초로 소비자의 마음에 자리 잡기 위한 기본적 의사결정"이라고 정의된다. 동일한 업종의 기업들은 고객을 대상으로 경쟁하는 시장상황 속에서 경쟁자가 쉽게 모방할 수 없는 독특한 포지셔닝 방법을 모색하여야 한다.

포지셔닝 전략의 개발과 관련된 단계를 〈그림 11-7〉과 같이 그려볼 수 있다.

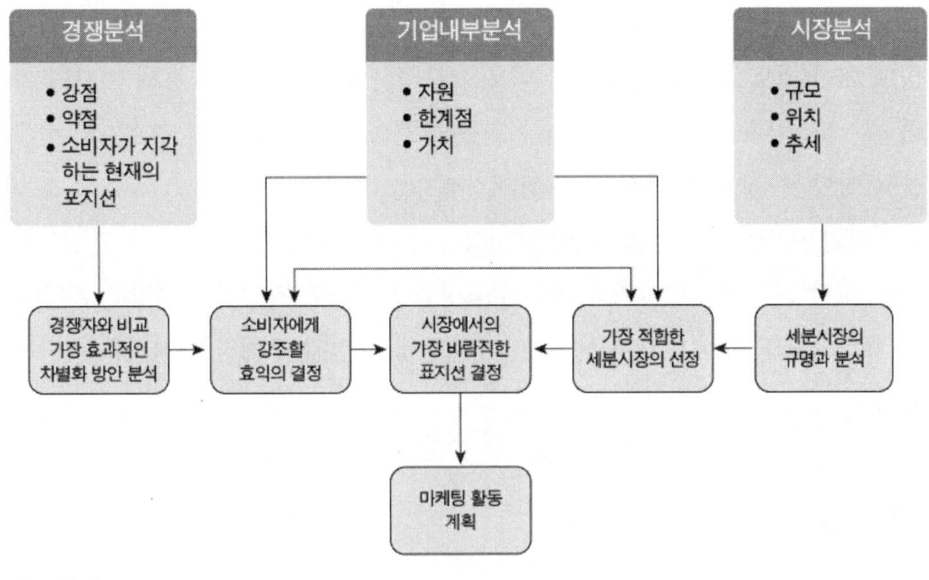

자료: 배도순, 2017.

▶▶ 그림 11-7 **포지셔닝 개발단계**

포지셔닝 전략의 수립을 위해서는 기본적으로 세 가지 분석이 요구된다.

첫째, 시장분석을 통해 기업은 표적시장과 관련된 여러 가지 정보를 얻게 된다. 예를 들어, 수요의 전반적인 수준이나 추세 및 수요의 지리적인 위치를 파악하는 것이 필요하다. 다시 말해서 일반적인 기업환경 분석뿐만 아니라 시장 내에 존재하는 소비자의 배경 그리고 상품의 전달경로와 그 입지 등에 대한 정보 등이 시장분석의 주요한 내용이다. 그다음에 시장세분화를 통해 확인된 여러 세분시장의 크기와 잠재력을 평가해야 한다. 이를 위해 마케팅조사를 통해 상이한 세분시장 내에 있는 소비자들의 선호와 욕구를 파악하고, 이들은 경쟁기업에 대해 어떻게 지각하고 있는지를 파악할 수 있게 된다.

둘째, 기업 내부분석이 필요한데, 이는 기업의 재정, 인적자원, 기술상의 노하우, 물리적인 자산과 같은 자원, 제한점이나 한계점, 수익, 성장률, 그리고 기업이 추구하는 가치나 목표들을 확인하는 것이다. 이러한 분석과정을 거쳐 기업들은 자신들이 서비스할 수 있는 제한된 수의 표적시장을 선정할 수 있게 된다.

셋째, 경쟁분석이 필요한데, 이는 현재와 미래의 시장 내 경쟁구조에 대한 정보를 대상으로 한다. 즉 경쟁자의 수, 시장점유율, 보유하고 있는 경영자원의 비교, 현 경쟁자들의 마케팅 프로그램들에 대한 평가, 그리고 잠재적인 경쟁 가능성에 대한 검토 등이 경쟁분석의 내용을 구성한다. 경쟁분석을 통해 자사의 강점 및 약점이 확인되고, 차별화의 기회를 발견하게 된다. 따라서 경쟁자의 반응을 예상할 수 있도록 현재 또는 잠재경쟁자를 분석해야 한다.

이러한 세 단계를 거치면 기업은 시장에서 가장 희망하는 포지션을 결정하게 되며, 해당 포지션이 바람직하다면 어떤 상품을 제공할 것인지를 결정하게 된다. 이러한 이해를 통해 마케터들은 마케팅활동과 관련된 구체적인 계획을 수립하게 된다.

4) 포지셔닝 맵

포지셔닝 전략에서 가장 유용한 방법의 하나가 포지셔닝 맵을 그려보는 것이다. 경쟁 이벤트 확인 후 속성 및 이미지와 잠재수요자들에게 어떻게 인식되고 평가받는지 파악해야 하기 때문이다. 포지셔닝 맵(positioning map)이란 포지셔닝의 위치를 다른 이벤트와 비교하여 2차원 또는 3차원의 공간에 작성한 지도이고, 이벤트의 특성을 기준으로 여러 경쟁 이벤트들에 대한 잠재적 방문객의 생각을 도표상에 나타낸 것으로, 경쟁 이벤트들의 상대적 위치와 잠재적 방문객들이 인지하고 있는 지각을 중심으로 시각적으로 작성한 것이며, 지각도(perceptual map)라고도 한다.

포지셔닝 맵의 작성은 선택의 기준이 될 만한 중요한 2~3가지 지표를 선정하여 2차원 또는 3차원의 도면상에 개최하고자 하는 이벤트와 경쟁 이벤트의 위치를 표시하게 되는데, 가장 중요한 것은 기준이 될 지표선정이다.

일반적으로 고객에게 가장 중요하다고 생각되는 두 가지 속성을 이용한 2차원 포지셔닝 맵이 전형적으로 이용된다. 그리고 이때는 이용되는 중요 속성은 주차공간이나 이자율과 같은 객관적 속성을 이용할 수도 있고 친절함이나 친밀도와 같은 주관적 속성을 사용할 수도 있다. 이러한 포지셔닝 맵을 통해 우리의 위치뿐만 아니라 경쟁 이벤트의 위치까지 파악할 수 있다.

그러나 이벤트관리자가 주의해야 할 것은 프로그램의 아이디어 또는 연출 중심의 사고에 빠지다 보면, 자기중심적인 포지셔닝 맵을 작성할 우려가 있다는 것이다. 즉 이벤트주최자가 무엇을 준비했느냐도 중요하지만 참가자가 원하는 것이 무엇이냐가 매우 중요한 것이다.

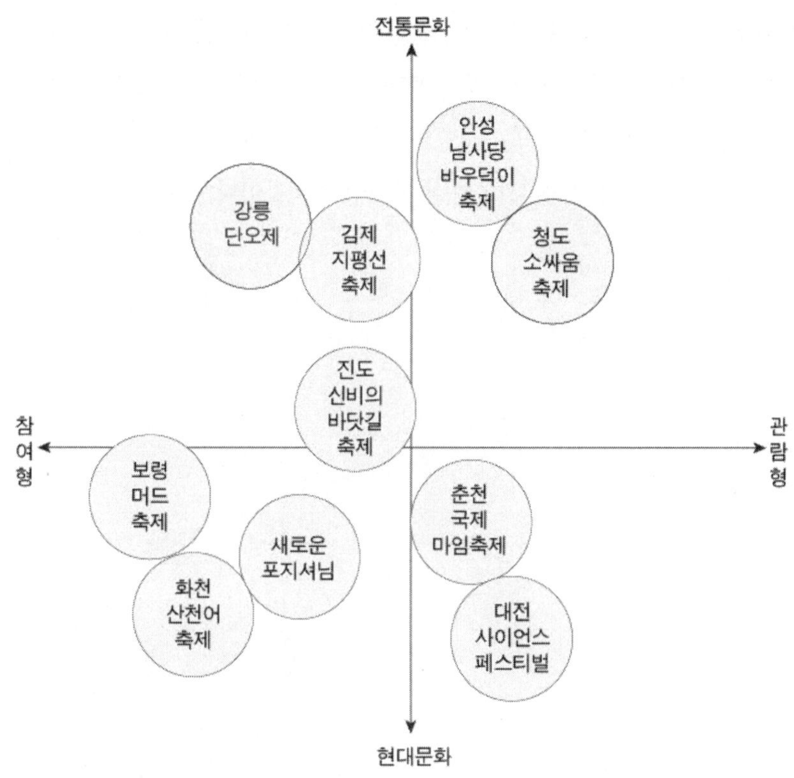

▸▸ 그림 11-8 **이벤트 포지셔닝 맵의 예**

5) 재포지셔닝

포지셔닝 전략이 실행된 후에는 개최하고자 하는 이벤트가 목표한 위치에 포지셔닝되었는지를 확인해야 한다. 참가성과로도 마케팅 전략의 효과를 알 수 있겠으나 전문적인 조사를 통해 더욱 구체적으로 분석해 보는 것이 좋다.

참가자 욕구는 시간에 따라 변화하고 같은 이벤트의 이미지도 수시로 변한다. 따라서 참가자의 욕구가 변할 때 이에 맞춘 이벤트의 이미지도 변화시켜 주어야 하는데, 이러한 작업을 재포지셔닝(repositioning)이라 한다. 즉 지금까지 유지되어 온 현재의 위치를 버리고 새로운 포지션을 찾아가는 방법을 가리킨다. 또한 포지션은 시장구조의 변화, 고객욕구의 변화, 경쟁자의 활동, 그리고 기업 자체의 활동에 따라 변화하게 된다.

그러나 이러한 재포지셔닝이 성공을 거두기는 쉽지 않은 것이 현실이다. 이미 상당기간 동안 잠재수요자들의 머릿속에 각인된 이미지를 바꾸는 것은 새로운 이벤트를 개최하는 것보다 쉽지 않고 비용 대비 효과의 창출도 높지 않은 경우가 많기 때문이다. 따라서 재포지셔닝의 경우에는 기존의 이미지에 대한 인식과 특성 변화에 대한 분석이 철저히 이루어져야 할 것이다.

CHAPTER

12

이벤트 평가

CHAPTER

12 이벤트 평가

제1절 이벤트 평가 개요

1. 이벤트 평가의 개념

평가(evaluation)는 수행되고 있는 과업이 목표를 달성했는가의 여부를 검토하는 것으로, 성공적이라고 판단되면 계속 진행시키고 그렇지 못하다면 목표 및 집행방법을 조정해 나가기 위해 실시하는 것이다. 평가라는 용어는 그 개념을 명확하게 정의하기는 어려우나 여러 종류의 판단에 적용시킬 수 있는 융통성을 지니고 있어 그 적용대상에 따라 사업평가, 프로그램 평가, 정책평가 등으로 나눌 수 있다.

평가의 개념은 측정(measurement), 검사(test), 사정(assessment)의 개념과 동일한 의미로 사용되기도 하고 독립적인 의미로 사용되기도 한다. Getz(1991)와 Worthen & Sanders(1987)는 평가란 "어떤 사물의 가치를 결정하는 것으로 전문적인 가치

판단과 동의어로 간주함으로써 평가는 본질적으로 정치적 행위"라고 주장하였다.

광의적 개념의 평가는 사업추진이나 정책과정의 연속선상에서 이루어지는 동태적 과정으로 사업결정 과정상의 사전적 평가와 집행과정에서 이루어지는 과정 및 집행평가를 포함하여 지칭한다. 그러나 지금까지 평가를 성과 혹은 목표지향적인 일련의 분석과정으로만 파악한 나머지 사업의 결정과정이나 집행과정에서의 가치판단을 유보한 채 단순히 결과물에 기초하여 판단함으로써 협의적 개념 규정을 벗어나지 못하고 있다.

이러한 맥락에서 보면 이벤트 평가는 이벤트 개최를 통해 얻은 성과를 알아내기 위하여 이벤트의 기획과정에서부터 종료까지의 전 과정을 분석하고 그 결과를 통해 개선하고자 하는 활동이라 할 수 있다.

이벤트를 평가하는 이유는 문제의 규명과 해결, 관리개선 방법의 발견, 성공 또는 실패의 측정, 비용과 편익의 규명, 효과의 규명과 측정, 스폰서와 담당조직의 만족, 인정 · 신뢰 · 지원의 획득에 있다. 따라서 이벤트 평가는 이벤트를 개최한 후 실질적인 영향이나 효과성을 평가하는 사후적 평가만 이루어지는 것이 아니라 이벤트 실시 이전의 준비과정이나 기획과정부터 종료 후까지, 즉 개최 전, 개최 중 및 개최 후의 모든 과정에서 이루어져야 한다.

개최 전 평가는 주로 이벤트 개최의 타당성 조사를 목적으로, 이벤트 개최를 위해서 필요자원은 무엇인지, 이벤트에 대한 반응이나 참가예상인원, 비용과 편익 예측분석을 대상으로 한다.

이벤트가 개최 중인 상태에서 상황 점검을 위해 실행하는 개최 중 평가는 이벤트 운영의 전반적 상황을 평가하고 개선하기 위한 목적으로, 참가자 또는 방문객의 만족도를 높일 수 있는 수단이라고 할 수 있다.

개최 후에 실시되는 종합평가는 가장 일반적으로 행해지는 평가이며, 이벤트 개최목적과 세부목표에 관련된 많은 자료를 수집하고 분석하여 개최성과를 측정하는 데 그 목적이 있다. 종합평가는 방문객에 대한 설문조사가 수반되기도 하며, 이벤트 참여 만족도와 방문객이 지출한 경비 및 인구통계자료를 조사하는 경우가 많다.

2. 이벤트 평가의 유형

1) 평가주체에 따른 유형

이벤트사업 평가는 평가를 누가 하는가, 즉 평가주체에 따라 구분하는 것으로 관리상의 책임소재를 명확히 하거나 평가결과를 제3의 목적에 활용하기 위해서 흔히 사용된다. 평가주체에 의한 평가유형에는 외부평가와 내부평가 혹은 자체평가로 구분된다(고승덕 · 김홍렬, 2017).

외부평가는 사업관리상의 책임소재를 명확하게 파악하기 위해 제3자, 즉 지역대학, 평가관련 기관, 지방연구원 등 외부기관에 의해 수행되는 평가이며, 자체평가 내지 내부평가는 사업을 추진하는 주체가 집행의 효율적 관리를 위한 정보 산출을 위해 스스로 수행하는 평가이다.

예를 들면, 이벤트의 개최에 따른 효과의 측정이나 분석에 있어 축제나 관광 이벤트의 개최를 담당한 주최 측에 의한 경제효과의 분석, 행사개최의 평가 등과 같은 자체평가와 연구자들의 축제 및 이벤트 참여자를 대상으로 한 태도나 이미지, 동기 및 행태분석 등을 하는 외부평가로 구분할 수 있다.

2) 평가시기에 따른 유형

이벤트사업이 진행되는 시간적 순서에 따라 중요시되는 국면이나 요소에 초점을 맞출 경우 타당성평가(formative evaluation), 과정평가(process evaluation), 종합평가(summative evaluation) 또는 산출평가(outcome evaluation) 등의 세 가지 유형으로 구분할 수 있다.

(1) 타당성평가

타당성평가(formative evaluation)는 사전평가라 할 수 있는데, 이벤트사업이 집행되기 이전에 수행되는 평가이며, 주로 이벤트사업의 수행 여부를 결정하기 위하여 타당성을 분석하는 평가로, 사업의 입안단계에서 이루어진다. 즉 이벤트사업과 관련된 공공 혹은 민간투자의 실시로 나타나게 될 파급효과를 사전에 평가하여 타당성이 있는지를 판단한 후 만약 타당성이 인정될 경우 이를 가장 효율적으로 집행할 수 있는 방안을 탐색하는 과정의 평가가 이에 해당된다.

타당성평가를 통해서 이벤트사업의 집행 여부를 결정할 수 있고 투자사업의 우선순위를 설정할 수 있으므로 개발사업의 가설적 영향을 미리 검증하고 실현가능성을 결정하는 데 기여하게 된다. 이 단계는 수요조사, 관광객과 지역사회의 표적시장에 대한 인지, 관광상품의 개발, 이벤트 관련 조직, 새로운 관광상품 또는 마케팅 아이디어에 대한 효과적인 구성 등의 내용을 포함하게 된다.

(2) 과정평가

과정평가(process evaluation)는 이벤트가 운영되는 동안에 수행되는 평가로 관련조직의 운영에 있어 효과성을 향상시키기 위해 적용시킬 수 있으며, 산출(output)과 효과 간의 관계를 분석하고 가능하면 영향과의 관계도 그 대상으로 하고 있다. 과정평가의 목적은 집행과정에서 나타나는 집행계획, 집행절차, 투입자원, 집행활동 등을 점검하여 사업을 환경변화나 전반적인 사업목표에 유연하게 적응시키기 위해 보다 효율적인 추진전략을 강구하거나 사업내용을 수정, 변경하며 사업의 중단, 축소, 유지, 확대 여부에 도움을 주는 활동을 말한다.

(3) 종합평가 또는 산출평가

종합평가(summative evaluation) 또는 산출평가(outcome evaluation)는 이벤트사업의 집행 이후에 수행하는 평가로, 투자사업의 실질적 효과와 영향, 전반적인 가치와 전체 과정에서 나타난 결과 및 결함을 평가하는 것이다. 일반적으로 이벤트사업의 평가는 이러한 종합평가 또는 산출평가를 의미한다.

종합(산출)평가는 지역개발사업의 목표가 명확하게 확인될 수 있는 상황, 특히 목표달성이나 성취의 정량적 평가가 가능한 상황에서 그 목표를 어느 정도 달성하였는가를 평가하는 것이다. 그리고 투자사업을 집행한 결과 사업추진으로 인한 영향에 대한 평가도 해당되며, 때로는 사후 영향평가의 경우 예상하지 못한 결과인 파급효과까지 파악하는 것을 의미한다. 종합(산출)평가는 투자사업의 계속, 확장, 축소 등과 같은 중요한 의사결정을 하는 데 활용될 수 있다.

▸▸ 표 12-1 이벤트 평가시기와 내용

유형	내용
타당성 평가 (formative evaluation)	• 타당성 조사 또는 이벤트계획 수립 시 수행 • 전략적 계획 수립과정의 일부 • 개최 필요성 평가, 방문자 · 지역시장 자료조사
진행평가 (process evaluation)	• 효과적 운영개선을 돕기 위한 개최 중의 평가 • 계획된 대로 실행되고 있는지의 여부 • 수정해야 할 사항이 있는지의 여부
종합평가 (summative evaluation)	• 이벤트 개최 후의 평가 • 이벤트의 효과와 전체적인 가치에 관한 평가 • 차기 이벤트에 수정 · 적용되어야 할 자료의 수집

자료: 이경모, 2013 재인용.

3) 평가방법에 따른 유형

대부분의 이벤트 평가는 경제적 효과와 같은 유형의 효과와 영향에 대해 수행되는 것이 많다. 그러나 이벤트는 유형적 성과와 아울러 무형의 효과도 평가될 필요가 있다. 즉 이벤트 개최를 통해 얻은 지역주민의 일체감 또는 자긍심이나 관광목적지로서의 이미지 향상과 같은 긍정적인 효과는 화폐가치로 계량화하기는 어렵지만, 이벤트 개최효과의 중요한 부분임에 틀림없다.

▸▸ 표 12-2 유 · 무형의 이벤트효과 평가의 예

평가범위	정량적 기준	정성적 기준
평가항목 예	• 계획된 수익비용과의 일치 여부 • 편익과 비용 및 경제적 영향 • 방문객 수와 인구통계 특성 • 방문객의 평균 체재시간	• 프로그램과 서비스의 질 • 인적자원의 자질과 이미지 • 운영체계의 효율성 • 조직의 팀워크

자료: 이경모, 2013 재인용.

유형의 효과를 평가하는 것은 정량적인 것으로 이벤트 개최의 결과 또는 성과를 측정하는 것이고, 무형의 효과를 평가하는 것은 정성적인 것으로 개최의 과정을 평가하는 것이다. 정량적 분석은 이벤트 사업집행의 타당성을 영향이나 효과를 중심으로 하여 과학적 기법을 동원해 계량화하여 평가하는 기법을 의미한다. 반면에 정성적 기법은 계량화 혹은 실측하기 어려운 영향이나 파급효과를 질적 척도로 구성된 주민의식조사, 이벤트 수요자 반응조사 내지 응답을 통해서 간접적으로 그 크기나 목표달성 수준을 측정·분석하는 방법이다.

제2절 이벤트 평가방법

1. 이벤트 평가방법

이벤트를 평가하는 방법은 이벤트의 특성에 따라 또 필요한 정보의 유형에 따라 다양하게 실행될 수 있다. 첫째, 이벤트 평가에서 가장 일반적으로 사용되는 것은 방문객에 대한 설문조사이다. 둘째, 모니터요원을 이용하는 방법으로 훈련된 모니터요원이 점검목록에 평가내용을 기재하여 이벤트관리자에게 보고하는 방법으로 이벤트 개최 중에 유용하게 사용할 수 있는 방법이다. 셋째, 이벤트가 종료된 후 전화나 우편을 이용하여 방문객에 대한 조사를 실시하는 것이다. 끝으로 이벤트를 전후하여 조사를 실시하는 방법으로 이는 참가 전 방문객의 기대치와 참가 후 실제의 경험을 비교해 볼 수 있는 방법이다.

또한 이벤트 평가는 비공식적으로 일상업무 중에 시행할 수 있는 평가방법이 있는 반면에 공식적인 설문조사를 하는 방법까지 다양한 방법이 있을 수 있다. 운영조직 구성원 간의 토의와 같은 비공식적인 평가는 평가의 범위가 좁지만 자주 시행할 수 있고, 공식적인 설문조사와 같은 평가는 넓은 범위의 내용을 조사할 수 있지만 자주 시행하기 어려운 단점이 있다.

2. 경제적 효과의 측정방법

이벤트의 경제적 효과를 측정하는 데는 다양한 방법이 있을 수 있다. 즉 이벤트 개최와 운영에 따른 이벤트 자체의 수익과 손실을 기준으로 한 경제적 효과부터 지역경제에 파급된 간접효과를 포함한 비용·편익의 산정에 이르기까지 여러 방법이 있다. 전자가 가장 손쉬운 방법인 반면에 후자는 복잡한 평가방법이다.

1) 손익분기 또는 이익 · 손실 측정방법

이벤트의 개최와 운영에 따른 개최자의 재무적 성과를 측정할 목적으로 수행되는 이벤트효과에 대한 평가방법이라고 할 수 있다. 이 방법은 이벤트 수행을 위해 투여된 직접비용과 이벤트 개최로부터 얻어진 직접수입을 비교하여 이벤트의 운영을 통해 어느 정도의 직접이익 또는 직접손실을 발생시켰는지를 산정하는 접근방법이다. 즉 이벤트 자체에 해당하는 단기적이고 제한적인 범위의 재무성과를 평가하는 방법이라고 할 수 있다.

따라서 이 방법을 통해 발생되는 이익은 개최지의 경제적 편익을 나타내는 것이 아니다. 즉 지자체의 보조금을 통해 이벤트 운영에서 이익이 발생했다면, 이는 개최자에게는 이익이 발생했다고 할 수 있지만, 이것이 반드시 개최지에 새로운 경제적 이익을 발생시켰다고 할 수는 없는 것이다.

2) 투자수익률 측정방법

이벤트에 스폰서십을 제공한 대부분의 기업은 이를 통해 판매, PR 및 기타 마케팅목표에 대한 성과를 기대하게 되며, 보조금을 지급한 공공기관의 경우 이벤트 개최를 통해 일반인의 태도 변화 또는 경제적 영향에 대해 기대하는 목표가 있다. 이는 스폰서십과 보조금 지급이라는 형태로 이루어진 투자에 대한 반대급부로서의 기대목표이다.

또한 이벤트 개최에 자금을 투자한 투자자의 경우 투자수익률을 기대하고 있을 것이다. 이러한 투자수익률은 투자자의 재무성과에 관련되는 것일 뿐 개최지의 경제적 영향을 평가하는 것은 아니다.

3) 경제적 규모 측정방법

이벤트와 관련된 총지출의 규모를 계산하는 방법으로 흔히 이벤트의 경제적 영향을 평가하는 방법과 혼동하여 사용될 수 있다. 경제적 규모산정의 접근방법은 이벤트 방문자와 주최자가 이벤트와 관련되어 지출하는 총비용의 규모를 의미한다. 이 방법을 유효하게 사용하기 위해서는 얼마나 많은 외부 방문자를 유치했으며, 그들이 개최지에서 어느 정도의 비용을 소비했는가를 정확히 산정할 수 있어야 한다. 따라서 경제적 규모를 어떻게 측정할 것인지를 결정하는 것이 중요한 변수가 될 수 있다.

4) 경제적 영향 측정방법

경제적 영향평가의 접근은 위에서 언급된 경제적 효과 측정방법보다 더욱 엄격하고 합리적인 측정방법이 필요하다. 경제적 영향에 관한 평가는 개최지의 경제수입, 개최지 주민을 위한 일자리 창출효과를 포함시켜야 하는 것은 물론이고, 투자유치능력을 개선시키는 것과 같은 간접적인 경제효과 및 장기적 효과까지 감안해서 측정되어야 한다.

또한 경제적 영향평가에서는 관광지로서의 이미지 제고 및 촉진효과 등도 포함되는 것이 바람직한데, 이를 정확히 측정하는 것이 용이하지 않은 편이다. 따라서 측정방법에 따라 평가에 대한 신뢰성과 타당성의 차이를 보이게 된다.

5) 비용 · 편익 측정방법

비용 · 편익의 접근방법은 이벤트의 긍정적 경제효과만을 산정하는 것이 아니고, 이벤트 개최를 위해 투여되는 경제적 비용 및 지역사회와 지역 환경에 부과되는 간접비용을 고려하는 방법이다. 즉 비용 · 편익의 산정은 이벤트 개최로 인해 발생하는 경제적 이익과 경제적 비용의 비교, 사회적 문제나 심리적 편익 등 무형의 비용과 편익의 비교를 통해 이루어질 수 있다.

이 방법은 단순히 이벤트 개최를 통해 얻는 이익, 수입 및 고용기회 창출 등

경제효과만을 고려하는 것이 아니라 이와 함께 사회 · 문화 · 환경적 영향을 감안하여 이벤트의 순수가치를 찾는 방법이라고 할 수 있다.

▸▸ 표 12-3 이벤트의 경제적 효과 측정방법

접근방법	목적	일반적 방법
손익분기 또는 이익 · 손실	• 재무적 효율 및 지급능력에 대한 단기평가	• 직접수입과 직접비용의 산출 • 이익 또는 손실의 산정
투자수익률	• 스폰서와 보조금 지급자의 편익 산정 • 개인투자자에 대한 투자수익률(ROI) 계산	• 보조금 · 스폰서십과 방문수준 · 경제적 편익과의 관계 산정 • 표준 ROI 산정법 이용
경제적 규모	• 개최지 입장에서 이벤트의 경제적 규모 산정	• 총방문자 수와 소비지출 및 주최자의 지출규모 산정
경제적 영향	• 개최지의 거시적 경제 편익 산정	• 직 · 간접 수입과 고용효과 계산 • 승수 및 계량통계 모델 이용
비용과 편익	• 개최지 지역사회와 환경을 고려한 비용 · 편익 평가 • 이벤트 순가치 결정	• 유 · 무형 비용과 편익의 장 · 단기 비교 • 투자의 기회비용 평가 • 파급효과 계산 • 이벤트 순가치 계산

자료: Getz, 1994.

3. 평가자료 및 측정방법

1) 이벤트 평가지표

이벤트 평가에 있어 각 특성에 맞는 기준을 설정해야 한다. 이런 판단기준을 평가지표(indication)라고 하는데, 이는 기준(standards), 준거(criterion) 등 다양한 용어로 사용된다. 그러나 이벤트는 각 행사마다 조직 및 성격이 상이할 뿐만 아니라 다양한 특성이 있어 어느 하나의 평가방식으로 이벤트를 평가한다는 것은 사실상 매우 어렵다.

올바른 이벤트를 평가하기 위해서는 평가의 객관성과 정확성을 확보하여 규칙이나 기준을 정해야 한다. 왜냐하면 평가는 가치의 주관적인 결정이기 때문이다.

Getz(1991)는 이벤트의 평가지표에 따른 측정항목과 기법 및 자료의 형태를 제시하였는데, 이벤트 참여규모, 방문객의 특징, 송출지 및 여행형태, 마케팅과 동기, 활동 및 소비지출, 경제적 영향, 기타 영향, 비용 · 편익분석 등의 8개 항목으로 분류하였다.

▸▸ 표 12-4 Getz의 이벤트 평가지표

지표	데이터 유형	측정항목	측정방법
참여규모	• 축제 및 이벤트의 총참가자 • 단위행사 참가자	• 총참가자 수 • 방문횟수 • 회전율 • 최대 입장객 수	• 입장권 판매 수 • 회전율 집계 • 차량대수 집계 • 혼잡도 평가 • 송출지 조사
방문객 특징	• 방문객의 개인적 특성 • 동반형태 • 동반자의 수	• 연령별 • 성별 • 직업별 • 교육수준 • 소득수준 • 동반자 유형 및 수	• 방문객 설문조사 • 송출지역 조사 • 직접 관찰
송출지 및 여행 형태	• 거주지 주소 • 여행 출발지 • 여행형태 • 교통	• 국가, 주(도), 시군 • 조사시점 출발지 • 여행 중 경유지 • 이용숙박시설 • 숙박일수 • 패키지상품 • 교통수단	• 방문객 설문조사 • 관찰
마케팅 동기부여	• 정보원 • 여행 이유 • 편익추구 • 만족도	• 대중매체 • 구전의사 전달 • 당해 지역 • 당해 이벤트 • 당해 여행 중 이벤트의 중요성 • 첫 번째 또는 재방문	
활동 및 지출	• 이벤트 내 활동 • 지출사항	• 개최 이벤트와 행사장 참가 • 개최도시 및 여행 중 활동 • 이벤트 참가비와 여행 비용 • 숙박비, 식음료 지출, 유흥비, 기념품비, 기타 쇼핑비, 여행 관련 지출	• 방문객 설문조사 • 회전문 집계 • 입장권 판매 수 • 관찰 • 사업체 조사 • 재무보고서 조사
경제적 영향	• 생태학적 영향 • 사회문화적 영향	• 자연보호 • 환경오혐, 서식지 파괴 • 주민의 태도 • 역사유물 훼손 • 전통의 변화 및 보존 • 쾌적성의 확보 또는 침해 • 공중의 행위 • 미적 정서의 변화	• 관찰 • 환경조사 • 지역주민조사 • 공청회 • 경찰범죄기록 조사 • 소방관계자료 조사
비용 · 편익 분석	• 유형의 비용 · 편익 • 무형의 비용 · 편익	• 편익 대비 유형 · 비용 비율 • 순가치의 질적 평가	

자료: Getz, 1991.

2) 거시적 평가항목

이벤트 평가에 있어 지역사회에 사회·문화적으로 미치는 영향과 환경에 미치는 영향 및 경제적 직·간접 효과와 고용효과에 대한 거시적 평가는 매우 다양한 측정방법에 의해 수행될 수 있으며, 특히 메가 이벤트의 경우 다음의 〈표 12-5〉에 제시된 측정항목에 대해 평가할 필요가 있다.

▸▸ 표 12-5 **거시적 평가항목에 대한 자료와 측정방법**

구분	데이터 유형	측정항목	측정방법
사회·문화적 효과	환경관련 영향	• 공해 유발 • 환경보존 • 동식물 서식지 손실	• 관측 • 환경영향조사
	사회·문화적 영향	• 지역주민의 태도 • 전통의 유지 또는 변화 • 생활시설의 개선 또는 악화 • 범죄 발생의 변화 • 인구의 유입 또는 감소 • 물가의 변화	• 주민 설문조사 • 공청회 • 경찰통계
경제적 효과	직접효과	• 행사장 내 수입 • 지역사회 수입 • 세수의 변화	• 방문객 설문조사 • 세무통계
	간접효과	• 2차적 경제유발효과 • 수입승수	• 수입승수
	고용효과	• 정규직과 일시고용 • 간접 고용효과	• 고용승수

자료: Getz, 1997.

3) 미시적 평가항목

이벤트의 미시적 평가항목은 주로 마케팅 활동과 프로그램 운영에 필요한 자료들로서 대규모의 이벤트뿐만 아니라 일반적인 이벤트에서도 관리과정의 개선을 위하여 측정해 볼 필요가 있는 측정항목들이다. 다음의 〈표 12-6〉은 방문객 수와 인구통계자료 및 마케팅자료의 측정방법이다.

▸▸ 표 12-6 미시적 평가항목에 대한 자료와 측정방법

구분	데이터 유형	측정항목	측정방법
참가자 수	• 총참가자 수 • 프로그램별 참가자 수	• 총방문자 수 • 총방문 횟수 • 회전율(turnover) • 최대 참가자 수	• 입장권 판매 • 출입구 조사 • 차량수 측정 • 관중 수 추정 • 표본집단 조사
방문객 프로필	• 각 방문객 프로필	• 연령 • 직업 • 소득수준 • 성별 • 교육수준	• 방문객 설문조사 • 표적시장 조사 • 직접 관찰
	• 동반자 유형	• 가족 • 혼자 • 친구 • 단체	
	• 동반자 수	• 여행 동반자수	
시장지역과 여행유형	• 현주소	• 국가, 지역, 도시	• 방문객 설문조사
	• 여행목적	• 여행 • 이벤트 참여	
	• 교통편	• 이용교통편 • 소요시간	
마케팅 자료	• 정보원천	• 정보원천이 된 촉진수단	• 방문객 설문조사
	• 추구편익	• 추구하는 경험, 활동, 상품, 서비스	
	• 만족도	• 서비스와 프로그램에 관한 만족도 • 향후 개선을 위한 제안 • 재방문의사	• 방문객 설문조사 • 제안함

자료: Getz, 1997.

부록

부록 1 관광기본법
부록 2 국제회의산업 육성에 관한 법률
부록 3 전시산업발전법

〈부록 1〉

관광기본법

법률 제2877호, 1975. 12. 31., 제정
법률 제6129호, 2000. 1. 12., 일부개정
법률 제8741호, 2007. 12. 21., 일부개정
법률 제15056호, 2017. 11. 28., 일부개정
법률 제16049호, 2018. 12. 24., 일부개정
법률 제17703호, 2020. 12. 22., 일부개정

제1조(목적) 이 법은 관광진흥의 방향과 시책에 관한 사항을 규정함으로써 국제친선을 증진하고 국민경제와 국민복지를 향상시키며 건전한 국민관광의 발전을 도모하는 것을 목적으로 한다.

[전문개정 2007. 12. 21.]

제2조(정부의 시책) 정부는 이 법의 목적을 달성하기 위하여 관광진흥에 관한 기본적이고 종합적인 시책을 강구하여야 한다.

[전문개정 2007. 12. 21.]

제3조(관광진흥계획의 수립) ① 정부는 관광진흥의 기반을 조성하고 관광산업의 경쟁력을 강화하기 위하여 관광진흥에 관한 기본계획(이하 “기본계획”이라 한다)을 5년마다 수립·시행하여야 한다.

② 기본계획에는 다음 각 호의 사항이 포함되어야 한다. <개정 2020. 12. 22.>

1. 관광진흥을 위한 정책의 기본방향
2. 국내외 관광여건과 관광 동향에 관한 사항
3. 관광진흥을 위한 기반 조성에 관한 사항
4. 관광진흥을 위한 관광사업의 부문별 정책에 관한 사항
5. 관광진흥을 위한 재원 확보 및 배분에 관한 사항
6. 관광진흥을 위한 제도 개선에 관한 사항
7. 관광진흥과 관련된 중앙행정기관의 역할 분담에 관한 사항
8. 관광시설의 감염병 등에 대한 안전·위생·방역 관리에 관한 사항
9. 그 밖에 관광진흥을 위하여 필요한 사항

③ 기본계획은 제16조제1항에 따른 국가관광전략회의의 심의를 거쳐 확정한다.

④ 정부는 기본계획에 따라 매년 시행계획을 수립 · 시행하고 그 추진실적을 평가하여 기본계획에 반영하여야 한다.

[전문개정 2017. 11. 28.]

제4조(연차보고) 정부는 매년 관광진흥에 관한 시책과 동향에 대한 보고서를 정기국회가 시작하기 전까지 국회에 제출하여야 한다.

[전문개정 2007. 12. 21.]

제5조(법제상의 조치) 국가는 제2조에 따른 시책을 실시하기 위하여 법제상 · 재정상의 조치와 그 밖에 필요한 행정상의 조치를 강구하여야 한다.

[전문개정 2007. 12. 21.]

제6조(지방자치단체의 협조) 지방자치단체는 관광에 관한 국가시책에 필요한 시책을 강구하여야 한다.

[전문개정 2007. 12. 21.]

제7조(외국 관광객의 유치) 정부는 외국 관광객의 유치를 촉진하기 위하여 해외 홍보를 강화하고 출입국 절차를 개선하며 그 밖에 필요한 시책을 강구하여야 한다.

[전문개정 2007. 12. 21.]

제8조(관광 여건의 조성) 정부는 관광 여건 조성을 위하여 관광객이 이용할 숙박 · 교통 · 휴식시설 등의 개선 및 확충, 휴일 · 휴가에 대한 제도 개선 등에 필요한 시책을 마련하여야 한다. 〈개정 2018. 12. 24.〉

[전문개정 2007. 12. 21.]

[제목개정 2018. 12. 24.]

제9조(관광자원의 보호 등) 정부는 관광자원을 보호하고 개발하는 데에 필요한 시책을 강구하여야 한다.

[전문개정 2007. 12. 21.]

제10조(관광사업의 지도 · 육성) 정부는 관광사업을 육성하기 위하여 관광사업을 지도 · 감독하고 그 밖에 필요한 시책을 강구하여야 한다.

[전문개정 2007. 12. 21.]

제11조(관광 종사자의 자질 향상) 정부는 관광에 종사하는 자의 자질을 향상시키기 위하여 교육훈련과 그 밖에 필요한 시책을 강구하여야 한다.

[전문개정 2007. 12. 21.]

제12조(관광지의 지정 및 개발) 정부는 관광에 적합한 지역을 관광지로 지정하여 필요한 개발을 하여야 한다.

[전문개정 2007. 12. 21.]

제13조(국민관광의 발전) 정부는 관광에 대한 국민의 이해를 촉구하여 건전한 국민관광을 발전시키는 데에 필요한 시책을 강구하여야 한다.

[전문개정 2007. 12. 21.]

제14조(관광진흥개발기금) 정부는 관광진흥을 위하여 관광진흥개발기금을 설치하여야 한다.

[전문개정 2007. 12. 21.]

제15조 삭제 <2000. 1. 12.>

제16조(국가관광전략회의) ① 관광진흥의 방향 및 주요 시책에 대한 수립 · 조정, 관광진흥계획의 수립 등에 관한 사항을 심의 · 조정하기 위하여 국무총리 소속으로 국가관광전략회의를 둔다.

② 국가관광전략회의의 구성 및 운영 등에 필요한 사항은 대통령령으로 정한다.

[본조신설 2017. 11. 28.]

부칙 <제17703호, 2020. 12. 22.>

이 법은 공포 후 6개월이 경과한 날부터 시행한다.

〈부록 2〉

국제회의산업 육성에 관한 법률

법률 제5210호, 1996. 12. 30., 제정
법률 제6442호, 2001. 3. 28., 일부개정
법률 제6961호, 2003. 8. 6., 일부개정
법률 제8743호, 2007. 12. 21., 일부개정
법률 제9492호, 2009. 3. 18., 일부개정
법률 제13247호, 2015. 3. 27., 일부개정
법률 제14427호, 2016. 12. 20., 일부개정
법률 제15059호, 2017. 11. 28., 일부개정
법률 제17705호, 2020. 12. 22., 일부개정
법률 제18983호, 2022. 9. 27., 일부개정

제1조(목적) 이 법은 국제회의의 유치를 촉진하고 그 원활한 개최를 지원하여 국제회의산업을 육성·진흥함으로써 관광산업의 발전과 국민경제의 향상 등에 이바지함을 목적으로 한다.

[전문개정 2007. 12. 21.]

제2조(정의) 이 법에서 사용하는 용어의 뜻은 다음과 같다. <개정 2015. 3. 27., 2022. 9. 27.>

1. "국제회의"란 상당수의 외국인이 참가하는 회의(세미나·토론회·전시회·기업회의 등을 포함한다)로서 대통령령으로 정하는 종류와 규모에 해당하는 것을 말한다.
2. "국제회의산업"이란 국제회의의 유치와 개최에 필요한 국제회의시설, 서비스 등과 관련된 산업을 말한다.
3. "국제회의시설"이란 국제회의의 개최에 필요한 회의시설, 전시시설 및 이와 관련된 지원시설·부대시설 등으로서 대통령령으로 정하는 종류와 규모에 해당하는 것을 말한다.
4. "국제회의도시"란 국제회의산업의 육성·진흥을 위하여 제14조에 따라 지정된 특별시·광역시 또는 시를 말한다.
5. "국제회의 전담조직"이란 국제회의산업의 진흥을 위하여 각종 사업을 수행하는 조직을 말한다.
6. "국제회의산업 육성기반"이란 국제회의시설, 국제회의 전문인력, 전자국제회의체제, 국제회의 정보 등 국제회의의 유치·개최를 지원하고 촉진하는 시설, 인

력, 체제, 정보 등을 말한다.
7. “국제회의복합지구”란 국제회의시설 및 국제회의집적시설이 집적되어 있는 지역으로서 제15조의2에 따라 지정된 지역을 말한다.
8. “국제회의집적시설”이란 국제회의복합지구 안에서 국제회의시설의 집적화 및 운영 활성화에 기여하는 숙박시설, 판매시설, 공연장 등 대통령령으로 정하는 종류와 규모에 해당하는 시설로서 제15조의3에 따라 지정된 시설을 말한다.

[전문개정 2007. 12. 21.]

제3조(국가의 책무) ① 국가는 국제회의산업의 육성·진흥을 위하여 필요한 계획의 수립 등 행정상·재정상의 지원조치를 강구하여야 한다.
② 제1항에 따른 지원조치에는 국제회의 참가자가 이용할 숙박시설, 교통시설 및 관광 편의시설 등의 설치·확충 또는 개선을 위하여 필요한 사항이 포함되어야 한다.
[전문개정 2007. 12. 21.]

제4조 삭제 <2009. 3. 18.>

제5조(국제회의 전담조직의 지정 및 설치) ① 문화체육관광부장관은 국제회의산업의 육성을 위하여 필요하면 국제회의 전담조직(이하 “전담조직”이라 한다)을 지정할 수 있다. <개정 2008. 2. 29.>
② 국제회의시설을 보유·관할하는 지방자치단체의 장은 국제회의 관련 업무를 효율적으로 추진하기 위하여 필요하다고 인정하면 전담조직을 설치·운영할 수 있으며, 그에 필요한 비용의 전부 또는 일부를 지원할 수 있다. <개정 2016. 12. 20.>
③ 전담조직의 지정·설치 및 운영 등에 필요한 사항은 대통령령으로 정한다.
[전문개정 2007. 12. 21.]

제6조(국제회의산업육성기본계획의 수립 등) ① 문화체육관광부장관은 국제회의산업의 육성·진흥을 위하여 다음 각 호의 사항이 포함되는 국제회의산업육성기본계획(이하 “기본계획”이라 한다)을 5년마다 수립·시행하여야 한다. <개정 2008. 2. 29., 2017. 11. 28., 2020. 12. 22., 2022. 9. 27.>
1. 국제회의의 유치와 촉진에 관한 사항
2. 국제회의의 원활한 개최에 관한 사항
3. 국제회의에 필요한 인력의 양성에 관한 사항
4. 국제회의시설의 설치와 확충에 관한 사항
5. 국제회의시설의 감염병 등에 대한 안전·위생·방역 관리에 관한 사항

6. 국제회의산업 진흥을 위한 제도 및 법령 개선에 관한 사항
7. 그 밖에 국제회의산업의 육성 · 진흥에 관한 중요 사항

② 문화체육관광부장관은 기본계획에 따라 연도별 국제회의산업육성시행계획(이하 "시행계획"이라 한다)을 수립 · 시행하여야 한다. <신설 2017. 11. 28.>

③ 문화체육관광부장관은 기본계획 및 시행계획의 효율적인 달성을 위하여 관계 중앙행정기관의 장, 지방자치단체의 장 및 국제회의산업 육성과 관련된 기관의 장에게 필요한 자료 또는 정보의 제공, 의견의 제출 등을 요청할 수 있다. 이 경우 요청을 받은 자는 정당한 사유가 없으면 이에 따라야 한다. <개정 2017. 11. 28.>

④ 문화체육관광부장관은 기본계획의 추진실적을 평가하고, 그 결과를 기본계획의 수립에 반영하여야 한다. <신설 2017. 11. 28.>

⑤ 기본계획 · 시행계획의 수립 및 추진실적 평가의 방법 · 내용 등에 필요한 사항은 대통령령으로 정한다. <개정 2017. 11. 28.>

[전문개정 2007. 12. 21.]

제7조(국제회의의 유치 · 개최 지원) ① 문화체육관광부장관은 국제회의의 유치를 촉진하고 그 원활한 개최를 위하여 필요하다고 인정하면 국제회의를 유치하거나 개최하는 자에게 지원을 할 수 있다. <개정 2008. 2. 29.>

② 제1항에 따른 지원을 받으려는 자는 문화체육관광부령으로 정하는 바에 따라 문화체육관광부장관에게 그 지원을 신청하여야 한다. <개정 2008. 2. 29.>

[전문개정 2007. 12. 21.]

제8조(국제회의산업 육성기반의 조성) ① 문화체육관광부장관은 국제회의산업 육성기반을 조성하기 위하여 관계 중앙행정기관의 장과 협의하여 다음 각 호의 사업을 추진하여야 한다. <개정 2008. 2. 29., 2022. 9. 27.>

1. 국제회의시설의 건립
2. 국제회의 전문인력의 양성
3. 국제회의산업 육성기반의 조성을 위한 국제협력
4. 인터넷 등 정보통신망을 통하여 수행하는 전자국제회의 기반의 구축
5. 국제회의산업에 관한 정보와 통계의 수집 · 분석 및 유통
6. 국제회의 기업 육성 및 서비스 연구개발
7. 그 밖에 국제회의산업 육성기반의 조성을 위하여 필요하다고 인정되는 사업으로서 대통령령으로 정하는 사업

② 문화체육관광부장관은 다음 각 호의 기관 · 법인 또는 단체(이하 "사업시행기

관"이라 한다) 등으로 하여금 국제회의산업 육성기반의 조성을 위한 사업을 실시하게 할 수 있다. <개정 2008. 2. 29.>

1. 제5조제1항 및 제2항에 따라 지정 · 설치된 전담조직
2. 제14조제1항에 따라 지정된 국제회의도시
3. 「한국관광공사법」에 따라 설립된 한국관광공사
4. 「고등교육법」에 따른 대학 · 산업대학 및 전문대학
5. 그 밖에 대통령령으로 정하는 법인 · 단체

[전문개정 2007. 12. 21.]

제9조(국제회의시설의 건립 및 운영 촉진 등) 문화체육관광부장관은 국제회의시설의 건립 및 운영 촉진 등을 위하여 사업시행기관이 추진하는 다음 각 호의 사업을 지원할 수 있다. <개정 2008. 2. 29.>

1. 국제회의시설의 건립
2. 국제회의시설의 운영
3. 그 밖에 국제회의시설의 건립 및 운영 촉진을 위하여 필요하다고 인정하는 사업으로서 문화체육관광부령으로 정하는 사업

[전문개정 2007. 12. 21.]

제10조(국제회의 전문인력의 교육 · 훈련 등) 문화체육관광부장관은 국제회의 전문인력의 양성 등을 위하여 사업시행기관이 추진하는 다음 각 호의 사업을 지원할 수 있다. <개정 2008. 2. 29.>

1. 국제회의 전문인력의 교육 · 훈련
2. 국제회의 전문인력 교육과정의 개발 · 운영
3. 그 밖에 국제회의 전문인력의 교육 · 훈련과 관련하여 필요한 사업으로서 문화체육관광부령으로 정하는 사업

[전문개정 2007. 12. 21.]

제11조(국제협력의 촉진) 문화체육관광부장관은 국제회의산업 육성기반의 조성과 관련된 국제협력을 촉진하기 위하여 사업시행기관이 추진하는 다음 각 호의 사업을 지원할 수 있다. <개정 2008. 2. 29.>

1. 국제회의 관련 국제협력을 위한 조사 · 연구
2. 국제회의 전문인력 및 정보의 국제 교류
3. 외국의 국제회의 관련 기관 · 단체의 국내 유치
4. 그 밖에 국제회의 육성기반의 조성에 관한 국제협력을 촉진하기 위하여 필요한

사업으로서 문화체육관광부령으로 정하는 사업

[전문개정 2007. 12. 21.]

제12조(전자국제회의 기반의 확충) ① 정부는 전자국제회의 기반을 확충하기 위하여 필요한 시책을 강구하여야 한다.

② 문화체육관광부장관은 전자국제회의 기반의 구축을 촉진하기 위하여 사업시행기관이 추진하는 다음 각 호의 사업을 지원할 수 있다. <개정 2008. 2. 29.>

1. 인터넷 등 정보통신망을 통한 사이버 공간에서의 국제회의 개최
2. 전자국제회의의 개최를 위한 관리체제의 개발 및 운영
3. 그 밖에 전자국제회의의 기반의 구축을 위하여 필요하다고 인정하는 사업으로서 문화체육관광부령으로 정하는 사업

[전문개정 2007. 12. 21.]

제13조(국제회의 정보의 유통 촉진) ① 정부는 국제회의 정보의 원활한 공급 · 활용 및 유통을 촉진하기 위하여 필요한 시책을 강구하여야 한다.

② 문화체육관광부장관은 국제회의 정보의 공급 · 활용 및 유통을 촉진하기 위하여 사업시행기관이 추진하는 다음 각 호의 사업을 지원할 수 있다. <개정 2008. 2. 29.>

1. 국제회의 정보 및 통계의 수집 · 분석
2. 국제회의 정보의 가공 및 유통
3. 국제회의 정보망의 구축 및 운영
4. 그 밖에 국제회의 정보의 유통 촉진을 위하여 필요한 사업으로 문화체육관광부령으로 정하는 사업

③ 문화체육관광부장관은 국제회의 정보의 공급 · 활용 및 유통을 촉진하기 위하여 필요하면 문화체육관광부령으로 정하는 바에 따라 관계 행정기관과 국제회의 관련 기관 · 단체 또는 기업에 대하여 국제회의 정보의 제출을 요청하거나 국제회의 정보를 제공할 수 있다. <개정 2008. 2. 29., 2022. 9. 27.>

[전문개정 2007. 12. 21.]

제14조(국제회의도시의 지정 등) ① 문화체육관광부장관은 대통령령으로 정하는 국제회의도시 지정기준에 맞는 특별시 · 광역시 및 시를 국제회의도시로 지정할 수 있다. <개정 2008. 2. 29., 2009. 3. 18.>

② 문화체육관광부장관은 국제회의도시를 지정하는 경우 지역 간의 균형적 발전을 고려하여야 한다. <개정 2008. 2. 29.>

③ 문화체육관광부장관은 국제회의도시가 제1항에 따른 지정기준에 맞지 아니하

게 된 경우에는 그 지정을 취소할 수 있다. <개정 2008. 2. 29., 2009. 3. 18.>

④ 문화체육관광부장관은 제1항과 제3항에 따른 국제회의도시의 지정 또는 지정취소를 한 경우에는 그 내용을 고시하여야 한다. <개정 2008. 2. 29.>

⑤ 제1항과 제3항에 따른 국제회의도시의 지정 및 지정취소 등에 필요한 사항은 대통령령으로 정한다.

[전문개정 2007. 12. 21.]

제15조(국제회의도시의 지원) 문화체육관광부장관은 제14조제1항에 따라 지정된 국제회의도시에 대하여는 다음 각 호의 사업에 우선 지원할 수 있다. <개정 2008. 2. 29.>

1. 국제회의도시에서의 「관광진흥개발기금법」 제5조의 용도에 해당하는 사업
2. 제16조제2항 각 호의 어느 하나에 해당하는 사업

[전문개정 2007. 12. 21.]

제15조의2(국제회의복합지구의 지정 등) ① 특별시장 · 광역시장 · 특별자치시장 · 도지사 · 특별자치도지사(이하 "시 · 도지사"라 한다)는 국제회의산업의 진흥을 위하여 필요한 경우에는 관할구역의 일정 지역을 국제회의복합지구로 지정할 수 있다.

② 시 · 도지사는 국제회의복합지구를 지정할 때에는 국제회의복합지구 육성 · 진흥계획을 수립하여 문화체육관광부장관의 승인을 받아야 한다. 대통령령으로 정하는 중요한 사항을 변경할 때에도 또한 같다.

③ 시 · 도지사는 제2항에 따른 국제회의복합지구 육성 · 진흥계획을 시행하여야 한다.

④ 시 · 도지사는 사업의 지연, 관리 부실 등의 사유로 지정목적을 달성할 수 없는 경우 국제회의복합지구 지정을 해제할 수 있다. 이 경우 문화체육관광부장관의 승인을 받아야 한다.

⑤ 시 · 도지사는 제1항 및 제2항에 따라 국제회의복합지구를 지정하거나 지정을 변경한 경우 또는 제4항에 따라 지정을 해제한 경우 대통령령으로 정하는 바에 따라 그 내용을 공고하여야 한다.

⑥ 제1항에 따라 지정된 국제회의복합지구는 「관광진흥법」 제70조에 따른 관광특구로 본다.

⑦ 제2항에 따른 국제회의복합지구 육성 · 진흥계획의 수립 · 시행, 국제회의복합지구 지정의 요건 및 절차 등에 필요한 사항은 대통령령으로 정한다.

[본조신설 2015. 3. 27.]

제15조의3(국제회의집적시설의 지정 등) ① 문화체육관광부장관은 국제회의복합지구에

서 국제회의시설의 집적화 및 운영 활성화를 위하여 필요한 경우 시 · 도지사와 협의를 거쳐 국제회의집적시설을 지정할 수 있다.

② 제1항에 따른 국제회의집적시설로 지정을 받으려는 자(지방자치단체를 포함한다)는 문화체육관광부장관에게 지정을 신청하여야 한다.

③ 문화체육관광부장관은 국제회의집적시설이 지정요건에 미달하는 때에는 대통령령으로 정하는 바에 따라 그 지정을 해제할 수 있다.

④ 그 밖에 국제회의집적시설의 지정요건 및 지정신청 등에 필요한 사항은 대통령령으로 정한다.

[본조신설 2015. 3. 27.]

제15조의4(부담금의 감면 등) ① 국가 및 지방자치단체는 국제회의복합지구 육성 · 진흥사업을 원활하게 시행하기 위하여 필요한 경우에는 국제회의복합지구의 국제회의시설 및 국제회의집적시설에 대하여 관련 법률에서 정하는 바에 따라 다음 각 호의 부담금을 감면할 수 있다.

1. 「개발이익 환수에 관한 법률」 제3조에 따른 개발부담금
2. 「산지관리법」 제19조에 따른 대체산림자원조성비
3. 「농지법」 제38조에 따른 농지보전부담금
4. 「초지법」 제23조에 따른 대체초지조성비
5. 「도시교통정비 촉진법」 제36조에 따른 교통유발부담금

② 지방자치단체의 장은 국제회의복합지구의 육성 · 진흥을 위하여 필요한 경우 국제회의복합지구를 「국토의 계획 및 이용에 관한 법률」 제51조에 따른 지구단위계획구역으로 지정하고 같은 법 제52조제3항에 따라 용적률을 완화하여 적용할 수 있다.

[본조신설 2015. 3. 27.]

제16조(재정 지원) ① 문화체육관광부장관은 이 법의 목적을 달성하기 위하여 「관광진흥개발기금법」 제2조제2항제3호에 따른 국외 여행자의 출국납부금 총액의 100분의 10에 해당하는 금액의 범위에서 국제회의산업의 육성재원을 지원할 수 있다. <개정 2008. 2. 29.>

② 문화체육관광부장관은 제1항에 따른 금액의 범위에서 다음 각 호에 해당되는 사업에 필요한 비용의 전부 또는 일부를 지원할 수 있다. <개정 2008. 2. 29., 2015. 3. 27.>

1. 제5조제1항 및 제2항에 따라 지정 · 설치된 전담조직의 운영
2. 제7조제1항에 따른 국제회의 유치 또는 그 개최자에 대한 지원

3. 제8조제2항제2호부터 제5호까지의 규정에 따른 사업시행기관에서 실시하는 국제회의산업 육성기반 조성사업
4. 제10조부터 제13조까지의 각 호에 해당하는 사업
4의2. 제15조의2에 따라 지정된 국제회의복합지구의 육성 · 진흥을 위한 사업
4의3. 제15조의3에 따라 지정된 국제회의집적시설에 대한 지원 사업
5. 그 밖에 국제회의산업의 육성을 위하여 필요한 사항으로서 대통령령으로 정하는 사업

③ 제2항에 따른 지원금의 교부에 필요한 사항은 대통령령으로 정한다.

④ 제2항에 따른 지원을 받으려는 자는 대통령령으로 정하는 바에 따라 문화체육관광부장관 또는 제18조에 따라 사업을 위탁받은 기관의 장에게 지원을 신청하여야 한다. <개정 2008. 2. 29.>

[전문개정 2007. 12. 21.]

제17조(다른 법률과의 관계) ① 국제회의시설의 설치자가 국제회의시설에 대하여 「건축법」 제11조에 따른 건축허가를 받으면 같은 법 제11조제5항 각 호의 사항 외에 다음 각 호의 허가 · 인가 등을 받거나 신고를 한 것으로 본다. <개정 2008. 3. 21., 2009. 6. 9., 2011. 8. 4., 2017. 1. 17., 2017. 11. 28., 2021. 11. 30.>

1. 「하수도법」 제24조에 따른 시설이나 공작물 설치의 허가
2. 「수도법」 제52조에 따른 전용상수도 설치의 인가
3. 「소방시설 설치 및 관리에 관한 법률」 제6조제1항에 따른 건축허가의 동의
4. 「폐기물관리법」 제29조제2항에 따른 폐기물처리시설 설치의 승인 또는 신고
5. 「대기환경보전법」 제23조, 「물환경보전법」 제33조 및 「소음 · 진동관리법」 제8조에 따른 배출시설 설치의 허가 또는 신고

② 국제회의시설의 설치자가 국제회의시설에 대하여 「건축법」 제22조에 따른 사용승인을 받으면 같은 법 제22조제4항 각 호의 사항 외에 다음 각 호의 검사를 받거나 신고를 한 것으로 본다. <개정 2008. 3. 21., 2009. 6. 9., 2017. 1. 17.>

1. 「수도법」 제53조에 따른 전용상수도의 준공검사
2. 「소방시설공사업법」 제14조제1항에 따른 소방시설의 완공검사
3. 「폐기물관리법」 제29조제4항에 따른 폐기물처리시설의 사용개시 신고
4. 「대기환경보전법」 제30조 및 「물환경보전법」 제37조에 따른 배출시설 등의 가동개시(稼動開始) 신고

③ 제1항과 제2항에 따른 허가 · 인가 · 검사 등의 의제(擬制)를 받으려는 자는 해

당 국제회의시설의 건축허가 및 사용승인을 신청할 때 문화체육관광부령으로 정하는 관계 서류를 함께 제출하여야 한다. <개정 2008. 2. 29.>

④ 특별자치도지사 · 시장 · 군수 또는 구청장(자치구의 구청장을 말한다)이 건축허가 및 사용승인 신청을 받은 경우 제1항과 제2항에 해당하는 사항이 다른 행정기관의 권한에 속하면 미리 그 행정기관의 장과 협의하여야 하며, 협의를 요청받은 행정기관의 장은 그 요청을 받은 날부터 15일 이내에 의견을 제출하여야 한다.

[전문개정 2007. 12. 21.]

제18조(권한의 위탁) ① 문화체육관광부장관은 제7조에 따른 국제회의 유치 · 개최의 지원에 관한 업무를 대통령령으로 정하는 바에 따라 법인이나 단체에 위탁할 수 있다. <개정 2008. 2. 29.>

② 문화체육관광부장관은 제1항에 따른 위탁을 한 경우에는 해당 법인이나 단체에 예산의 범위에서 필요한 경비(經費)를 보조할 수 있다. 〈개정 2008. 2. 29.〉

[전문개정 2007. 12. 21.]

부칙 <제18983호, 2022. 9. 27.>

이 법은 공포 후 3개월이 경과한 날부터 시행한다.

〈부록 3〉

전시산업발전법

법률 제8935호, 2008. 3. 21., 제정
법률 제10027호, 2010. 2. 4., 일부개정
법률 제10495호, 2011. 3. 30., 일부개정
법률 제12306호, 2014. 1. 21., 일부개정
법률 제12613호, 2014. 5. 20., 일부개정
법률 제13154호, 2015. 2. 3., 일부개정
법률 제13861호, 2016. 1. 27., 일부개정

제1장 총칙

제1조(목적) 이 법은 전시산업의 경쟁력을 강화하고 그 발전을 도모하여 무역진흥과 국민경제의 발전에 이바지함을 목적으로 한다.

제2조(정의) 이 법에서 사용하는 용어의 뜻은 다음과 같다. <개정 2011. 3. 30., 2013. 3. 23., 2015. 2. 3.>

1. "전시산업"이란 전시시설을 건립·운영하거나 전시회 및 전시회부대행사를 기획·개최·운영하고 이와 관련된 물품 및 장치를 제작·설치하거나 전시공간의 설계·디자인과 이와 관련된 공사를 수행하거나 전시회와 관련된 용역 등을 제공하는 산업을 말한다.
2. "전시회"란 무역상담과 상품 및 서비스의 판매·홍보를 위하여 개최하는 상설 또는 비상설의 견본상품박람회, 무역상담회, 박람회 등으로서 대통령령으로 정하는 종류와 규모에 해당하는 것을 말한다.
3. "전시회부대행사"란 전시회와 관련된 홍보 및 판매촉진을 위하여 개최되는 설명회, 시연회, 국제회의 및 부대행사 등을 말한다.
4. "전시시설"이란 전시회 및 전시회부대행사의 개최에 필요한 시설과 관련 부대시설로서 대통령령으로 정하는 종류와 규모에 해당하는 것을 말한다.
5. "전시사업자"란 전시산업과 관련된 경제활동을 영위하는 자로서 다음 각 목에서 규정하는 자를 말한다.

가. 전시시설사업자 : 전시시설을 건립하거나 운영하는 사업자

나. 전시주최사업자 : 전시회 및 전시회부대행사를 기획 · 개최 및 운영하는 사업자

다. 전시디자인설치사업자 : 전시회와 관련된 물품 및 장치를 제작 · 설치하거나 전시공간의 설계 · 디자인과 이와 관련된 공사를 수행하는 사업자

라. 전시서비스사업자 : 전시회와 관련된 용역 등을 제공하는 사업자

6. "사이버전시회"란 인터넷 등 정보통신망을 활용하여 사이버 공간에서 개최하는 전시회로서 산업통상자원부령으로 정하는 조건에 해당하는 것을 말한다.

제2장 전시산업 발전계획

제3조(전시산업 발전계획의 수립) ① 산업통상자원부장관은 전시산업의 발전을 위하여 다음 각 호의 사항이 포함되는 전시산업 발전계획을 수립 · 시행하여야 한다. <개정 2013. 3. 23., 2016. 1. 27.>

1. 전시산업 발전 기본 방향
2. 전시산업 시장규모 및 현황
3. 전시산업의 국내외 여건 및 전망
4. 전시시설의 수급에 관한 사항
5. 국제수준의 무역전시회 육성
6. 지역전략산업과 연계한 전시회 활성화 방안
7. 전시산업 기반구축을 위한 사항
8. 그 밖에 전시산업 발전을 위하여 필요한 사항

② 산업통상자원부장관은 전시산업 발전계획을 수립 또는 변경하려는 때에는 제5조에 따른 전시산업발전협의회의 협의절차를 거쳐야 한다. <개정 2013. 3. 23., 2016. 1. 27.>

③ 산업통상자원부장관은 관계 중앙행정기관의 장과 협의하여 전시산업 발전계획에 따라 전시산업 발전을 위한 사업(이하 "전시산업 발전사업"이라 한다)을 실시하고 이를 위하여 필요한 제도와 기준을 정할 수 있다. <개정 2013. 3. 23.>

④ 전시산업 발전계획의 수립 및 시행 등에 필요한 사항은 대통령령으로 정한다.

제4조(전시산업 발전사업 주관기관) ① 산업통상자원부장관은 전시산업 발전사업을 효율적으로 추진하기 위하여 다음 각 호의 기관 · 법인 또는 단체를 전시산업 발전사업 주관기관(이하 "주관기관"이라 한다)으로 선정할 수 있다. <개정 2009. 5. 21., 2013. 3. 23., 2014. 5. 20.>

1. 특별시, 광역시, 특별자치시, 도, 특별자치도

2. 시, 군, 자치구
3. 「고등교육법」에 따른 대학, 산업대학, 전문대학
4. 「대한무역투자진흥공사법」에 따라 설립된 대한무역투자진흥공사
5. 「중소기업진흥에 관한 법률」에 따라 설립된 중소기업진흥공단
6. 「중소기업협동조합법」에 따라 설립된 중소기업중앙회
7. 삭제 <2015. 2. 3.>
8. 그 밖에 대통령령으로 정하는 법인 또는 단체

② 산업통상자원부장관은 주관기관이 거짓이나 그 밖의 부정한 방법으로 주관기관으로 선정된 때에는 그 선정을 취소하여야 한다. <개정 2013. 3. 23.>

③ 산업통상자원부장관은 주관기관이 전시산업 발전사업을 추진하는 데 사용되는 비용의 전부 또는 일부를 예산의 범위에서 지원할 수 있다. <개정 2013. 3. 23.>

④ 제1항 및 제2항에 따른 주관기관의 선정 및 취소와 제3항에 따른 지원금의 교부, 사용 및 관리에 관하여 필요한 사항은 대통령령으로 정한다.

제5조(전시산업발전협의회 설치 · 운영) ① 전시산업의 발전에 관한 다음 각 호의 사항을 관계 중앙행정기관 등과 협의하기 위하여 산업통상자원부장관 소속으로 전시산업발전협의회(이하 이 조에서 "협의회"라 한다)를 둔다. <개정 2013. 3. 23., 2016. 1. 27.>

1. 제3조에 따른 전시산업 발전계획
2. 제11조에 따른 전시시설 건립(증설을 포함한다. 이하 같다)계획
3. 전시산업 경쟁력 제고를 위하여 필요한 사항
4. 그 밖에 산업통상자원부장관이 필요하다고 인정하여 부의하는 사항

② 삭제 <2016. 1. 27.>

③ 협의회의 효율적 운영을 위하여 관련 전문가로 구성된 자문단을 운영할 수 있다. <개정 2016. 1. 27.>

④ 협의회와 자문단의 구성 · 운영 등에 필요한 사항은 대통령령으로 정한다. <개정 2016. 1. 27.>

[제목개정 2016. 1. 27.]

제6조(전시산업의 시장현황조사 및 수요조사) ① 산업통상자원부장관은 제3조에 따른 전시산업발전계획의 수립과 중 · 장기 전시시설 확충을 위하여 필요한 때에는 전시산업에 관한 시장현황조사 및 수요조사를 실시할 수 있다. <개정 2013. 3. 23., 2016. 1. 27.>

② 산업통상자원부장관은 제1항에 따른 시장현황조사 및 수요조사를 실시함에 있어서 필요한 자료를 관계 행정기관, 지방자치단체에 요청할 수 있다. 이 경우 요

청을 받은 관계 행정기관 등은 특별한 사유가 없는 한 이에 응하여야 한다. <개정 2013. 3. 23., 2015. 2. 3., 2016. 1. 27.>

[제목개정 2016. 1. 27.]

제3장 삭제 <2015. 2. 3.>

제7조 삭제 <2015. 2. 3.>

제8조 삭제 <2015. 2. 3.>

제9조 삭제 <2015. 2. 3.>

제10조 삭제 <2015. 2. 3.>

제4장 전시산업 기반의 조성

제11조(전시시설의 건립) ① 주관기관이 국비 또는 지방비가 소요되는 전시시설을 건립하려는 경우에는 다음 각 호의 사항이 포함된 전시시설 건립계획에 대하여 대통령령으로 정하는 바에 따라 산업통상자원부장관과 미리 협의하여야 한다. <개정 2013. 3. 23., 2015. 2. 3.>

1. 전시시설 건립의 타당성
2. 전시시설 건립에 사용되는 시설 · 인력 및 재원대책
3. 전시시설 운영 및 활용 계획
4. 숙박시설 등 부대시설 건립 계획
5. 그 밖에 전시시설과 관련하여 산업통상자원부장관이 필요하다고 인정한 사항

② 산업통상자원부장관은 제1항에 따른 전시시설 건립계획에 대하여 전시시설의 국제경쟁력, 전시회 및 전시회부대행사의 수급, 지역경제 발전에 대한 기여도, 지역균형 발전 등을 고려하여 조정할 수 있다. <개정 2013. 3. 23.>

③ 산업통상자원부장관은 전시시설이 「국제회의산업 육성에 관한 법률」 제2조제3호에 따른 국제회의시설을 포함하는 경우 제2항에 따른 전시시설 건립계획에 대한 조정 시 문화체육관광부장관과 미리 협의하여야 한다. <개정 2013. 3. 23.>

제12조(전시산업 전문인력의 양성) ① 정부는 전시산업 전문인력의 효율적인 양성을 위한 방안을 강구하여야 한다.

② 산업통상자원부장관은 전시산업 전문인력의 양성을 위하여 주관기관으로 하

여금 다음 각 호의 사업을 실시하게 할 수 있다. <개정 2013. 3. 23.>

1. 전시산업 전문인력의 양성을 위한 교육 및 훈련의 실시
2. 전시산업 전문인력의 효율적인 양성을 위한 교육과정의 개발 및 운영
3. 그 밖에 전시산업 전문인력의 교육 및 훈련과 관련하여 필요한 사업으로서 산업통상자원부장관이 정하는 사업

제13조(전시산업정보의 유통촉진 및 관리) ① 산업통상자원부장관은 전시산업정보의 원활한 공급 및 유통을 촉진하기 위하여 필요한 시책을 강구하여야 한다. <개정 2013. 3. 23.>

② 산업통상자원부장관은 전시산업정보의 공급, 활용 및 유통을 촉진하기 위하여 주관기관으로 하여금 다음 각 호의 사업을 실시하게 할 수 있다. <개정 2013. 3. 23.>

1. 전시산업정보 · 통계의 기준 정립, 수집 및 분석
2. 전시산업정보의 가공 및 유통
3. 전시산업정보망의 구축 및 운영
4. 그 밖에 전시산업정보의 유통촉진을 위하여 필요한 사업으로서 산업통상자원부장관이 정하는 사업

③ 삭제 <2015. 2. 3.>

제14조 삭제 <2015. 2. 3.>

제15조(사이버전시회 기반 구축) ① 산업통상자원부장관은 사이버전시회의 기반을 구축하기 위하여 필요한 시책을 강구하여야 한다. <개정 2013. 3. 23.>

② 산업통상자원부장관은 사이버전시회의 기반을 구축하기 위하여 주관기관으로 하여금 다음 각 호의 사업을 실시하게 할 수 있다. <개정 2013. 3. 23.>

1. 인터넷 등 정보통신망을 활용한 사이버전시회의 개최
2. 사이버전시회의 개최를 위한 관리체제의 개발 및 운영
3. 그 밖에 사이버전시회의 기반을 구축하기 위하여 필요하다고 인정하는 사업으로서 산업통상자원부장관이 정하는 사업

③ 산업통상자원부장관은 사이버전시회를 개최 · 주관하거나 이에 참여하는 기관에 대하여 필요한 지원을 할 수 있다. <개정 2013. 3. 23.>

제16조(국제협력의 촉진) ① 산업통상자원부장관은 전시산업의 발전 및 국제경쟁력 제고를 위하여 국제협력을 촉진하기 위한 시책을 강구하여야 한다. <개정 2013. 3. 23.>

② 산업통상자원부장관은 국제협력을 촉진하기 위하여 주관기관으로 하여금 다음 각 호의 사업을 실시하게 할 수 있다. <개정 2013. 3. 23.>

1. 전시산업 관련 국제협력을 위한 조사 및 연구
2. 전시산업 전문인력 및 전시산업정보의 국제교류
3. 전시회 · 전시회부대행사의 유치 및 해외 전시 관련 기관과의 협력활동
4. 그 밖에 전시산업의 국제협력을 촉진하기 위하여 필요한 사업으로서 산업통상자원부장관이 정하는 사업

제17조(전시회의 국제화 · 대형화 · 전문화 등) ① 산업통상자원부장관은 전시회의 국제화 · 대형화 · 전문화를 통하여 국제경쟁력을 갖춘 전시회를 육성하기 위한 시책을 강구하여야 한다. <개정 2013. 3. 23.>

② 산업통상자원부장관은 해외 참가업체 및 참관객의 유치촉진을 통하여 전시회가 활성화될 수 있도록 지원하여야 한다. <개정 2013. 3. 23.>

③ 산업통상자원부장관은 전시회가 지역전략산업과 연계되어 활성화될 수 있도록 지원하여야 한다. <개정 2013. 3. 23.>

제18조(전시산업의 표준화) ① 산업통상자원부장관은 전시산업의 효율적 육성을 위하여 전시산업의 표준화를 위한 시책을 강구하여야 한다. <개정 2013. 3. 23.>

② 산업통상자원부장관은 전시산업의 표준화를 위하여 필요한 기준 및 제도를 정할 수 있다. <개정 2013. 3. 23.>

③ 산업통상자원부장관은 전시산업의 표준화를 위하여 주관기관으로 하여금 다음 각 호의 사업을 실시하게 할 수 있다. <개정 2013. 3. 23.>

1. 전시회 관련 업무 및 절차의 표준 제정을 위한 연구
2. 전시사업자간 계약 기준의 설정(이 경우 「독점규제 및 공정거래에 관한 법률」 제19조제1항 및 제26조제1항을 준수한다)
3. 그 밖에 전시산업의 표준화를 위하여 필요한 사업으로서 산업통상자원부장관이 정하는 사업

제19조(전시회 관련 입찰의 특례) 산업통상자원부장관은 전시산업의 육성과 건전한 경쟁구조 정착을 위하여 전시회와 관련된 기획, 설계, 제작 및 설치 등의 입찰과 관련하여서는 별도의 절차와 기준을 정하여 이를 고시할 수 있다. <개정 2013. 3. 23.>

제20조(신규 유망전시회 발굴) ① 산업통상자원부장관은 전시산업의 발전 및 국제경쟁력 제고를 위하여 신규 유망전시회를 발굴하고 이를 지원하여야 한다. <개정 2013. 3. 23.>

② 산업통상자원부장관은 신규 유망전시회의 발굴과 지원을 위하여 주관기관으로 하여금 다음 각 호의 사업을 실시하게 할 수 있다. <개정 2013. 3. 23.>

1. 전시회 기획 및 설계 · 디자인 공모전

2. 신규 유망전시회 선정 및 이에 대한 지원 사업
3. 그 밖에 신규 유망전시회의 발굴을 위하여 필요한 사업으로서 산업통상자원부장관이 정하는 사업

제5장 전시산업 지원

제21조(전시산업의 지원) ① 산업통상자원부장관은 전시산업의 발전을 위하여 예산의 범위에서 다음 각 호의 사업을 지원할 수 있다. <개정 2013. 3. 23., 2016. 1. 27.>
1. 제6조에 따른 전시산업 시장현황조사 및 수요조사
2. 제11조부터 제20조까지에 따른 전시산업 기반조성 사업
3. 국내 전시회 및 전시회부대행사 개최
4. 해외 전시회 참가 사업
5. 그 밖에 산업통상자원부장관이 필요하다고 인정하는 사업

② 산업통상자원부장관은 제1항에 따라 지원을 받은 자가 거짓이나 그 밖의 부정한 방법으로 지원을 받거나 지원받은 사업목적으로 지원금을 사용하지 아니한 경우에는 그 지원 상당액을 환수하여야 한다. <개정 2013. 3. 23.>

③ 제1항 및 제2항에 따른 지원 및 지원 환수 등에 필요한 사항은 대통령령으로 정한다.

④ 산업통상자원부장관은 전시산업의 발전과 효율성 제고를 위하여 제1항에 따라 지원되는 전시회 중 유사한 전시회에 대하여 이를 통합 또는 조정할 수 있다. <개정 2013. 3. 23.>

⑤ 산업통상자원부장관은 해외마케팅 활성화와 효율성 제고를 위하여 해외마케팅 지원전략을 수립하고, 이에 따라 제1항제4호의 해외전시회 참가 지원 유형 및 기준 등을 관계 기관과 협의하여 별도로 정하여 고시할 수 있다. <개정 2013. 3. 23.>

⑥ 산업통상자원부장관은 제5항의 해외마케팅 지원전략에 따라 해외마케팅 성과제고를 위하여 필요한 경우 관계 기관과 협의하여 해외 전시회 지원 사업을 조정할 수 있다. <개정 2013. 3. 23.>

제22조(전시회 평가제도 운영) ① 산업통상자원부장관은 제21조에 따라 지원되는 국내 전시회 개최 및 해외 전시회 참가에 대한 평가제도를 운영할 수 있다. <개정 2013. 3. 23.>

② 산업통상자원부장관은 제21조제1항에 따른 국내 전시회 개최 및 해외 전시회 참가 지원시 제1항에 따른 평가 결과를 반영하여야 한다. <개정 2013. 3. 23.>

③ 제1항 및 제2항에 따른 평가의 방법 및 절차 등 평가제도의 운영에 필요한 사

항은 대통령령으로 정한다.

제23조(세제지원 등) ① 정부는 전시산업의 발전 및 활성화를 위하여 「조세특례제한법」, 「지방세특례제한법」, 그 밖의 조세 관련 법률로 정하는 바에 따라 전시사업자에 대하여 조세감면 등 필요한 조치를 할 수 있다. <개정 2010. 3. 31.>

② 정부는 전시산업의 발전을 위하여 대통령령으로 정하는 바에 따라 전시사업자에 대하여 금융 및 행정상 지원 등 필요한 지원조치를 할 수 있다.

제24조(부담금 등의 감면) 전시시설을 설치 · 운영하는 자에 대하여는 관련 법률로 정하는 바에 따라 다음 각 호의 부담금 등을 감면할 수 있다.

1. 「산지관리법」 제19조에 따른 대체산림자원조성비
2. 「농지법」 제38조에 따른 농지보전부담금
3. 「초지법」 제23조제6항에 따른 대체초지조성비

제25조 삭제 <2015. 2. 3.>

제6장 보칙

제26조(국 · 공유재산의 임대 및 매각) ① 국가 또는 지방자치단체는 전시시설의 효율적인 조성 · 운영을 위하여 필요하다고 인정하는 경우 제4조제1항제4호부터 제6호까지의 자와 제8호의 법인 또는 단체 중 대통령령으로 정하는 자에 대하여 「국유재산법」 또는 「공유재산 및 물품 관리법」에도 불구하고 수의계약에 의하여 국유재산 또는 공유재산을 사용 · 수익허가 또는 대부(이하 "임대"라 한다)하거나 매각할 수 있다. <개정 2015. 2. 3.>

② 제1항에 따라 국유 또는 공유의 토지나 건물을 임대하는 경우의 임대기간은 「국유재산법」 또는 「공유재산 및 물품 관리법」에도 불구하고 20년의 범위 이내로 할 수 있으며, 이를 연장할 수 있다. <개정 2010. 2. 4.>

③ 제1항에 따라 국유 또는 공유의 토지를 임대하는 경우에는 「국유재산법」 또는 「공유재산 및 물품 관리법」에도 불구하고 그 토지 위에 건물이나 그 밖의 영구시설물을 축조하게 할 수 있다. 이 경우 제2항에 따른 임대기간이 종료되는 때에 이를 국가 또는 지방자치단체에 기부하거나 원상으로 회복하여 반환하는 조건으로 토지를 임대할 수 있다.

④ 주관기관은 제3항에 따라 국유지 또는 공유지에 건물이나 그 밖의 영구시설물을 축조한 경우에는 해당 시설을 담보로 제공하거나 매각할 수 없다.

[제목개정 2010. 2. 4.]

제27조(전시시설 건축시 허가 등의 의제) ① 전시시설에 대하여 「건축법」 제11조에 따른 건축허가를 받거나 같은 법 제14조에 따른 건축신고를 함에 있어서 시장, 군수 또는 구청장이 제4항에 따라 다른 행정기관의 장과 협의한 사항에 대하여는 같은 법 제11조제5항 각 호의 사항 외에 다음 각 호의 허가 · 인가 · 승인 · 동의 또는 신고(이하 "허가등"이라 한다)에 관하여 허가등을 받은 것으로 본다. <개정 2011. 8. 4.>

1. 「하수도법」 제24조에 따른 시설 또는 공작물 설치의 허가
2. 「수도법」 제52조에 따른 전용상수도 설치의 인가
3. 「소방시설 설치 · 유지 및 안전관리에 관한 법률」 제7조제1항에 따른 건축허가의 동의
4. 「폐기물관리법」 제29조제2항에 따른 폐기물처리시설 설치의 승인 또는 신고

② 전시시설에 대하여 시장, 군수 또는 구청장이 「건축법」 제22조에 따른 건축물의 사용승인을 함에 있어서 시장, 군수 또는 구청장이 제4항에 따라 다른 행정기관의 장과 협의한 사항에 대하여는 같은 법 제22조제4항 각 호의 사항 외에 다음 각 호의 검사 또는 신고(이하 "검사등"이라 한다)에 관하여 검사등을 받은 것으로 본다.

1. 「수도법」 제53조에 따라 준용되는 전용상수도의 수질검사 등
2. 「소방시설공사업법」 제14조에 따른 소방시설의 완공검사
3. 「폐기물관리법」 제29조제4항에 따른 폐기물처리시설의 사용개시 신고

③ 허가등 및 검사등의 의제를 받으려는 자는 해당 전시시설의 건축허가신청 및 건축신고와 사용승인신청을 하는 때에 해당 법령이 정하는 관련 서류를 함께 제출하여야 한다.

④ 시장, 군수 또는 구청장이 「건축법」 제11조제1항 및 같은 법 제14조제1항에 따른 건축허가 · 건축신고 및 같은 법 제22조제1항에 따른 사용승인을 함에 있어서 제1항 및 제2항에 해당하는 사항이 다른 행정기관의 권한에 속하는 경우에는 그 행정기관의 장과 협의하여야 한다. 이 경우 협의를 요청받은 행정기관의 장은 요청받은 날부터 15일 이내에 의견을 제출하여야 한다.

제28조(위임과 위탁) ① 산업통상자원부장관은 제6조, 제12조, 제13조, 제15조부터 제18조까지 및 제20조부터 제22조까지의 규정에 따른 권한 또는 업무의 일부를 대통령령으로 정하는 바에 따라 관계 행정기관의 장, 관련 법인 또는 단체에 위임 또는 위탁할 수 있다. <개정 2013. 3. 23., 2015. 2. 3.>

② 산업통상자원부장관은 제1항에 따라 업무를 위탁받은 법인 또는 단체에 대하여 예산의 범위에서 필요한 경비를 보조할 수 있다. <개정 2013. 3. 23.>

제7장 삭제 <2015. 2. 3.>

제29조 삭제 <2015. 2. 3.>

부칙 <제13861호, 2016. 1. 27.>

이 법은 공포 후 6개월이 경과한 날부터 시행한다.

참고문헌

고승익 · 김홍렬(2007), 이벤트경영론, 백산출판사.

고승익 · 문성종 · 부석현 · 진현식(2002), 관광이벤트경영론, 백산출판사.

곽한병 · 이미혜(2005), 여가 레크레이션, 대왕사.

김광근 외(2013), 관광학의 이해, 백산출판사.

김동준(2010), 관광이벤트론, 백산출판사.

김 봉(2009), 관광마케팅, 대왕사.

김상윤(2011), 이벤트관광론, 대왕사.

김용상 외(2007), 관광학, 백산출판사.

김홍렬(2009), 전시회 참관목표, 고객가치, 만족도 관계 연구 : COEX 참관객을 대상으로, 호텔관광연구, 12(2): 126-135.

김홍렬(2012), 전시회 참가결정요인과 이미지가 참가성과에 미치는 영향, 관광연구, 27(1): 91-105.

김홍렬(2014), 전시주최자 서비스가 참가성과와 참가만족도에 미치는 영향 : 참가업체를 중심으로, 관광연구저널, 28(3): 197-206.

김홍렬(2021), 이벤트경영론, 대왕사.

김홍렬(2023), 관광학원론, 개정4판, 백산출판사.

김홍렬(2016), 전시회 주최자 서비스의 중요도와 성취도 비교 연구, 컨벤션연구, 16(1): 7-19.

김홍렬 · 손정미(2006), 컨벤션전시원론, 백산출판사.

김홍렬 · 윤설민(2007), 팀 충성도와 지역애착도에 따른 여가활동 차원에서의 프로스포츠 활성화 방안에 관한 연구, 호텔관광연구, 9(3): 63-78.

김홍렬 · 이창효 · 장윤정(2019), Relationships among overseas travel, domestic travel, and day trips for latent tourists using longitudinal data, Tourism Management, 72: 159-169.

김홍렬 · 장윤정(2018), Comparisons of travel characteristics between participants and nonparticipants in overseas travel, 관광연구저널, 32(10): 139-149.

김홍렬 · 장윤정(2018), 체면민감성과 자아존중감, 과시성 및 주관적 행복감 간 관계 연구, MICE관광연구, 18(3): 59-74.

도미경(2010), 웰빙시대의 관광마케팅, 기문사.

도정일 · 최재천(2005), 대담: 인문학과 자연과학이 만나다. 휴머니스트.

동경광고마케팅연구회(2000), 신이벤트마케팅전략, 커뮤니케이션북스.
류영호 · 김기홍 · 문지현 · 이희승(2007), 이벤트기획, 대왕사.
류인평(2010), 이벤트경영론, 기문사.
문상희(2003), 컨벤션 산업론, 한올출판사.
문화관광부(2004), 공연예술진흥기본계획.
문화체육관광부(2018), 2018 문화관광축제 종합평가 보고서.
문화체육관광부, http://www.mcst.go.kr
박의서 · 장태순 · 이창현(2010), MICE산업론, 학현사.
박정배(2008), 예술경영학개론, 커뮤니케이션북스(주).
배도순(2017), 마케팅, 대왕사.
(사)한국국제관광개발연구원 역(2000), 長谷政弘 편, 관광학사전, 백산출판사.
서용건 · 서용구(2004), 한류가 한국의 관광지 이미지와 관광객 의사결정에 미치는 영향, 관광학연구, 28(3): 47-64.
손정미(2015), 관광이벤트론, 대왕사.
송성수(2003), 21세기 떠오르는 전시산업 : 전시산업론, 가을문화.
안경모 · 손정미(2002), 스페셜 이벤트 경영, 백산출판사.
안경모 · 이민재(2006), 컨벤션경영론 : 기획 · 운영, 백산출판사.
이각규(2000), 21세기 지역 이벤트 전략, 커뮤니케이션북스.
이경모(2003), 이벤트학원론, 백산출판사.
이미혜(2008), 이벤트정보론, 대왕사.
이미혜(2019), 관광소비자행동론, 대왕사.
이봉희 · 박근수(2004), 동해안 바다 이벤트 지역별 특성화방안, 강원발전연구원.
이 욱(2009), 조선시대 재난과 국가의례, 창비.
이재광 · 송준(2000), 함평 나비혁명, 페이퍼로드.
이창현(2006), 불황기를 극복하는 전시회 경영전략, 전시저널, 10.
이창현(2006), 전시회 경영의 미래환경과 대응과제, 전시저널, 9.
이태희(2003), 축제브랜드경영론, 대왕사.
정두진 · 이현기 · 김인섭 · 신정식 · 전경환(2002), 관광이벤트, 학문사.
정호권 · 이세일 · 김용국 · 최경범(2003), 이벤트경영론, 한올출판사.
조배행(1999), 88서울올림픽 관광에 대한 영향연구, 한국관광연구원.
조현호 · 송재일 · 서윤정(2006), 관광이벤트의 기획과 실제, 대왕사.
주현식 · 조재문 · 여호근(2003), 컨벤션 실무기획과 마케팅, 학문사.

채용식(2001), 관광축제이벤트론, 학문사.

한국관광공사(2019), 2018 MICE산업의 경제적 파급효과 분석.

한국관광공사, http://www.visitkorea.or.kr

한국전시산업진흥회(2022), 2021 전시산업통계조사.

한국전시산업진흥회, http://www.akei.or.kr

허진 · 김형곤(2018), 축제이벤트관광, 한국방송통신대학교 출판문화원.

홍선의(2011), 산업전시론, 백산출판사.

(社)日本イベント産業振興協會(1999), イベント白書 ' 99

Allen, J., W. O' Tool, I. McDonnell, & R. Harris(1999), Festival and Special Event Management, John Willy & Sons Australia, Ltd.

Allen, J., W. O' Tool, I. McDonnell, & R. Harris(2001), Festival and Special Event Management, John Willy & Sons Australia, Ltd.

Astroff, M.T., & Abbey, J.R.(1998), Convention Sales and Services(fifth edition), Waterbury Press.

AUMA(2004), Successful Participation in Trade Fairs: Tips for Exhibitors, Association of the German Trade Fair Industry.

Bello, Daniel C,(1992), Industrial Buyer Behavior at Trade Show: Implications for Selling Effectiveness, Journal of Business Research, 25: 59-80.

Brent Ritchie, J.R.(1984), Assessing the Impact of Hallmark Events: Conceptual and Research Issues, Journal of travel research, 23(1): 2-11.

CEIR(1996), The Power of Exhibition II, Summary Results : What Successful Exhibitors do to get Results, Bethesda MD : Center for Exhibition Industry Research.

CIC(2000), The Convention Industry Council Manual(Seventh edition).

CIC(2003), Convention Industry Council's Green Meeting Report.

Convention Liaison Council(1986), The Convention Liaison Council Glossary: A Collection of Meeting Industry Terms.

Freyer, W., & Kim, B.S.(2001), Competitive Strength of German Trade Fair Industry and Its Implication on Tourism, Sejong Research Institute, 21.

Getz, D.(1989), Special Events: Defining the Product, Tourism Management, 10(2) : 125-137.

Getz, D.(1991), Festival, Special Event and Tourism, New York: VNR.

Getz, D.(1994), Event Tourism: Evaluating the Impacts, Travels, Tourism and Hospitality Research, John Wiley & Sons Inc.

Getz, D.(1997), Festival Management and Event Tourism, Cognizant Communication Corporation.

Getz, D.(1998), Editional Festival Management and Event Tourism, Vol. 5, Cognizant Communication Corporation.

Goldblatt, J.J.(1997), Special Event : Best Practices in Modern Event Management, John Wiley & Sons Inc.

Hall, C.M.(1992), Adventure, Sport and Health Tourism, Special Interest Tourism, London: Belhaven Press.

Hall, C.M.(1997), Hallmark Tourist Event : Impacts, Management and Planning, John Willy & Sons.

Hughes, H.(2000), Arts, Entertainment and Tourism, Butterworth-Heinemann.

Kotler, P.(1976), Marketing Management, 3th ed., New Jersey: Prentice-Hall.

Kotler, P., Haider, D.H., & Rein, I.(1973), Marketing Places, The Free Press.

Lawson, F.(2000), Congress, Convention & Exhibition Facilities, Architectural Press.

Montgomery, J.R., & Strick, K.S.(1995), Meeting, Convention and Exposition: An Introduction to the Industry, New York: Van Nostrand Reinhold.

Peter, J.P., & Olson, J.C.(1987), Consumer behavior: Marketing strategy perspectives. Irwin.

Shone, A., & B. Perry(2004), Successful Event Management: A Practical Handbook, Thomson.

Silver, J.R.(2004), Professional Event Coordination, John Wiley & Sons, Inc.

Vaughn, Don, S.(1980), Put Trade Shows to Work for You, Sales & Marketing Management.

Watt, David, C.(1998), Event Management in Leisure and Tourism, Addison Wesley Longman.

Worthen, B.R., & Sanders, J.R.(1987), Educational evaluation: Alternative approaches and practical guidelines, Longman Pub Group.

저자약력

김흥렬

목원대학교 사회과학대학 항공호텔관광경영학과 교수

저자와의
합의하에
인지첩부
생략

이벤트론

2023년 7월 5일 초판 1쇄 인쇄
2023년 7월 10일 초판 1쇄 발행

지은이 김흥렬
펴낸이 진욱상
펴낸곳 (주)백산출판사
교 정 성인숙
본문디자인 오행복
표지디자인 오정은

등 록 2017년 5월 29일 제406-2017-000058호
주 소 경기도 파주시 회동길 370(백산빌딩 3층)
전 화 02-914-1621(代)
팩 스 031-955-9911
이메일 edit@ibaeksan.kr
홈페이지 www.ibaeksan.kr

ISBN 979-11-6567-672-8 93980
값 20,000원